航天科技图书出版基金资助出版
国 家 重 点 研 发 计 划 资 助

量子计量学导论

——修订的SI和量子标准

（第2版）

Introduction to Quantum Metrology: The Revised SI System and Quantum Standards

Second Edition

［波］瓦尔德马尔·诺罗基（Waldemar Nawrocki） 著
宋海龙 孙 毅 门伯龙 于 琨 译

中国宇航出版社
·北 京·

图书在版编目（CIP）数据

量子计量学导论：修订的 SI 和量子标准：第 2 版 /（波）瓦尔德马尔·诺罗基（Waldemar Nawrocki）著；宋海龙等译. -- 北京：中国宇航出版社，2021.11

书名原文：Introduction to Quantum Metrology: The Revised SI System and Quantum Standards, Second Edition

ISBN 978-7-5159-1965-2

Ⅰ.①量…　Ⅱ.①瓦…　②宋…　Ⅲ.①量子－计量　Ⅳ.①TB939

中国版本图书馆 CIP 数据核字(2021)第 163352 号

责任编辑　侯丽平　　**封面设计**　宇星文化

出版发行　中国宇航出版社

社　址　北京市阜成路 8 号　**邮　编**　100830
(010)60286808　(010)68768548

网　址　www.caphbook.com

经　销　新华书店

发行部　(010)60286888　(010)68371900
(010)60286887　(010)60286804(传真)

零售店　读者服务部　(010)68371105

承　印　天津画中画印刷有限公司

版　次　2021 年 11 月第 1 版
2021 年 11 月第 1 次印刷

规　格　787×1092

开　本　1/16

印　张　16.25

字　数　395 千字

书　号　ISBN 978-7-5159-1965-2

定　价　128.00 元

本书如有印装质量问题，可与发行部联系调换

航天科技图书出版基金简介

航天科技图书出版基金是由中国航天科技集团公司于2007年设立的，旨在鼓励航天科技人员著书立说，不断积累和传承航天科技知识，为航天事业提供知识储备和技术支持，繁荣航天科技图书出版工作，促进航天事业又好又快地发展。基金资助项目由航天科技图书出版基金评审委员会审定，由中国宇航出版社出版。

申请出版基金资助的项目包括航天基础理论著作，航天工程技术著作，航天科技工具书，航天型号管理经验与管理思想集萃，世界航天各学科前沿技术发展译著以及有代表性的科研生产、经营管理译著，向社会公众普及航天知识、宣传航天文化的优秀读物等。出版基金每年评审1～2次，资助20～30项。

欢迎广大作者积极申请航天科技图书出版基金。可以登录中国航天科技国际交流中心网站，点击“通知公告”专栏查询详情并下载基金申请表；也可以通过电话、信函索取申报指南和基金申请表。

网址：http：//www. ccastic. spacechina. com

电话：(010) 68767205，68768904

航天科技图书出版基金简介

译者序

1900年，德国物理学家普朗克为解释黑体辐射规律，首次引入“能量子”概念，拉开了量子力学的序幕。一个多世纪以来，量子科技发展迅速，但是其依然神秘而不为大众所熟知。2020年10月，中共中央政治局就量子科技研究和应用前景举行第二十四次集体学习，中共中央总书记习近平在主持学习时指出，近年来，量子科技发展突飞猛进，成为新一轮科技革命和产业变革的前沿领域。加快发展量子科技，对促进高质量发展、保障国家安全具有非常重要的作用。

近年来，随着量子力学等现代物理学的发展，计量学发展迅速，正在全面进入量子化时代，量子计量已经成为一个热点研究方向。2018年11月16日，在法国巴黎召开的第26届计量大会表决通过了“1号决议”，决定自2019年5月20日起实行新的国际单位制(SI)。国际测量体系有史以来第一次全部建立在不变的物理常数上，保证了国际单位制的长期稳定性和全球通用性，人类由此走出了依赖实物标准器具复现单位量值的历史，并以基于量子效应的自然基准装置为参考来观测物质世界的微小变化。这次SI的变革在计量领域引起了极大的轰动，基于新SI的单位定义，物理量的测量准确度会得到明显提升，因此势必会引领新一轮的科技变革。

近三年，由于得到国家重点研发计划重大科学仪器设备开发重点专项（项目号：2018YFF01012600）支持，译者专注于量子电阻方向研究。一次偶然的机会，译者发现一本全面介绍SI变革过程和系统讲述量子标准的科技图书——*Introduction to Quantum Metrology: The Revised SI System and Quantum Standards*，在工作之余，时常学习和翻译感兴趣的部分，以弥补专业杂志发表的论文中仅对具体问题阐述所带来的缺憾。尤其是在新冠疫情期间，让我们有更多的时间能够翻译本书，随着时间的推移，完成翻译的内容越来越多，于是决定要把本书全部翻译为中文，以让国内的读者也可以共同学习和提高。

感谢本书的原著作者波兰波兹南理工大学教授瓦尔德马尔·诺罗基（Waldemar Nawrocki）博士，他同意授权我们对本书进行翻译并在中国出版。感谢北京东方计量测试研究所刘民博士在百忙工作之中抽出宝贵的时间认真帮我们审稿，并不厌其烦地和我们讨论翻译细节，他对计量学的钻研精神为我们树立了学习的榜样。另外，也要感谢肖德明硕士的大力支持，由于他的帮助，使得与诺罗基博士的联络非常顺畅。感谢航天科技图书出版基金和中国宇航出版社对本书出版的支持。

鉴于本书涉及的领域较广且为前沿技术，译者自身的知识和能力有限，译稿中难免有疏漏和不妥之处，谨向原书作者表示歉意，并欢迎读者批评指正。

译　者

2021 年 9 月于北京

序　言

量子计量学是基于量子力学，特别是利用量子纠缠，对物理量的高分辨力和高准确度测量方法进行理论和实验研究的一个领域。粒子或其他量子系统的量子纠缠是一种独特的现象，在经典力学中不存在等同现象，在这种现象中，系统的状态比其各部分的状态更能确定。为达到前所未有的测量准确度，已尝试使用新的测量策略和物理系统。

量子计量学与量子力学一起在20世纪初兴起。海森堡不确定性原理是量子计量学的基本原理，它与薛定谔方程和泡利不相容原理一起构成了量子力学体系的基础。不确定性原理为测量准确度设定了极限，但与测量的技术实现无关。

量子计量学是在20世纪后半叶才开始发展起来的，那时这一领域几个十分重要的现象都已发现，如约瑟夫森效应、量子霍尔效应、基本粒子（电子、库珀对）通过势垒的隧穿。量子计量学以新的重要物理学进展为基础，但是反过来也有助于物理学的进步。在过去的50年里，诺贝尔奖授予了16项与量子计量学密切相关的成就。1964年，汤恩斯（Townes）、巴索夫（Basov）和普罗霍罗夫（Prokhorov）因在量子电子学领域的基础工作而获得诺贝尔奖，由此建立了基于激光和脉泽工作原理的振荡器和放大器。目前，不同的脉泽构成一组原子钟，已安装在计量实验室以及GPS和GLONASS的卫星上。气体激光器是用于长度计量的干涉仪的基础仪器，半导体激光器用于工业测量。阿罗什（Haroche）和维因兰德（Wineland）获得了2012年诺贝尔奖，他们提出**可以测量和操控单量子系统的突破性实验方法**，可用于量子计量学领域的研究。1964年至2012年，诺贝尔奖给了一些重要的发现，如**约瑟夫森效应**［约瑟夫森（Josephson），1973年］、**量子霍尔效应**［冯·克利青（von Klitzing），1985年］和**扫描隧道显微镜**［罗雷尔（Röhrer）和宾尼（Binnig），1986年］。因此通常认为，量子计量学或与此领域相关的科学成就对科学非常重要。

目前，量子计量学主要实际应用领域是建立基于量子效应的计量单位标准。量子标准是全球通用的原级标准，它可以在地球上任何地方复现给定的单位，在适当的条件下，不论在任何地方都会产生相同的测量结果。2018年11月通过的修订的SI中，所创建的基本单位量子标准，符合国际计量委员会制定的目标，并与国际计量局（BIPM）合作实现。

这本书有选择地描述了一些标准和量子器件，它们在计量实验室、科学研究和实践中被广泛使用。

这本书首先在第 1 章讨论了量子计量学的理论基础，包括海森堡不确定性原理和能量分辨力极限等理论物理证明的测量准确度的局限性。第 2 章给出了计量体系的不同雏形，讨论了当前采用的复现 SI 各单位的标准，以及量子计量学给经典单位制带来的变化。第 3 章讨论了旨在开发一种新单位制来取代 SI 制的行动和提议，所采用的计量单位的定义与基本物理常数和原子常数相关联。第 4，6，9，10，13 章介绍了以下量的单位的量子标准的理论和实际复现：利用约瑟夫森效应的电压标准、基于量子霍尔效应的电阻标准、基于原子钟的频率标准、利用激光干涉的长度标准，以及基于原子和粒子质量的质量标准。第 12 章介绍了扫描探针显微镜。第 5 章和第 8 章讨论了基于量子效应的敏感电子元件和敏感器，其中包括超导量子干涉器件（SQUID）、单电子隧穿晶体管（SETT）和基于约瑟夫森结的先进量子压频转换器。第 5 章介绍了 SQUID 及其许多应用系统，SQUID 是**所有物理量的敏感器中最灵敏的**。

本书在描述这些器件及其所基于的物理效应的同时，也介绍了标准化的方法和遵循单位制等级的量子标准间比对（以时间标准为例）的原理。

本书可作为一本教科书，同时也是一本展现最新技术并有助于科学进步的专著。本书作为科学综述图书，它整理了与电学计量有关的基本问题、通用标准和 BIPM 推荐的标准化方法。本书作为一本学术教科书，它宣传解决计量问题的新方式，更加强调计量学与物理学的联系，对于不断发展的技术，特别是纳米技术具有重要意义。

本书的大部分内容来自我的《量子计量学导论》（*Introduction to Quantum Metrology*），此书用波兰语撰写并在 2007 年由波兹南理工大学出版社出版，出版商已许可对本书进行翻译与使用。

感谢所有为本书收集资料的人。特别感谢在华沙波兰中央计量局和在布伦瑞克的 PTB 的同事。

瓦尔德马尔·诺罗基

波兹南，波兰

目　录

第 1 章　量子计量学理论基础

摘　要　本章简要介绍量子力学的历史，并介绍其基本公式：薛定谔方程及其波函数解释、泡利不相容原理和海森堡不确定性原理，并举例说明利用这些原理如何进行数值计算。此外，简要讨论量子效应在计量学中的应用，介绍并比较经典计量标准和量子计量标准的准确度和分辨力极限。同时也讨论了新单位制的发展前景。

1.1　简介

测量，是指将被测状态 A_x 与一个作为参考状态的 A_{ref} 进行比较，如图 1-1 所示。因此，测量准确度不会优于标准的准确度。

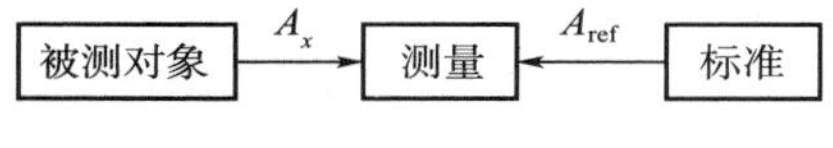

图 1-1　测量：被测对象和标准的比较

多年来，计量学家一直致力于开发仅与基本物理常数和原子常数相关的标准，一旦采用这样的标准，就可以基于量子现象复现计量单位。当前计量学的研究方向之一，是创建一组基于量子和原子标准的新计量体系，取代传统的国际单位制（SI）。

第 2 章介绍了度量和计量单位制的发展，讨论了计量标准的历史并详细介绍了当前使用的 SI，以及 SI 的基本单位。第 3 章介绍了修订后的 SI 定义（于 2018 年通过并采用）、SI 基本单位的定义，以及复现修订后 SI 基本单位的方法[1]。后续几章介绍了计量学中最常用的量子效应：第 4 章讨论了约瑟夫森效应，第 6 章讨论了量子霍尔效应，第 8 章讨论了单电子隧穿效应。这三种效应不仅对于电学计量，而且对于整体科学都非常重要。布莱恩·戴维·约瑟夫森（Brian David Josephson）的理论研究预测了电压的量子化效应，于 1973 年被授予诺贝尔奖；克劳斯·冯·克利青（Klaus von Klitzing）因发现量子霍尔效应而获得了 1985 年的诺贝尔奖。

基于量子力学现象的量子计量标准已经应用了超过 25 年。量子现象需要使用量子力学的概念来描述，量子力学的开端通常认为是 1900 年马克斯·普朗克（Max Planck）提出的一个新公式，用于计算黑体电磁辐射强度在频谱中的分布。普朗克在他的分析中，假设能量只能以能量子的整数倍来变化，能量子与常数 h 成正比，此常数后来被称为“普朗克常数”。用普朗克提出的公式来描述黑体电磁辐射的实验结果，比当时基于经典物理的模型要好得多。到了 20 世纪 20 年代，薛定谔和海森堡等人提出了一组量子力学的定律和公式，德布罗意、玻恩、玻尔、狄拉克和泡利等人也对量子力学做出了重大贡献。与经典物理学不同的是，量子力学经常颠覆人们对物理现象的常识理解，科研人员和读者往往对结果表示彻底震惊。量子力学最新令人震撼的发现之一，是观察到回路中电流可以在同一路径内向两个方向同时流动[5]。正如氢原子模型的提出者尼尔斯·玻尔所说：**“任何不被量子力学震撼到的人都可能是没有理解它。”**

正如 BIPM 的第 9 版 SI 手册中所述：“计量学是测量及其应用的科学。计量学包括有关测量的所有理论与实践的各个方面，不论是测量不确定度，还是应用领域。”[1] 量子计量学至少包含量子物理的三个领域：

- 海森堡不确定性原理决定测量准确度的物理极限；
- 搭建物理量单位的量子标准：如电压、电阻或电流等电学标准，以及原子钟、长度激光标准等非电学标准；
- 搭建超敏感的电子组件：称为 SQUID（超导量子干涉器件）的磁通传感器和基于单电子隧穿效应的 SET 晶体管。

1.2　薛定谔方程和泡利不相容原理

量子力学的发展从普朗克在 1900 年的一个发现开始。在对黑体辐射强度进行测量的基础上，普朗克假设能量在粒子与波动之间的转换是不连续的，基于该假设得出了公式（1－1），辐射能量与辐射频率 f 成正比，该比例常数现称为普朗克常数 h（$h=6.626\times10^{-34}$ J·s）

$$E=hf \tag{1-1}$$

光谱中红外、可见光和紫外波段范围（波长从 200 nm 到 10 μm）的辐射能量密度随温度和频率变化的测量结果无法用经典物理规则解释。建立在经典物理学基础上的瑞利－金斯（Rayleigh－Jeans）能量密度公式虽然形式上正确，但仅能准确描述远红外光谱范围（即波长大于 5 μm）的现象。对于更短的波长，瑞利－金斯公式计算的结果与实际测量数据相差太大，以至于这个范围内的理论计算结果出现了无限能量密度，这被称为“紫外灾难”。如图 1－2 所示，只有普朗克在假设能量量子化后得到的公式与整个波长范围内的测量数据完全吻合。

普朗克定律表示为黑体辐射谱与频率 f 和温度 T 的函数关系 $u(f, T)$［见式（1－2）］，或辐射谱与波长 λ 和温度 T 的函数关系 $u(\lambda, T)$

$$u(f,T)=\frac{8\pi hf^3}{c^3}\frac{1}{\exp\left(\frac{hf}{k_B T}\right)-1} \tag{1-2}$$

式中，$u(f, T)$ 是理想黑体的辐射谱；f 是辐射频率；T 是黑体绝对温度；h 是普朗克常数；k_B 是玻耳兹曼常数；c 是真空中的光速。

普朗克于 1900 年 12 月 14 日在柏林物理学家会议上发表的主题演讲，被认为是量子力学的开端。五年后的 1905 年，阿尔伯特·爱因斯坦（Albert Einstein）分析了光电效应，得出的结论是，不仅对辐射的能量进行了量子化，而且对吸收光的能量 E 也进行了量子化。

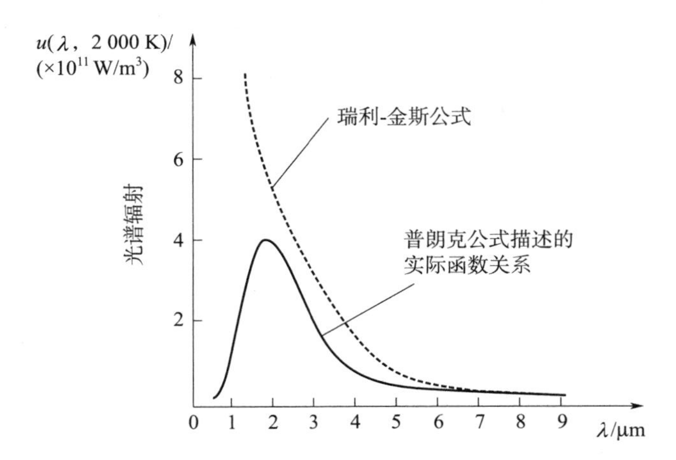

图 1-2　根据瑞利-金斯公式（虚线）和普朗克公式（实线），温度为 2 000 K，在热光谱和可见光谱范围内的黑体辐射谱[9]

爱因斯坦第一个提出，光是以一份一份的方式传递，每份能量与频率 f 的比值是普朗克常数[3]。爱因斯坦提出光是离散的，这与当时的普遍观点相反。这一理论思考的结果受到普遍怀疑。当美国物理学家罗伯特·A. 米利肯（Robert A. Millikan）在 1915 年通过实验证实了光能的量子性质时，对此感到非常惊讶。此外，爱因斯坦认为光量子（也称为光子）是静止质量为零的粒子。瓦尔特·博特（Walther Bothe）和阿瑟·霍利·康普顿（Arthur H. Compton）的实验也证明了光的量子特性。

爱因斯坦对光电效应的研究对于理论物理学非常重要，因此他在 1921 年获得了诺贝尔奖。人们经常认为，爱因斯坦对量子力学持怀疑态度，特别是对现象的概率描述。他有一句很有名的话："上帝不玩骰子。"然而，他对光电效应（1905 年）和固体比热（1907 年）的研究，无疑为量子力学的发展做出了贡献。爱因斯坦在其关于比热的出版物中将量子理论引入金属电导和热导的经典德鲁德理论中，该理论由保罗·德鲁德（Paul Drude）在 1900 年提出。

1924 年，在光的波粒二象性的启发下，德布罗意在其博士学位论文中提出了一种假设，即所有物质都具有粒子波的特性[7,10]。当时人们已经知道光具有粒子和波的双重特性。实验证明了爱因斯坦所预言的光线在恒星引力场中发生弯曲。德布罗意提出的假设是，光具有波和粒子的双重性质，构成物质的基本粒子也可能具有波和粒子的双重特性。根据德布罗意的观点，物质粒子的运动与波的波长 λ 和频率 f 有关

$$\lambda=\frac{h}{p}=\frac{h}{mv},f=\frac{E}{h} \tag{1-3}$$

式中，λ 是与粒子位置相对应的波长；p 是粒子的动量；m 是质量；v 是运动速度；E 是能量；h 是普朗克常数。

由式（1-3）计算得出，运动速度为 10^3 m/s 的电子与波长 $\lambda\approx 7\times10^{-7}$ m 的波（紫外线）相关联。以相同速度（10^3 m/s）运动的中子与波长 $\lambda\approx 4\times10^{-10}$ m 的波相关联。换句话说，以该速度运动的中子可以看作是波长为 4×10^{-10} m 的德布罗意波。宇宙射线

的特征波长与此相似。质量比中子大得多的粒子，即使以低得多的速度（1 m/s）移动，也会与非常短的波相关联，以至于无法对它们进行测量。因此，无法确认这种粒子的波动特性。例如，质量为 1 mg、速度为 1 m/s 的粒子对应于波长为 $\lambda \approx 7\times10^{-28}$ m 的德布罗意波。但由于既未观察到这种波长的波，也未观察到质量为 1 mg 的基本粒子，我们不知道它们是否存在。

电子是物质波粒二象性的一个很好的例子，电子是由约翰 · J. 汤姆森（John J. Thomson）在 1896 年发现的带电粒子，后来确定其电荷量 $e=1.602\times10^{-19}$ C，质量 $m=9.11\times10^{-31}$ kg。穿过金属箔的电子束衍射实验证明了电子的波特性，由乔治 · P. 汤姆森（电子的发现者约翰 · J. 汤姆森的儿子）、P. S. 塔尔科夫斯基（P. S. Tartakovsky）[11] 和波兰物理学家 Szczepan Szczeniowski 分别独立观察到。

薛定谔方程是物理学史上的里程碑之一，它是 1926 年由奥地利物理学家薛定谔，在类比当时对波和粒子的描述的基础上推测而提出的公式（推测并非推导）[12]。到目前为止，该公式的有效性尚未被任何实验证伪，因此可以假定薛定谔方程为真。如果说海森堡不确定性原理设置了确定粒子参数准确度的极限，薛定谔方程则是描述基本粒子的状态。由薛定谔方程得到的函数称为波函数或态函数，记为 Ψ（psi），表示其与时间和粒子位置坐标的复杂函数关系[4,12]

$$-\frac{\hbar^2}{2m}\nabla^2\Psi+A\Psi=\mathrm{j}\hbar\frac{\partial\Psi}{\partial t} \tag{1-4}$$

式中，Ψ 是波函数；A 是时间和粒子位置坐标的函数；m 是粒子的质量；t 表示时间；∇ 是拉普拉斯算子；$\hbar$ 是约化普朗克常数，$\hbar=h/2\pi$，即普朗克常数除以 2π，j 是虚数单位。

当函数 A 与时间无关时，它表示粒子的势能。此时，薛定谔方程变形为

$$-\frac{\hbar^2}{2m}\nabla^2\Psi+A\Psi=E\Psi \tag{1-5}$$

式中，A 是粒子势能；E 表示粒子的总能量。

玻恩（1882 年出生于弗罗茨瓦夫，当时的布雷斯劳）于 1926 年首次提出了对波函数的物理解释。它描述了粒子出现在某个区域（特定体积 dV）内的概率，此概率与波函数模的平方成正比

$$p=k\,|\Psi|^2\mathrm{d}V \tag{1-6}$$

式中，p 表示概率；k 是比例系数；V 是粒子可用空间的体积。

泡利不相容原理告诉我们，在一个原子中，不可能有两个电子具有完全相同的量子态，即任意两个电子的四个量子数不可能完全相同。当分析单独原子或纳米结构（二维电子气——参见第 6 章，纳米结构——参见第 7 章，单电子隧穿——参见第 8 章）时，必须考虑泡利不相容原理。

1.3 海森堡不确定性原理

1925 年，德国物理学家海森堡（当时只有 24 岁）提出了与薛定谔方程等效的基本粒

子的描述。两年后的 1927 年，海森堡提出不确定性原理[8-9]，它也是量子力学的基础之一，现在通行的不确定性原理就是海森堡那时在论文中提出的[8]。不确定性原理与物质粒子的波粒二象性密切相关，它定义了粒子状态可以确定的准确度极限。不确定性原理与测量仪器的准确度无关。当电子（视为粒子）在位置 x，不确定度（或用计量学的语言，误差范围）为 Δx 时，该电子态在波图像中也可以用不同波长的波组成的波束来表示。定义电子的波长为 λ，该波长值与电子的动量有关。根据德布罗意公式有

$$\begin{cases}\lambda = h/p \\ p = mv\end{cases} \tag{1-7}$$

式中，m 是电子质量；v 是电子速度。

在与粒子位置的不确定度相对应的 Δx 区间，一个波具有 n 个最大值和相同个数的最小值

$$\Delta x/\lambda = n \tag{1-8}$$

若在 Δx 区间之外，波束的振幅为零，则在该区间内此波束必定包括至少有（$n+1$）个的最小值和最大值的波

$$\Delta x/(\lambda - \Delta\lambda) \geqslant n + 1 \tag{1-9}$$

从式（1-8）和式（1-9）中可以得出

$$(\Delta x \times \Delta\lambda)/\lambda^2 \geqslant 1$$

根据德布罗意公式可以得出

$$\Delta\lambda/\lambda^2 = \Delta p/h$$

最后，我们得到不确定性原理的公式

$$\Delta x \times \Delta p \geqslant \hbar/2 \tag{1-10}$$

其中，$\hbar$ 为约化普朗克常数，$\hbar = h/2\pi$。

根据式（1-10），在同时确定 x 和 p 时（这一点非常重要），粒子（比如电子）在一个维度的位置不确定度 Δx 与动量不确定度 Δp 的乘积 $\Delta x \times \Delta p$ 不小于约化普朗克常数 $\hbar$ 的一半。这意味着，同时确定粒子位置 x 及其动量 p 时，即使采用最准确的测量或计算，如果位置不确定度 Δx 减小，则动量不确定度 Δp 必然增加，反之亦然。当通过坐标 x，y，z 在三个维度上定义粒子的位置时，可应用三个不等式来代替单个不等式（1-10）

$$\begin{aligned}\Delta x \times \Delta p_x &\geqslant \hbar/2 \\ \Delta y \times \Delta p_y &\geqslant \hbar/2 \\ \Delta z \times \Delta p_z &\geqslant \hbar/2\end{aligned} \tag{1-11}$$

在纳米结构中，不确定性原理具有非常重要的实际意义。例如，如果确定电子位置的不确定度为 2×10^{-10} m（与原子尺寸相对应的数量级），则根据式（1-10）可以确定电子速度的不确定度 Δv

$$\Delta x(m \times \Delta v) \geqslant \hbar/2$$

$$\Delta v \geqslant \frac{h}{4\pi m\Delta x} = \frac{6.626\times10^{-34}}{4\pi\times9.1\times10^{-31}\times2\times10^{-10}} \approx 2.9\times10^{5}\ \text{m/s}$$

这是一个很大的范围，大约是与室温时热能 $k_B T$ 相关的电子速度 υ_{th}($\upsilon_{th} \approx 10^5$ m/s) 的三倍。

如果我们放弃同时确定粒子不同运动参数，并假设其位置是固定的，则下面的式（1－12）将为粒子能量不确定度 ΔE 和粒子在生命周期或观察周期内的时间不确定度 Δt 规定了极限值

$$\Delta E \times \Delta t \geqslant \hbar/2 \tag{1-12}$$

例如，能量不确定度 $\Delta E = 10^{-3}$ eV$=1.6\times10^{-22}$ J 的能量测量所需的时间 Δt 计算如下

$$\Delta t \geqslant \frac{\hbar}{2\Delta E} = \frac{6.63\times10^{-34}}{4\pi\times1.6\times10^{-22}} \approx 3.3\times10^{-13}\ \text{s} = 0.33\ \text{ps}$$

1.4 测量分辨力极限

在利用量子器件测量小的电信号时，值得关注的一个问题是测量能量分辨力存在极限[6,10]。任意小的信号都能被测量吗？我们可以理解，能量分辨力就是用仪器可以测量的能量的量或变化量。没有明确规定测量分辨力的极限。其物理极限来源于：

- 确定基本粒子参数的海森堡不确定性原理；
- 发射和/或吸收电磁辐射的被测物体的量子噪声；
- 被测物体的热噪声。

物体在绝对温度 T 时的热噪声功率谱密度由普朗克方程描述

$$\frac{P(T,f)}{\Delta f} = hf + \frac{hf}{\exp\left(\dfrac{hf}{k_B T}\right)-1} \tag{1-13}$$

式中，k_B 为玻耳兹曼常数。

根据热噪声能量 $k_B T$ 和电磁辐射能量的量子 hf 之间的不同关系，普朗克方程（1－13）有两种极限形式。对于 $k_B T \gg hf$，普朗克方程仅包括热噪声分量，形式为奈奎斯特公式

$$E(T) = \frac{P(T)}{\Delta f} \cong k_B T \tag{1-14}$$

对于 $k_B T \ll hf$，普朗克方程仅包括量子噪声

$$E(f) = \frac{P(f)}{\Delta f} \cong hf \tag{1-15}$$

我们注意到，热噪声在低频功率谱的描述中起主导作用，而量子噪声则在高频中占主导地位。当两个分量相等，即 $k_B T = hf$ 时，频谱噪声功率的频率 f 则取决于温度。例如在 300 K 时，$f=6.2\times10^{12}$ Hz，而在 2.7 K 时（宇宙微波背景辐射温度），$f=56$ GHz[3]。

式（1－15）也将能量描述为一种量子化的物理量，其不确定度由频率测量不确定度（当前约为 10^{-16}）决定，其准确度为确定普朗克常数的准确度（目前约为 10^{-9}）。

下面我们给出一种在电流测量中估算测量范围下限的方法。电流是电子的流动，在导

体中电流的大小定义为流动电荷 $Q(t)$ 对时间 t 的导数，或者定义为单位时间内电荷 Q 的转移量

$$I = \mathrm{d}Q(t)/\mathrm{d}t \tag{1-16}$$

在微观尺度上，更重要的是我们可以记录单电子的流动并计算由此产生电流的大小。例如，一秒钟内流过十亿（10^9）个电子的电流是 1.6×10^{-10} A 或 160 pA，这种量级的电流可以直接用现在的电流表或者多用表来测量。速率低得多的电荷流动（例如每秒一个电子或每小时一个电子）将不再被视为电流，在这种情况下，最好是考虑单个电子的输运并计算流动电荷量，因为随时间的电子平均值往往是无效的。

对物理量进行测量的敏感器的原理是：对信号的能量或能量变化产生响应。因此，测量灵敏度受到海森堡不确定性原理的限制。迄今为止，SQUID 敏感器实现的能量分辨力最高，等于 $0.5h$，也达到了物理极限（请参见第 5 章）。在测量线性位移时，使用 X 射线干涉仪获得的线性分辨力最优，即 10^{-6} Å$=10^{-16}$ m[2]。计量学的这一杰出成就可以达到原子尺寸量级：例如，金原子和铜原子的半径约为 135 pm，在位移和几何尺寸的测量中，使用扫描隧道显微镜（STM）研究原子在固体表面的排列方式，垂直和水平测量中获得的最佳线性分辨力分别为 $\Delta a=10^{-12}$ m$=1$ pm 和 $\Delta b=10$ pm（请参见第 12 章）。STM 的工作是基于电子隧穿通过势垒的量子效应。

参考文献

[1] 9th Edition of the SI Brochure (Draft) (2019). https://www.bipm.org/en.

[2] R. D. Deslattes, Optical and X-ray interferometry of a silicon lattice spacing. Appl. Phys. Lett. 15, 386 (1968).

[3] A. Einstein, Über einen die Erzuegung und Verwandlung des Lichtes betreffenden heuristischen Gesichtspunkt. Ann. Phys. 17, 132-148 (1905).

[4] R. H. Feynman, R. B. Leighton, M. Sands, The Feynman Lectures on Physics, vol. 1 (Addison-Wesley, Reading, 1964).

[5] J. R. Friedman, V. Patel, W. Chen, S. K. Tolpygo, J. E. Lukens, Quantum superposition of distinct macroscopic states. Nature 406, 43-45 (2000).

[6] E. O. Göbel, U. Siegner, Quantum Metrology (Wiley, NY, 2015).

[7] S. Hawking, A Brief History of Time (Bantam Books, New York, 1988).

[8] W. Heisenberg, Über den anschaulichen Inhalt der quantentheoretischen Kinematik und Mechanik. Z. Phys. 43, 172-198 (1927). (in German).

[9] V. Kose, F. Melchert, Quantenmabe in der elektrischen Mebtechnik (VCH Verlag, Weinheim, 1991).

[10] W. Nawrocki, Introduction to Quantum Metrology (Publishing House of Poznan University of Technology, Poznań, 2007). (in Polish).

[11] I. W Savelev, Lectures on Physics, vol. 3 (Polish edition, PWN, 2002).

[12] E. Schrödinger, An undulatory theory of the mechanics of atoms and molecules. Phys. Rev. 28, 1049-1070 (1926).

第2章　度量、标准和单位制

摘　要　本章讨论数百年来测量和标准的历史，介绍长度、时间、温度和电量的单位标准从历史到当代的发展。本章详细介绍了温度测量和温标，本书不再单独设立章节进行讨论；介绍了计量体系的发展，从早期的由度、量、衡单位组成的中国计量体系到最早的国际体系再到SI。与SI一起被定义的有七个基本单位：米、千克、秒、安培、开尔文、坎德拉和摩尔。我们认为从米制公约开始了广泛国际合作，目标是统一计量单位和保持标准器的品质。本章讨论了国际及国家计量服务的组织，以及国际计量局（BIPM）和国家计量院（NMI）的职能。

2.1　计量体系的历史

测量是被测量的实际状态与其参考状态的比较，而该参考状态由标准来复现，如图1-1所示。

自文明开始以来，人们一直在进行并利用测量。对人类来说最重要的三种物理量是：长度，质量和时间。已知的最古老测量证据可以追溯到八千到一万年前。而且，很久以来，人们一直努力将测量单位合并为一个体系。中国的黄帝在公元前2700年左右引入了一个基于竹竿量度的完整计量体系，该体系包括度、量、衡的单位。在此测量体系中，长度单位是成熟竹竿中相邻两个竹节之间的距离，体积单位是相邻两个竹节之间的竹竿内部空间，质量单位由1 200粒大米（单位体积中可以装下的近似数量）的质量来表示（译者注：读者可参考有关黄钟的传说，商务印书馆《中国度量衡史》中有更多描述）。

对于知识和生产而言，第四重要的物理量是温度，但仅在不到400年前，人们才对温度进行测量。

请注意，在当今的文明中，测量不仅在贸易中是必要的（这与在文明刚开始时的情况一样），而且在大多数技术流程（如制造、加工或耕种等）的控制中和在实验科学中以及许多常用设备中，也起着至关重要的作用。例如，一辆普通汽车包含有大约100个传感器，它们用于测量温度和压力、液体的液位和流量以及其他量。物理学的进步带来了新的量子标准和研究仪器的产生，它们反过来又进一步促进了科学发现。

罗马人创建了第一个国际计量体系，并将其传播到被他们征服的国家。该体系包括长度单位，罗马尺（295 mm）和罗马里（等于5 000 ft）。罗马的长度量具传播到远至伊比利亚半岛、北非、不列颠群岛和巴尔干半岛，并且可能已经扩散到了今天的波兰地域。请注意，当代英尺（等于304.8 mm）比罗马尺要长，这表明了人类学的变化。

用重量和长度来度量的商品贸易带来了量具的大发展，特别是标准的发展。在18世纪和19世纪，人口流动量快速增长，因此带来一个日益增长的需求是：已在不同的城市和地区独立使用了几个世纪的当地测量标准（例如肘，英尺，磅或俄磅），急需用国际各国或至少在更大区域内可以接受的标准来代替。

今天，在一个测量体系中将不同物理量单位进行体系化似乎很明显，但是实际上这是一个非常漫长的过程。1799年6月22日，米和千克的标准器保存在法国国家档案馆，是当前在用的国际单位制（SI）的开始。这两台标准器都是由铂金制成。所采用的一米长度标准器是通过巴黎的子午线上从北极点到赤道距离的1/10 000 000。千克原型是1/1 000 m^3纯水在最大密度状态下的质量。

1832年，卡尔·高斯（Carl Gauss）提出了一种基于长度、质量和时间单位的一贯计量体系，从中导出磁学和电学量的单位。定义时间单位秒为太阳日的一部分。在高斯计量体系中，长度单位是毫米，质量单位是克。在接下来的几年中，高斯和韦伯（Weber）还将电学量单位并入所提出的计量体系。詹姆斯·克莱克·麦克斯韦（James Clerk Maxwell）和威廉·汤姆森（William Thomson）在英国科学促进协会（BAAS）的主持下提出了一种由基本单位和导出单位组成的一贯计量体系的原则。因为每个导出单位都由基本单位导出，因此与基本单位相关。基本单位在计量体系中起着至关重要的作用。导出单位的准确度由基本单位的准确度确定。1874年，BAAS引入CGS体系，这是一个依照这些原则开发的一贯计量体系，它采用长度、质量和时间这三个量的单位作为基本单位。所采用的基本单位是厘米、克和秒。法国、英国和普鲁士这三个国家较早地独立尝试将计量单位体系化。

在巴黎（1855年和1867年）和伦敦（1862年）世界博览会举行会议之际，许多机构提出了实施国际单位制的决议。法国政府提议成立一个国际委员会，致力于发展国际公制计量体系。该委员会很快成立，并有30个国家的代表参与其工作。这些努力最终促成了在1875年5月20日17个国家签署了“米制公约”。“米制公约”采用米为长度单位，千克为质量单位，成立国际计量局（BIPM），并赋予其保管米的国际原器和千克的国际原器（IPK）。BIPM的当前任务是保证世界范围内计量的统一，具体职责包括：

- 建立最重要物理量的计量基本标准和标尺，并保存国际原器；
- 组织国家基准和国际基准的比对；
- 协调与校准有关的计量技术；
- 进行和协调基本物理常数的计量工作。

被称为国家计量院（NMI）的国家计量机构在国家范围内具有与BIPM相同的职责。最著名和最杰出的NMI包括美国国家标准技术研究院、德国联邦物理技术研究院和国家物理实验室（英国）。作为政府间组织，“米制公约”由60个成员国（截至2018年）和42个关联国（包括阿尔巴尼亚、白俄罗斯和乌兹别克斯坦）组成。

第一个国际单位制围绕三个基本单位（米，千克和秒）构建，称为MKS（米-千克-秒）单位制。它是一组单位而没有形成一个体系，因为它没有定义单位之间的联系，如

图 2 - 1 所示。

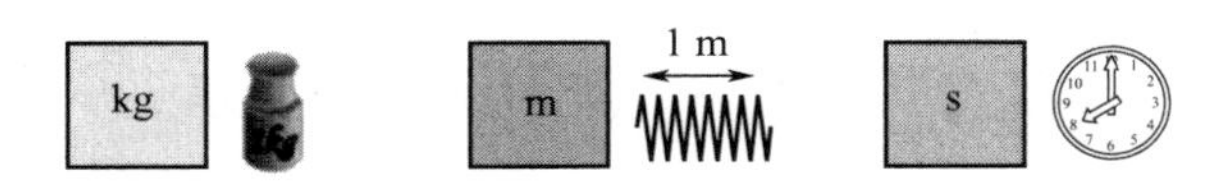

图 2 - 1　MKS 单位制（第一个国际单位制）的基本单位

长度的“任意单位”（arbitrary unit）米遵循法国经验而建立，其定义为由 90%铂和 10%铱（Pt90Ir10）合金制成的棒上的两条刻线之间的距离，这被称为国际米原器。所采用的质量单位千克定义为 1/1 000 m^3 水在最大密度点时的质量。国际千克原器（IPK）也是由 Pt90Ir10 合金制成。MKS 单位制使用时间单位秒的天文定义，为平均太阳日的 1/86 400。除时间和角度测量单位外，MKS 单位制和所有后续国际计量体系的单位采用十进制。

1878 年至 1889 年间，BIPM 设计制造了 30 个米原器。为了研究和比对这些原器，需要对温度进行可比较的测量，这就需要明确定义温标。已经知道温度会影响标准器的参数，因此标准器保存在温度受控的条件下。应该注意的是，当时温度被认为是辅助物理量。1889 年，首届计量大会（CGPM，缩写来自法语 Conférence Générale des Poids et Mesures）批准了米和千克的实物标准器。1889 年首届 CGPM 批准的 Pt90Ir10 棒国际米原器，仍保存在国际计量局，并维持在 1889 年规定的条件下。更重要的是，1889 年采用的千克原器仍被用作质量单位的国际标准器。首届 CGPM 还采用了一个称为氢标的温标，是通过一个体积恒定的氢气温度计来实现。氢气温度计在两个固定点进行校准，分别为 0 ℃（融冰温度）和 100 ℃（沸水温度）。

1946 年，国际计量委员会（CIPM，来自法语 Comité international des poids et mesures）推荐了另一种单位制，称为 MKSA 单位制，它围绕四个基本单位构建：除米、千克和秒外，增加了安培，如图 2 - 2 所示。CGPM 从未正式采用具有四个基本单位的 MKSA 单位制。1954 年，第 10 届 CGPM 采用了 MKSA 单位制的升级版本，它有 6 个基本单位，增加了开尔文和坎德拉。

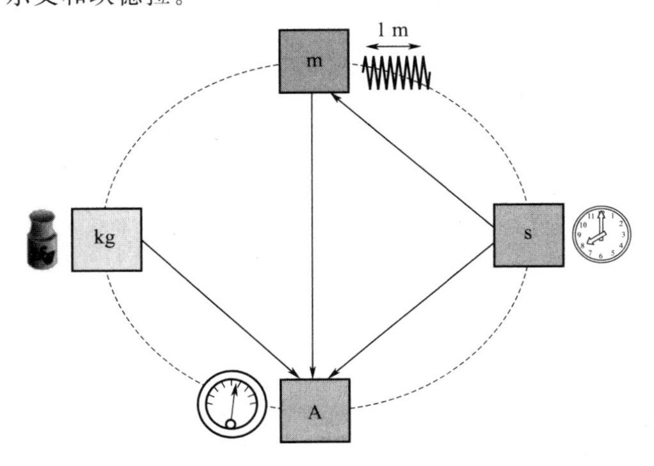

图 2 - 2　1946 年 MKSA 国际计量单位制的基本单位及其相互关系

2.2 1960 年的国际单位制（SI）

当今有效的计量体系是国际单位制，称为 SI（来自法语 Système international d'unités）。SI 在 1960 年的第 11 届计量大会上被采用，是当时使用的 MKSA 单位制的扩展。最初，它包括 6 个基本单位（它们自 1954 年生效）、2 个补充单位（弧度和球面度）以及 22 个导出单位。1971 年的第 14 届 CGPM，增补摩尔作为物质的量的单位，SI 基本单位数量增加到 7 个。从那时起，SI 基本单位包括：米、千克、秒、安培、开尔文、坎德拉和摩尔。

基本单位在计量体系中起着至关重要的作用[1]。导出单位的复现准确度取决于基本单位的复现准确度。基本单位为定义几何学、力学、电学、热学、磁学、光学和声学量以及电离辐射的导出单位提供了基础（在文献 [1] 中列出了 22 个导出单位的名称和符号）。计量机构努力以最小不确定度来复现基本单位，这种努力可以理解，但是代价高昂。在当前的 SI 中，七个基本单位中只有三个是完全独立的：千克、秒和开尔文，其他的米、安培、坎德拉和摩尔的定义则涉及千克和秒（见图 2-3）。

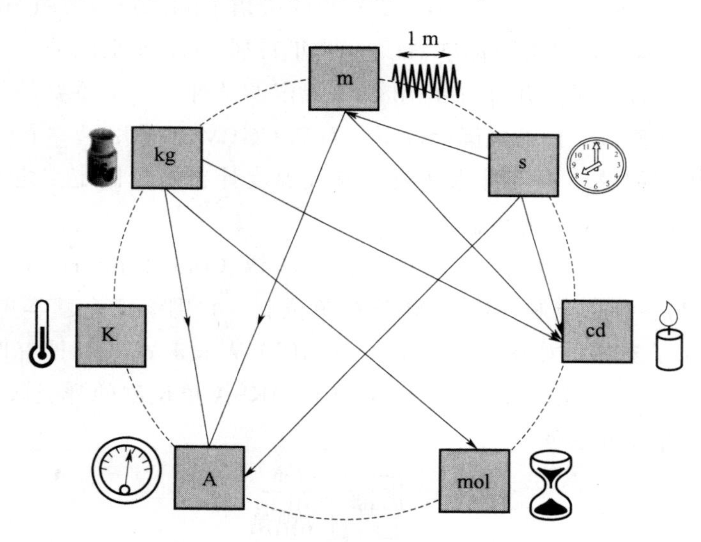

图 2-3 SI 制基本单位及其相互关系

计量体系的一个优点是物理量相互关联。一个物理量的单位可以由其他量的单位来表示和定义。例如，通过测量力和长度可以定义安培（电流的单位）。开尔文是唯一一个不与其他任何基本单位相联系的 SI 基本单位。

如 BIPM 的 SI 手册中所述："导出单位定义为基本单位的乘积。SI 的基本单位和一贯导出单位形成一组一贯单位，称为一组一贯 SI 单位"[1]。SI 是一贯的，有时会被误解为"综合体系"。SI 导出单位的一贯性意味着导出单位由基本单位乘以或除以 1（没有其他任何因子）来定义。例如，导出单位帕斯卡和焦耳定义如下

$$1\ \mathrm{J}=(1\ \mathrm{m})^2\times 1\ \mathrm{kg}\times(1\ \mathrm{s})^{-2}$$

$$1\ \mathrm{Pa}=1\ \mathrm{kg}\times(1\ \mathrm{m})^{-1}\times(1\ \mathrm{s})^{-2}$$

SI 在 1960 年被采用，在此之前或之后都是由计量大会决定采用或修改基本单位的定义。以下是国际单位制基本单位的定义。

米是光在真空中 1/299 792 458 s 时间间隔内所行进的路程长度。

这一定义于 1983 年在第 17 届 CGPM 通过采用。这表明真空中的光速精确为：c_0=299 792 458 m/s。在国际范围内米的复现不确定度为 10^{-12}[1]。

千克是质量单位；等于国际千克原器的质量。

千克的这一定义于 1901 年在第 3 届 CGPM 通过采用，表明国际千克原器的质量总是精确地为 1 kg，$m(K)$ =1 kg。但是，由于污染物在其表面上不可避免地积聚，国际千克原器会受到不可逆的表面污染，每年的质量变化接近 1 μg。在国际范围内复现千克的不确定度为 2×10^{-9}[1]。

秒是铯-133 原子基态的两个超精细能级之间跃迁所对应的辐射的 9 192 631 770 个周期的持续时间。该定义中铯原子指的是在 0 K 温度下静止的铯原子。

以上定义于 1967 年在第 13 届 CGPM 通过采用。这表明铯-133 原子基态的超精细分裂精确为：ν(hfs Cs) =9 192 631 770 Hz。在国际范围内秒的复现不确定度优于 10^{-15}[1]。

安培是一恒定电流，若 1 A 电流保持在处于真空中相距 1 m 的两根无限长、圆截面小到可以忽略的平行直导线内，则此两导线之间产生的力在每米长度上等于 2×10^{-7} N。

该定义于 1948 年在第 9 届 CGPM 通过采用，这表明磁学常数 μ_0（也称为真空磁导率或自由空间磁导率）的精确值是 $4\pi\times10^{-7}$ H/m。在国际范围内安培的复现不确定度为 9×10^{-8}[1]。

开尔文是热力学温度单位，是水的三相点热力学温度的 1/273.16。

该定义于 1967 年在第 13 届 CGPM 通过采用，根据此定义可以得出，水的三相点的热力学温度精确等于：T_{tpw} =273.16 K。

开尔文的上述定义是指完全由以下同位素按比例组成定义的水：每摩尔的 ^{1}H 有 0.000 155 76 摩尔 ^{2}H，每摩尔的 ^{16}O 有 0.000 379 9 摩尔 ^{17}O，以及每摩尔的 ^{16}O 有 0.002 005 2 摩尔 ^{18}O。在国际范围内开尔文的复现不确定度为 3×10^{-7}[1]。

坎德拉是一光源在给定方向上的发光强度，该光源发出频率为 540×10^{12} Hz 的单色辐射，且在此方向上的辐射强度为 1/683 W/sr。

此定义于 1979 年在第 15 届 CGPM 通过采用。这表明频率为 540×10^{12} Hz 的单色辐射的光谱光视功效精确等于：K =683 lm/W=683 cd · sr/W。

1）摩尔是一系统的物质的量，该系统中所包含的基本单元数与 0.012 kg 碳-12 中的原子数量相等；它的符号是“mol”。

2）在使用摩尔时，基本单元应予指明，可以是原子、分子、离子、电子及其他粒子，或是这些粒子的特定组合。

该定义于 1971 年在第 14 届 CGPM 通过采用，指的是静止于基态的碳-12 未结合原子。该定义表明碳-12 的摩尔质量正好是每摩尔 12 克，M（^{12}C）$=12$ g/mol。在国际范围内摩尔的复现不确定度是 2×10^{-9}[1]。

国际单位制在被采用后的 50 年中经过多次修订。最重要的一次修订是将摩尔加入基本单位组中。“米制公约”政府间组织于 2006 年出版了最新的第 8 版 SI 手册，共有 180 页，手册在主要章节之后有三个附录，描述标准器的参数、维护条件和标准器比对的详细测量技术。在 2018 年 11 月的第 26 届 GCPM 通过采用新的 SI 制。在 BIPM 网站（www.bipm.org/utils/en/pdf/si-revised-brochure/Draft-SI-Brochure-2019.pdf）可以查询到第 9 版 SI 手册的草案（包含有关新 SI 的说明）。

CIPM 在 2005 年建议全新定义 SI 制的七个基本单位中的四个，即千克、安培、开尔文和摩尔[7,11,13,17]。新定义将基本单位与基本物理常数相关联。根据 CIPM 的建议，千克与普朗克常数 h 相关联，安培与基本电荷 e 相关联，开尔文与玻耳兹曼常数 k_B 相关联，摩尔与阿伏加德罗常数 N_A 相关联（请参阅第 3 章）。

SI 制基本单位的复现会在品质上有很大差别，复现单位的品质好坏由不确定度来判定。时间/频率的原子标准提供了最佳的不确定度，约为 10^{-16}。复现发光强度单位坎德拉的不确定度最差，约为 10^{-3}。在许多国家，甚至国家实验室也没有保存 SI 所有基本单位的标准器。例如，华沙中央计量局（GUM）没有安培和摩尔标准器。但是，GUM 保存有其他重要单位的标准器：伏特、欧姆、米和秒，且处于国际良好水平。

应该强调的是，以上讨论的基本单位的定义均关联一个特定的物理常数，该常数被公认是精确的，并且在时间上是恒定的。该假设的约定性在千克的定义中特别明显。但是，这七个定义中其他物理常数的值也仅仅假定为精确的。它们的时间稳定性未知。例如，伦敦帝国理工学院理论物理学教授若昂·马格乔（João Magueijo）直接质疑真空中光速的时间不变性。马格乔教授认为，宇宙开始时的光速比现在快[8]。

2.3 长度的计量和标准

尽管在日常生活中，我们必须测量从几分之一毫米到几百千米的长度或距离，但是通常长度测量的范围要宽泛得多。根据理查德·费曼（Richard Feynman）的说法，这个范围包括从 10^{-15} m（原子核最小的氢核的半径）到 10^{27} m（根据目前的认知估计的宇宙直径）[3]。

早期长度和距离的测量采用自然标准，如英尺（是人的足长）、肘（是从指尖到肘部的臂长）、英寸（表示手指的宽度）或步。较大的测量单位包括弓或弩射程、俄里（在俄罗斯使用，是声音可以听到的最大距离），甚至更大的单位，例如一天中步行或骑马所经过的距离。后者的标准比基于人体部位的自然标准更具主观性。更长的距离用这些标准的倍数来表示。长度小于一英寸的单位是 barleycorn，即一粒谷物或大麦的长度，而更小的是 poppyseed，等于罂粟种子的直径。长途跋涉的水手们熟悉天文学，他们使用的海里则是相当于地球圆周的一分：40 000 km /360°/ 60′=1 852 m。

长度单位自然标准（例如英寸或肘）的明显优势是该标准永久可用，因为这是每个人都有的。但是，主要缺点是标准因人而异。如果用前臂或脚的长度来复现长度单位，则会出现一个问题：是采用谁的前臂和脚？古埃及的肘是法老前臂的长度，而在中世纪是采用查理曼大帝（公元 742 — 814 年）的脚作为长度单位。制定计量标准的民主精神可以追溯到 1584 年德国奥本海姆镇的一根测量杆长度（16 ft 长）的定义（图 2-4）：

图 2-4　在奥本海姆镇设定一量杆长度（德国，16 世纪）；1 量杆（rod）等于 16 ft

让从教堂出来的随机 16 个人，无论是高个子还是矮个子，依次把他们的脚长加在一起。这个长度是而且应该是一根可靠的测量杆的长度。

在法国，18 世纪末使用了数十种不同的英尺和肘的标准。在巴黎，长度单位标准 pieddUroi，是国王的脚，长 32.484 cm，细分为更小的单位：1 ft=12 in=144 线=1 728 点。过多的计量标准是贸易发展的主要障碍。

在 17 世纪末和 18 世纪，法国、英国和美国讨论了采用基于自然规律的普适长度单位。提出并考虑了两种长度单位标准：

• 基于地球尺寸、特别是地球周长或半径的标准。希腊的厄拉多塞（Erastosthenes）在公元前 230 年他的著作《地球测量》中首次报道了测量的地球周长；

• 周期为一秒的自由振荡摆的长度。

伽利略（Galileo，1583）和荷兰科学家克里斯蒂安·惠更斯（Christiaan Huygens，1656）的研究证明长度 l 固定的摆的自由振荡周期 T 恒定。他们都试图利用这一发现来构建准确的时钟，不过只有惠更斯成功了。但是，让·里希特（Jean Richter，1675）的后续研究表明，摆的振荡周期与测量地点的重力加速度 g 轻微相关。地球表面重力加速度 g 的值是距地球重心距离 R_c 的函数。实际上，g 的值取决于测量实施点的纬度和海拔高度。里希特获得的结果大大降低了采用摆作为长度单位标准的吸引力。根据以下公式，振荡周期为一秒的摆的长度为248.562 mm

$$l = \frac{g}{4\pi^2}T^2 \tag{2-1}$$

式中，l 是摆的长度；T 是自由振荡的周期；g 是重力加速度（例如，在波兰的波兹南，纬度52°和海拔70 m，$g = 9.812\,25\ \mathrm{m/s^2}$）。

1790年5月，法国国民制宪议会通过了一项根据自然规律来开发计量单位的决议，由科学院开发这些单位。不到一年后的1791年3月，法国著名学者委员会（包括拉格朗日、拉瓦锡和拉普拉斯等人）提出了长度单位米的标准，即通过巴黎的子午线上从北极点到赤道的距离的1/10 000 000。该提议之后则是对子午线的精确测量。用这种方法定义的米的实物标准是横截面为矩形的铂金杆；长度的单位用铂金杆长度来复现，即两端之间的距离定义为1 m。这个米的标准器在1799年制成，并保存在法国档案局里。

1867年在柏林举行的国际大地测量协会（法语：Association Géodésique Internationale）提出了在欧洲引入统一长度单位的建议。该提案得到了圣彼得堡的俄罗斯科学院、法国科学院和法国经度局（法语：Bureau des Longitudes）的支持。因此，法国政府提议成立一个国际委员会，以发展国际公制计量体系。于是，1875年17个国家签署了国际米制公约。出于实际原因，子午线标准被放弃，取而代之的是根据法国经验制定的“任意单位”米标准。1889年第1届计量大会通过的定义如下：

1米是在温度为0 ℃时国际原器上的方向线界定的区域内两条主线的宽度中线之间的距离，原器在距两端0.22L的位置处支撑，其中L是原器的长度。

米的实物原器是由90%铂和10%铱合金制成的标准棒。米的上述定义持续生效了70年，直到原子标准替换此人为约定标准为止。根据定义，铂-铱标准棒的温度为0 ℃。通过使用冰水混合物，可以很容易地获得并精确地保持这种温度。

值得注意的是，1887年，美国物理学家阿尔伯特·迈克尔逊（Albert Michelson，出生在波兰的斯切尔诺）提出使用光学干涉仪来精确测量长度。迈克尔逊使用干涉仪来测量BIPM的米国际标准器。连续对此标准器的干涉仪测量确认了非常好的测量分辨力和可重复性。由于他对计量学发展的贡献，迈克尔逊在1907年被授予诺贝尔奖。

根据自然标准导出但基于公制的长度单位，现在仍在盎格鲁-撒克逊国家和美国使用。英国议会在1963年《计量法》中采用了码（yard）的最新版本定义。根据该法律，1 yard等于914.4 mm。当代英国的计量体系包括以下长度单位：

1 in＝25.4 mm；

1 ft＝12 in＝304.8 mm；

1 yard＝3 ft＝914.4 mm；

1 furlong＝220 yards＝201.168 m；

1 mile＝8 furlongs＝1 609.34 m。

这些单位仍与公制单位一起使用。

在 20 世纪中叶，根据光的特定波长重新定义了米。牛顿已经提出了光波长的恒定性，后来被包括迈克尔逊干涉仪测量在内的实验所证实。创建米的新标准时，可用的最佳光源是氪-86 气体放电灯，它发出的橙光波长为 606 nm。1960 年的第 11 届 CGPM 采用 SI，也重新定义了长度单位：

米的长度等于氪-86 原子的 2p 和 5d 能级之间跃迁的辐射在真空中波长的 1 650 763.73 倍。

基于对光在真空中速度的高精度测量结果，c ＝299 792 458 m/s，以及光速是一个精确已知的物理常数的传统假设，1983 年的第 17 届 CGPM 通过了米的新定义：

米是光在真空中 1/299 792 458 s 时间间隔内所行进的路程长度。

这是 SI 基本单位米的当前定义。与国际单位制其他六个基本单位的定义相比，长度单位的定义似乎将在未来许多年继续适用。

扫描隧道显微镜（STM）可以进行精确的表面研究，尤其是测量固体表面上分子和原子的分布（请参见第 11 章）。用 STM 测量位移和几何尺寸时，在垂直和水平测量中获得的最佳线性分辨力分别为 $\Delta a = 0.01$ Å＝10^{-12} m 和 $\Delta b = 0.1$ Å＝10^{-11} m。STM 是固态物理学中最出色的研究工具之一。

2.4　质量的计量和标准

艾萨克·牛顿（Isaac Newton）将质量的概念引入了科学。已测得的质量值包括从基本粒子的质量（例如电子质量 $m_e = 9.11 \times 10^{-31}$ kg）到天体的质量（例如地球，质量 $m_E = 6 \times 10^{24}$ kg）。天文物体质量的测量是基于引力定律。最初尝试确定地球质量是使用已确定的地球平均密度进行计算。

在大宗商品贸易的最初几个世纪中，液体或干货（例如谷物）大宗商品的体积测量用加仑、蒲式耳或桶等单位。仅在贵金属和宝石贸易中，才用称重秤来测量质量。毫不奇怪，最初砝码的质量相对较小，可由贵金属硬币实现砝码功能。在法国的查理曼大帝时代，用铸造合金制成的 1 磅砝码（质量 367.2 g）生产了 240 便士（denarii，古罗马货币）的硬币。1 磅砝码和 1.53 g 银币都曾在贸易中使用。波兰大公密什科一世（Mieszko I）的第一枚波兰便士硬币出现在 10 世纪下半叶。根据历史研究，密什科的便士质量为 1.53 g，恰好与查理曼大帝的便士质量相同。

1875 年的“米制公约”仅采用两个计量单位：长度单位米和质量单位千克。一千克的质量是 1/1 000 m^3 水在其密度最大（即温度 4 ℃）时的质量。国际千克原器（IPK）如图 2-5 所示，由 90%铂和 10%铱的合金制成（与米的原器材料成分相同），为圆柱体形状，其直径与高度相等，$a = D = 39$ mm。IPK 是 SI 七个基本单位中唯一的人为约定实物标准。1889 年，首届计量大会将 IPK 定义为人造实物标准：

从此以后，该原器应被视为质量的单位。

为了解决有关质量或重量术语的使用问题，1901 年的第 3 届 CGPM 确认 1889 年定义的千克仍然有效：

千克是质量单位；等于国际千克原器的质量。

图 2-5　华沙中央计量局（GUM）的质量单位标准器，为 BIPM 的第 51 号官方复制品，原器封存在两层玻璃罩中（由 GUM 提供）

尽管在国际千克原器的保存过程中采取了各种措施，但在其表面还是有杂质沉积，因此千克原器已开始以每年 1 μg 的速度“变胖”。因此，国际计量委员会（CIPM）于 1988 年指出：国际千克原器的质量是原器在经过特殊方法清洁和清洗后的即刻参考质量[1]。该方法包括标准器准备的三个步骤：清洁，清洗和干燥。清洁原器必须用油鞣革，油鞣革必须经过脱脂、脱酸并在乙醇和乙醚浴中浸泡 48 h（两次）。清洁必须用手完成，油鞣革应施加约 10 kPa 的压力。清洗 IPK 所用的水应经过两次蒸馏。清洗应使用热蒸汽，从距离其表面 5 mm 处，并以一定压力吹向原器。干燥过程包括三个阶段：用滤纸收集水滴、用压缩空气干燥和被动干燥。在后面的阶段中，将 IPK 放置在可进入空气的保险箱中两周。因此，比对过程中仅 IPK 准备工作就需要近三周的时间。

IPK 存放在塞夫尔的国际计量局（BIPM）。迄今为止，已经制作了近一百只国际千克原器的铂-铱复制品。其中六只被称为 IPK 的官方复制品，并与 IPK 一起保存在 BIPM。BIPM 还使用其他八只铂-铱人造标准器进行校准。其余的八十只国际铂-铱复制品已分发给世界各地的国家实验室。华沙中央计量局（GUM）拥有第 51 号复制品。

千克的定义不仅对于质量单位很重要，而且对于其他三个基本单位也很重要，即安培、摩尔和坎德拉。因此，千克定义的任何不确定度也会影响这三个单位。

当前的千克标准器存在许多难题。国际原器只能在塞夫尔使用。它可能会损坏，甚至被毁掉。它每年表面受到污染的质量接近 1 μg[9]。然而，国际原器的最重要缺点是其质量长期漂移。自 1889 年以来一直在使用国际千克原器。第二次（1939 — 1953 年）和第三次（1988 — 1992 年）对各国家千克原器进行定期比对验证的结果表明，在 100 年内国际原器的质量变化了 50 μg[4]。这意味着每 100 年相对变化 5×10^{-8}。目前尚不清楚这种漂移的原因。在第三次比对验证后，铂-铱人造标准器的质量相对于基本常数的变化变得明显。因此，必须重新定义质量单位，并且必须采用新的标准。经过许多提议和讨论后，千克的新定义关联普朗克常数 h [1,18]。

CIPM 的质量和相关量咨询委员会（CCM）在 2007 年的第 10 次会议上讨论了千克和摩尔的新定义。提出了七个新的千克定义，每个定义都关联一个或多个物理常数。

在波兰，质量单位的国家标准是经 BIPM 认证的铂-铱人造千克标准器，它是第 51 号（在 BIPM 清单上）千克原器，由华沙中央计量局（GUM）在 1952 年购入，并由华沙中央计量局质量实验室保存和使用。自从购入第 51 号原器以来，波兰国家标准器参加了三次国际比对中的后两次（第一次比对是在 1899—1911 年间进行），比对结果为：第二次国际比对（1939—1953 年）中千克原器为 1 kg＋185 μg，第三次比对（1988—1992 年）中千克原器为 1 kg＋227 μg，此千克原器的测量不确定度为 2.3 μg[4]。

多年来，人们一直致力于把根据基本物理常数而重新定义的质量单位（kg）与其他计量单位（例如时间、长度或电压的单位）联系起来。新的质量单位标准除了需要与基本物理常数相关联之外，其不确定度还应该优于当前国际千克原器的不确定度，即 5×10^{-8}（长期稳定性）。在基本单位计量中，不建议太仓促。最终，普朗克常数 h 的测量不确定度满足要求，2018 年 11 月的第 26 届 GCPM 通过了采用新的千克定义（在修订 SI 框架内）。

2.5　时钟和时间的计量

天文现象的周期（例如天、年或每月一次的月球周期）一直作为时间度量来使用。因此，在国际的单位体系中，与长度或质量的通用单位相比，一个通用的时间单位更容易被接受。古埃及用作日晷的方尖碑，自公元前 3500 年以来就一直存在。太阳投在方尖碑的阴影能够指示白天的时间，再对阴影的弧线进行划分就可以实现精确指示。埃及人和玛雅人将日出到日落划分为 12 个小时。但是，由于在一年中白天的长度会发生变化（赤道上的位置除外），因此也代表着小时的时间间隔可变。夏天的一小时就比冬天的一小时长。同样在欧洲，大约到公元 15 世纪，人们仍旧使用长度可变的小时。便携式日晷的最早使用可以追溯到公元前 1500 年的古埃及。在欧洲，甚至中世纪的早期就出现了口袋式日晷。图 2－6 展示的是北京故宫的精美花园日晷。

同样，埃及在公元前 1500 年左右制作了最早的水钟。水钟在中国和巴比伦也广为人知。水钟是一种在底部有流水口的容器。在水从容器中流出时，用逐步下降的水位来表示时间。先进的水钟有一个齿轮机构来驱动指针，有时还有机构可以标志流逝的时间。因此，它们相当于现代计时器。有的水钟带有可以降落至锡板上的金属球，并利用落球数量来表示流逝的时间。希腊人使用日晷、水钟以及沙漏（公元前 300 年就有记载）。

中国使用的时间测量工具包括日晷（见图 2-6）、水钟和蜡烛钟。蜡烛钟采用燃烧速率恒定的蜡烛。将小时引入时间测量与宗教密切相关。穆斯林和基督教僧侣都需要钟表来指示祈祷的时间。每天五次固定时间，颂赞真主的宣礼师在宣礼塔（清真寺上的塔楼）召唤信徒祈祷，并在早晨用经文鼓励他们：祷告总比睡觉好。波斯学者穆罕默德·本·艾哈迈德·比鲁尼（Muhammad ibn Ahmad al-Biruni）在 11 世纪上半叶编写了第一本有关时间测量的书《关于时间的计算》。自中世纪早期以来，在基督教修道院和教堂，每天定时鸣响钟声七次。教皇萨比尼安在大约公元 605 年引入了定时鸣钟的惯例。

图 2-6　带 24 小时表盘的花园日晷（北京故宫博物院收藏）

将一天时间进行划分后就产生了比小时短的时间单位——分钟和秒，但是直到机械钟表发明后，才得以准确测量它们。阿拉伯人提高了日晷的准确性。大约在公元 1000 年，埃及哈里发的天文学家伊本·尤努斯（Ibn Yunus）写下了日晷影子的长度表，并精确到分钟。400 年后，伟大的乌兹别克斯坦天文学家乌鲁格·别克（Ulugh Beg）独立计算了日晷表，他是“乌鲁格·别克天文表”的作者，也是撒马尔罕的统治者和帖木尔之孙。

14 世纪初，在意大利和法国的城市出现最古老的一批机械钟。钟表机械部分由一个重锤提供恒定张力，因此棘轮旋转速度保持一致，这是测量时间间隔相等所必需的。机械钟安装在市政厅和教堂的塔上。1656 年，克里斯蒂安·惠更斯（Christiaan Huygens）制造出单摆钟，其单摆使得指针的旋转稳定，大幅提高了时钟准确度。自由长度 l 的单摆振荡周期 T 由以下关系式确定

$$T = 2\pi\sqrt{\frac{l}{g}} \tag{2-2}$$

式中，T 是振荡周期；l 是摆的长度；g 是重力加速度。

用惠更斯发明的单摆钟测量时间，准确度可以达到每天一分钟，改进后的准确度可达到每天十秒钟，这比文明史上以前制造的其他任何钟表都更精确。单摆钟可以将一天分为相等的小时、分钟和秒。应该提到的是，在惠更斯之前，伽利略（Galileo）也研究了单摆钟的概念，甚至在 1582 年画出了草图，只是伽利略钟从未建成过。伽利略在研究地球重力场中物体自由落体时，使用了脉冲来测量时间。天文学家约翰尼斯·赫维留斯（Johannes Hevelius）从伽利略的成果中知道单摆周期是固定的，他在 1640 年利用这个特性来测量时间，但没有制成时钟。

国际单位制中定义的第一个时间单位是秒。1901 年秒的定义：

1 秒是一平均太阳日的 1/86 400。

此定义一直使用到 1956 年。与此同时，观察到了太阳日时间的波动，因此，秒的下一个定义参考天文星历年（由天体相对于地球的位置确定）。1956 年通过采用的定义为：

1 秒是一回归年的 1/31 556 925.974 7。

随着电子石英钟的发展，在提高时间测量的准确度方面取得了实质性进展。如果没有皮埃尔·居里（Pierre Curie）在 1880 年发现的压电效应，就不可能发明石英钟。1922 年，沃尔特·G. 卡迪（Walter G. Cady）在石英晶体中观察到电振荡频率的高稳定性，石英晶体是目前使用最广泛的压电材料。卡迪还发现，切割石英晶体时晶轴的选择对于振荡频率及其频率的温度稳定性都很重要。贝尔实验室的加拿大人沃伦·马里森（Warren Marrison）制造了一个晶体振荡器，该晶体振荡器立即成为一个频率标准，并在 1929 年建成了第一台石英钟，该石英钟就是由这种晶振信号控制。石英钟的准确度比机械钟要高很多。1969 年发明的石英表成为最精确的常用计量设备。石英表的准确度比所有其他常用测量仪器（例如称重秤、卷尺、温度计或电表）的准确度高出很多个数量级。

石英钟准确度的提高是通过提高石英振荡器的频率稳定性来实现的[6]。但是，很快发现石英的振荡频率与温度相关。温度波动会降低石英振荡器作为参考频率源的品质。在没有温度稳定器的石英振荡器（XO）中，频率的相对变化 $\Delta f/f$ 与温度 T 的函数关系约为 10^{-7}/℃。通过考虑和补偿 $\Delta f/f$ 与温度的相关性，可以进一步提高石英振荡器的准确度。在构建石英温度计中也应用其 $\Delta f/f$ 与温度的相关性。表 2-1 中列出了石英振荡器的各项参数。

表 2-1　石英振荡器的参数[2,14]

振荡器类型	XO	TCXO	Oven OCXO	Double Oven OCXO	Double Oven BVA OCXO
频率稳定性(τ=1 s)	—	1×10^{-9}	—	$(1\sim5)\times10^{-11}$	$(1\sim5)\times10^{-11}$
频率年漂移	10^{-6}	5×10^{-7}	$(2\sim40)\times10^{-8}$	$(1\sim10)\times10^{-8}$	$(1\sim4)\times10^{-9}$
频率年准确度	$(2\sim10)\times10^{-6}$	2×10^{-6}	$(3\sim90)\times10^{-8}$	$(1.1\sim11)\times10^{-8}$	$(1.7\sim4.8)\times10^{-9}$
温度系数/(1/℃)	1×10^{-7}	$(5\sim50)\times10^{-8}$ −55～85 ℃	$(5\sim400)\times10^{-9}$ −30～60 ℃	$(2\sim80)\times10^{-10}$ −30～60 ℃	$(5\sim20)\times10^{-11}$ −15～60 ℃

从用户的角度来看，长期稳定性（1 年或更长时间内）和短期稳定性（1 s、100 s 或 1 d 时间内）都非常重要。长期稳定性（用准确度和频率年漂移来描述）对于在计量实验室或电信网络中使用的频率标准的振荡器品质来说至关重要。但是，手表也需要能长期保持时间准确的振荡器（当然，这种品质需求比实验室使用的频率标准要低得多）。对于在一次或一系列测量中需要精确定时的测量系统或设备中工作的振荡器，短期稳定性则至关重要。例如，全球定位系统就是这样的系统。

按照温度稳定的方式，石英振荡器可以分为以下几种类型：

• XO，无温度补偿石英晶体振荡器；振荡器频率的相对变化量 $\Delta f/f$ 与温度相关的温度系数为 $k_t>10^{-7}$/℃；

• TCXO，温度补偿石英晶体振荡器；温度系数 $k_t>5\times10^{-8}$/℃；

• Oven OCXO，恒温控制式石英振荡器，使用恒温器进行加热和稳定温度；温度系数 $k_t>5\times10^{-9}$/℃；

• Double Oven OCXO，双恒温控制式石英晶体振荡器，使用恒温器进行加热和两级温度稳定；温度系数 $k_t>2\times10^{-10}$/℃；

• Double Oven BVA OCXO，双恒温控制式无电极石英晶体振荡器，使用恒温器和 BVA（“无电极”）石英进行加热和两级温度稳定；温度系数 $k_t>5\times10^{-11}$/℃。

两级温度稳定式 BVA 石英振荡器可以达到最佳精度。在 BVA 石英晶体振荡器中，激发涉及其他晶面。法国贝桑松大学已经开发出该项技术。这些振荡器的品质被认为与第 9 章讨论的铷原子频率标准的品质相当。瑞士纳沙泰尔 Oscilloquartz 公司利用 BVA OCXO 技术生产的石英振荡器品质最高。该公司生产的 86007 - B 系列谐振器的温度系数 $k_t>5\times10^{-11}$/℃，其温度系数的长期典型稳定性为一天 2×10^{-11}/℃、一个月 5×10^{-10}/℃、一年 4×10^{-9}/℃[14]。NIST 在 2004 年推出了一种低成本的微型铯原子钟，精度为 10^{-10}，具有低能耗、低形状系数（体积为 1 cm^3）等特点。目前，许多公司都可以提供比石英振荡器性能更好的铯和铷微型原子钟。例如，Quartzlock 公司的铷原子钟的准确度为 5×10^{-11}，每 100 s 的短期稳定性为 8×10^{-12}，年稳定性为 5×10^{-10}。

由于原子钟的高稳定性已得到验证，原子钟已被用作时间标准并彼此同步。在 SI 中：

1 秒是铯- 133 原子基态的两个超精细能级之间跃迁所对应的辐射的 9 192 631 770 个周期的持续时间。

巴黎国际时间局将 1958 年 1 月 1 日 00：00：00 定义为原子时的 0 时[1]。1967 年国际单位制引入铯原子钟定义的秒。

铯原子发生器能够提供最佳不确定度（5×10^{-16}），目前被用作时间和频率原级标准。CIPM 时间和频率咨询委员会建议将铷原子标准和光学原子标准作为时间和频率次级标准（2006 年通过的 2 号提议）。通过光学频率标准实现参考频率的潜在不确定度估计为 10^{-18}（参见第 9 章）。

2.6　温标

温度是除了长度、质量和时间以外的第四个重要物理量，但是人们理解温度，却是令人惊讶地晚到 17 世纪。在早些时候，人们通过触摸来比较物体的热状态或根据物体颜色来进行评估。特里·奎因（Terry Quinn）在其专著《温度》中引入温度概念[16]。根据詹姆士·克拉克·麦克斯韦（James Clark Maxwell）的说法，物体的温度是指其将热量传递给其他物体的能力所考虑的热状态。

只有温度较高的物体才能以能量的形式将热量传递给温度较低的物体。应该强调的是，所考虑的两个主体（或系统）必须处于热接触状态。这可能是物理接触，也可能是非接触但通过热辐射交换热量。为满足麦克斯韦温度定义的条件，如果使用接触式测量方法，则被测物体和温度传感器必须处于热力学平衡状态。在非接触式测量中，通过测量被测物体发出的热辐射强度来确定其温度。

温度计被认为是伽利略（Galileo）或圣托里奥（Santorio）这两位意大利科学家中的一位发明的。帕多瓦的医师圣托里奥在他 1612 年发表的 *Comments to Galen* （*Commentaria in artem medicinalem Galeni*）[16]中，描述了温度计以及使用温度计的测量结果。他所描述的仪器是气体温度计，运用的是温度与空气体积的关系，并且已经配备了标尺。伽利略在评论圣托里奥的发明时说，他本人在更早的时候（大约 1592 年）就制造了类似的温度计。大多数科学史学家认为伽利略是第一个温度计的设计者。但是，另一些人则认为应该是圣托里奥，因为他的论文对此做了记录。

1641 年，温度测量技术向前迈出了一大步，托斯卡纳大公费迪南德二世（Ferdinand Ⅱ）用酒精代替空气作为测温液体，并在温度计上放置了 50 度标尺。元素和物质的相变点曾用作温度标尺的参考点。1693 年，帕多瓦的卡洛·雷纳尔迪尼（Carlo Renaldini）提出了从冰熔点到水沸点的温度标尺，并将其划分为 12 个区间[10]。1742 年，安德斯·摄尔修斯（Anders Celsius）为标尺的两端指定了数值：0 ℃为水的沸点，而 100 ℃为冰的熔点（当时没有“℃”的符号——译者注）。1 摄氏度代表摄氏温标的 1/100。摄氏温度计是第一款基于十进制进行校准的测量仪器，这无疑促进了十进制的普及。1750 年，将标尺两端的数值对调，创建了目前在世界上大多数国家/地区使用的摄氏温标，此后，融冰的温度为 0 ℃，沸水的温度为 100 ℃。

之前华伦海特（Daniel G. Fahrenheit）提出了另一个温标，并在后来以他的名字命名为华氏（Fahrenheit）温标。经过多年的温标研究，华伦海特在 1724 年的《皇家学会哲学期刊》上发表了对此温标的描述。由于一些不太清楚的原因，他在温标上选择了三个固定点：

• 0 ℉，即冰、水和氯化铵的混合物的温度（0 ℉ = −17.8 ℃）；这是华伦海特和丹麦天文学家奥莱·罗默（Ole Rømer）所能获得的最低温度，华伦海特曾向奥莱·罗默学习，并在后来与之合作。

• 32 ℉，水的结冰点（0 ℃）；

• 96 ℉，即人体温度（35.6 ℃），或用华伦海特的说法是“健康人的温度”（描述不准确）。

华伦海特研究了水的沸点是否可以作为温标的固定点，但结论是不可以，因为沸水的温度与大气压相关。华伦海特提倡使用水银作为测温液体，并制造了许多水银温度计（1714 年制成第一个）。他使用这些温度计来测量许多液体的沸腾温度，最高可达 600 ℉，即水银本身的沸腾温度。目前在包括美国在内的多个国家中仍广泛使用华氏温标。

1854 年，威廉·汤姆森（开尔文爵士）提出了一个绝对温标，使用绝对零度（0 K=−273.15 ℃）作为零点，而水的冰点 273.15 K 作为第二个固定点。该标尺的单位是开尔文，1 K=1 ℃。

在测温历史中，后来国际上所采用的温标越来越复杂，覆盖的温度范围越来越宽，并且比开尔文温标更实用。温标都具有多个固定点，同时定义复现这些固定点之间温度的仪器、测量方法、描述温度依赖性函数公式，这些公式为定义点之间的数学内插提供了基础。

1889 年的第 1 届计量大会通过了米和千克的实物标准，还批准了一种称为常态氢气温标的温标。为了保证长度和质量单位标准器的精确测量，并保证这些标准器的温度稳定，必须有被许多国家接纳的国际温标。此温标是通过在两个固定点处校准的定容氢气体温度计来实现：

• 0 ℃，水的融点；

• 100 ℃，常压（p_a=760 mmHg）下蒸馏水的沸点（200 年来，压力对液体沸腾温度的影响已为人所知）。

常态氢气温标的标称温度范围很窄，因为它仅覆盖 0 至 100 ℃的范围。

第 7 届计量大会通过的下一个温标是 1927 年国际温标，称为 ITS-27。ITS-27 是英国 NPL、美国标准局、德国 PTB 和荷兰 KOL 等世界上主要测温实验室之间交流经验的成果。新温标的开发由国际计量局（BIPM）协调完成。ITS-27 与之前采用的温标有根本性的不同。它的范围更宽：在−190 ℃至+600 ℃，通过铂温度计实现，在−190 ℃至 1 063 ℃的范围内都是采用它作为原级标准，铂温度计现在仍用于此目的。ITS-27 的其他温度计还包括：温度范围为 600 ℃至 1 063 ℃的 Pt-PtRh10 热电偶，以及温度高于 1 063 ℃的光学高温计（基于维恩的热辐射定律）。

ITS-27 定义了六个固定点，它们是：

• 常压下氧气的沸点，−182.97 ℃；

• 冰的融点，0 ℃；

• 蒸馏水在常压下的沸点，100 ℃；

• 硫的沸点，444.6 ℃；

• 银的凝固点，960.5 ℃；

• 黄金的凝固点，1 063 ℃。

1948 年国际温标（ITS - 48）与 ITS - 27 相差无几。它首次将温度单位称为摄氏度（℃）。ITS - 48 调整标尺的底端，将下限从－190 ℃移至－182.97 ℃，并将代表银凝固点的固定点调整为 960.8 ℃。用普朗克辐射定律取代维恩定律，成为标准光学高温计的方程。

与此相反，1968 年国际实用温标（IPTS - 68）带来了一些变化，包括热力学温度（基于物理基本定律确定）与使用参考测温介质经验参数测量的温度之间的区别。并选择开尔文作为热力学温度的单位。

热力学温度的单位开尔文是水三相点热力学温度的 1/273.16。

摄氏度仍然是温度的等效单位（1 ℃＝1 K）。IPTS - 68 扩展了温标的范围，将底端移至 13.81 K。IPTS - 68 温标增加了一些新的固定点，使固定点的总数增加到 13 个。其中最重要的是上述的水三相点 273.16 K，以及处于平衡态的氢三相点 13.81 K。对于 IPTS - 68 温标而言，最重要的装置是装有蒸馏水（大约半升）的玻璃瓶，用于复现水三相点（见图 2 - 7）。

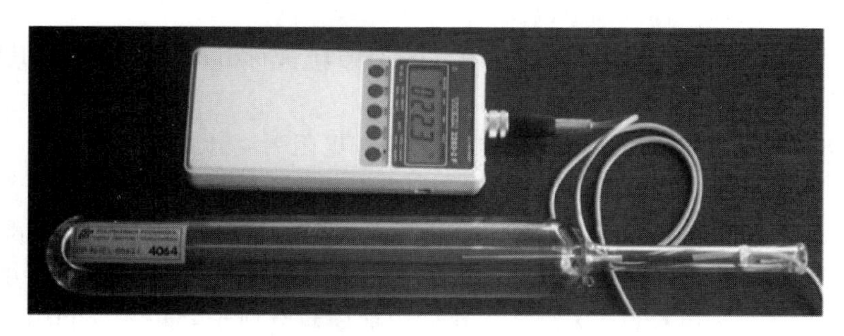

图 2 - 7　用于复现水三相点（TPW）的玻璃瓶

现行温标是 1990 年国际温标（ITS - 90）[1]。创建此温标是为了提供远优于之前国际温标的热力学温度近似值，这个目标已经实现。ITS - 90 涵盖的范围从 0.65 K 到可以通过单色高温计测量的最高温度。该温标有 17 个定义固定点，如表 2 - 2 所示。

表 2 - 2　1990 年国际温标的定义固定点

平衡态	T /K	T / ℃
与压力有关的 4He 的沸点	3～5	－270～－268
氢 e - 2H 处于平衡态的三相点	13.803 3	－259.346 7
与压力有关的氢 e - 2H 或 4He 的沸点	≈17	约－256
与压力有关的氢 e - 2H 的沸点	≈20.3	约－252.85
氖三相点	24.556 1	－248.593 9
氧三相点	54.358 4	－218.791 6
氩三相点	83.805 8	－189.344 2
汞三相点	234.156	－38.834 4

续表

平衡态	T /K	T / ℃
水三相点	273.16	0.01
镓熔点	302.914 6	29.764 6
铟凝固点	429.748 5	156.598 5
锡凝固点	505.078	231.928
锌凝固点	692.677	419.527
铝凝固点	933.473	660.323
银凝固点	1 234.93	961.78
金凝固点	1 337.33	1 064.18
铜凝固点	1 357.77	1 084.62

除非另有说明，否则固定点是指在 p_a =101 325 Pa 的常压条件下。ITS－90 在其上部有三个等效的定义固定点：银凝固点（961.78 ℃），金凝固点（1 064.18 ℃）和铜凝固点（1 084.62 ℃）。采用以下标准插值温度计来实现 ITS－90：

• 在 0.65 K～24 K 的范围内，使用氦气体温度计或利用氦沸腾温度与其饱和蒸气压函数关系的温度计；

• 在 13.803 3 K～1 234.93 K 的范围，使用铂电阻温度计；

• 高于 1 234.93 K 的温度，使用基于普朗克定律的单色辐射光学高温计。

ITS－90 的一个特点是，从定义固定点的列表中删除了已经很经典的水沸点。原因是发现在常压下水沸点的热力学温度不是 100 ℃，而是 99.975 ℃。

开尔文的当前定义并不能令人满意。在使用玻璃瓶复现水三相点（TPW）的多年后，发现了 TPW 的热力学温度有变化。TPW 的热力学温度变化直接影响温度单位。在国家标准组中存在±50 μK 的随机波动，对应于$\pm 1.8\times 10^{-7}$的不确定度，此外，每年的温度漂移约为 4 μK[9]。显然，较低等级标准的变化甚至会更大。TPW 热力学温度变化的潜在原因包括玻璃缓慢溶解、空气污染和水中残留空气。这些物质在水中的溶解会改变其同位素组成。

水组成问题的暂时解决方法是，建议在所有实验室中使用一种特定类型的水，被称为维也纳标准平均海水（VSMOW），其成分在维也纳举行的一次会议上定义。但是，我们仍然必须参照所选物质（在这种情况下为水）的性质来定义 SI 基本单位。

近年来，开尔文的新定义被提出并正在讨论[9]。在开发基于一组基本物理常数（在第 3 章中讨论）的计量体系时，也要考虑温度单位[13]。开尔文的重新定义将使其与玻耳兹曼常数 k_B 或摩尔气体常数 R（R =8.314 472 J·mol^{-1}·K^{-1}）相关。CIPM 温度计量咨询委员会的 SI 任务小组已经发布开尔文的新定义[11-12]。任务组提出了共四个可能的新定义，其中一个是：

开尔文是热力学温度 T 的变化，该变化导致热能 k_BT 精确变化 1.380 65X×10^{-23} J，其中 k_B 是玻耳兹曼常数。

对温度概念的理解既不普适也不全面。温度的定义适用于本身处于热力学平衡状态的物体。假定在温度测量期间，不仅被测物体或系统与温度计处于热力学平衡，而且物体或系统的各组成部分也处于热力学平衡。在非常高的温度（如等离子温度）或非常低的温度（低于 1 K）的测量中，后一种假设无法满足。处于这样的温度时，系统中电子的能量可能与离子的能量不同。如果平衡条件不满足，在实验中将会获得有争议的结果（在这里并不意味着结果有问题）。赫尔辛基工业大学在测量银样品时将温度降低至可能的最低温度，确定测得银原子核温度为负的绝对温度[5]。然而，该结果与系统处于内部热力学非平衡状态有关。在该测量中，银样品中电子的温度为正。

值得注意的是，在波兰，通过冷却^{87}Rb 原子实现了约为 10^{-7} K 的最低温度。所获得的温度已经足够低到可以形成玻色-爱因斯坦冷凝物。托伦大学的 W. Gawlik 领导的小组在 2007 年进行了此项实验。德国拜罗伊特大学由 F. Pobell 领导的一组物理学家在实验中，将 17 kg 的铜块冷却至 12 μK，这是在比单原子重得多的物体中获得的最低温度[15]。

2.7　电学量的标准

电学量测量的历史要比长度、质量和时间的测量历史短得多。从 18 世纪中叶才开始对电现象进行定量研究，最初是使用验电笔进行的，当时验电笔还没有配备标尺。18 世纪末，查尔斯·库仑（Charles Coulomb）使用精确的扭力天平测量了电荷间相互作用力的强度，这些研究为 1785 年形成的库仑定律提供了基础。1820 年安德烈-玛丽·安培（André-Marie Ampère）对载流导线之间相互作用的测量和理论研究奠定了电动力学的基础。注意，安培定律的发现为安培的定义提供了基础，安培是当前 SI 单位制中的电流单位。乔治·西蒙·欧姆（Georg Simon Ohm）在 1826 年提出的著名定律，$V=RI$，也需要进行大量研究，特别是对电阻进行测量。欧姆通过测量在电路中用作电阻器的金属丝的长度来确定相对电阻值。

卡尔·高斯（Carl Gauss）于 1832 年在他的文章中提出了一种包括长度、质量和时间单位的计量体系，从中可以导出电学量和磁学量的单位。威廉·韦伯（Wilhelm Weber）通过提出两个体系而发展了高斯的概念，一个体系是磁学单位，另一个体系是电动力学单位。磁学体系是基于载流导线之间的磁性相互作用。电动力学体系的基础是两条载流导线之间的电动力学相互作用。在这两个体系中，电学量和磁学量单位由毫米、克和秒来决定。

19 世纪末，使用电力的场合有了大幅增加。例如，电力应用包括电灯、电力驱动的有轨电车和地铁等。电力也已成为规模越来越大的交易对象。这带来了对电学量单位的定义和体系化的迫切需求。高斯和韦伯提出的电磁单位体系不够实用而无法普遍使用。相反，在实践中采用了易于复现的“任意单位”。

当前使用的大多数电磁量单位的名称是在 1881 年和 1889 年举行的最早的两次国际电学大会（IEC）中采用的。1893 年在芝加哥举行的 IEC 采用了电流和电阻单位的定义，当时它们的名字已经被接受。1908 年，伦敦的 IEC 确认了这些单位的定义，并建议使用它们。电流和电阻单位的名称分别是国际安培和国际欧姆，标志着它们的定义被国际认可。

1908 年的国际安培是 1 s 时间间隔内从硝酸银溶液中能电解出 1.118 00 mg 银的恒定电流。

1908 年的国际欧姆是直流电流在 0 ℃温度时通过质量为 14.452 1 g、长度为 106.3 cm、横截面恒定的水银柱受到的电阻。

直到 1948 年，安培才作为第四个基本单位和唯一的电学单位被纳入国际单位制（MKSA 制）中。MKSA 制中安培的定义是基于电动力学，参考高斯和韦伯的提议。单位的名称安培也不再包含形容词“国际”：

在真空中，截面积可忽略的两根相距 1 m 的平行而无限长的圆直导线内，通以等量恒定电流时，若导线间相互作用力在 1 m 长度上为 2×10^{-7} N，则每根导线中的电流为 1 A。

安培的上述定义将电学量与机械量相关联，这在计量体系的开发中是非常需要的。安培的这一新定义使计量学者更接近于基于物理定律而不是选择材料的参数来复现标准。上面定义的安培标准无法准确复现。显然，不可能严格满足定义中规定的大多数条件：导体（导线）必须平行、笔直、无限长并且圆形截面可以忽略不计。后面参数指标要求横截面小到可以忽略不计，从计量学的角度来看，这没有意义。此外，也没有理想的真空状态，定义中未指定标准所需的真空度。

如图 2－8 所示，利用安培天平可以复现上述定义的电流单位。

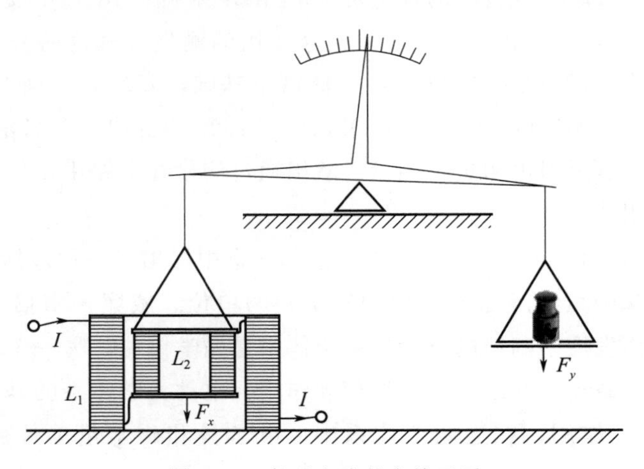

图 2－8　复现电流的安培天平

安培天平（也称电流天平）将流过电流 I 的线圈之间的相互作用力与已知质量的重力进行比较。在安培天平的设计中，已忽略了诸如导线无限长等不切实际的假设。天平有两个线圈：固定线圈 L_1 和可移动线圈 L_2，它们在电回路中串联。因此，两个线圈流过相同的电流 I。线圈相互作用力 $F_x=kI^2$（其中 k 是与线圈构造相关的结构常数）。力 F_x 作用于天平的一侧。将已知质量为 m 的砝码放于另一侧秤盘上作为平衡重，其重力为 $F_y=gm$

（其中 g 为重力加速度）。在平衡状态时，$F_x = F_y$。安培天平遵循下面的关系式（2－3），利用此关系式可以确定电流 I

$$kI^2 = gm$$
$$I = \sqrt{\frac{gm}{k}} \tag{2-3}$$

借助安培天平以高准确度且符合 SI 的方式复现电流单位是一项昂贵且费时的任务。因此，包括华沙中央计量局在内的各计量实验室都没有保存安培标准器。取而代之的是，它们保留了其他两组电学单位的标准器：用于复现伏特的惠斯顿电池或约瑟夫森结阵，以及用于复现欧姆的电阻标准器。在 SI 制中

$$1\ \mathrm{V} = \frac{\mathrm{kg} \cdot \mathrm{m}^2}{\mathrm{s}^3 \cdot \mathrm{A}}, 1\ \Omega = \frac{\mathrm{kg} \cdot \mathrm{m}^2}{\mathrm{s}^3 \cdot \mathrm{A}^2}$$

单电子隧穿（SET）为使用电子泵系统或 SET 电子旋转栅构建电流单位的量子标准提供了可能（参见第 7 章）。该标准基于 SET 结中的单电子隧穿，其单个电子（来自大量电子中）产生的静电能 E_C 远大于热涨落能 $k_B T$ 和量子涨落能 hf

$$E_C = \frac{e^2}{2C_T}, E_C \gg k_B T, E_C \gg hf \tag{2-4}$$

式中，C_T 是 SET 结电容（约为 10^{-16} F）。

电子泵或 SET 旋转栅中的平均电流用以下简单公式描述

$$\overline{I} = ef \tag{2-5}$$

式中，$\overline{I}$ 为平均电流；f 为系统中每秒载流子数量，它等于单电子隧穿频率。

但是，诸如 SET 旋转栅或电子泵之类的电子系统最多只能提供 10 nA 的微弱电流。单电子隧穿发生在非常低的温度下（通常为 $T < 1$ K），并且提供的信号非常微弱，因此需要非常仔细地抑制干扰。出于实际目的，所需要的标准既不是当前的标准，也不是目前性能和不确定度水平的 SET 标准。CIPM 在 2005 年提出了安培的新定义[1]：

安培是每秒 1/（1.602 176 53×10^{-19}）个精确基本电荷在其流动方向上的电流。

安培的这一定义可以得到如下结论，电流的方向就是正电荷流动的方向。这个结论是根据基本电荷定义为正值量得出的，此正电荷是电子电荷的绝对值或质子电荷的值。由下面的关系式（2－6）可以确定基本电荷 e 的值

$$I \times T = N \times e \tag{2-6}$$

式中，I 是电流；T 是基本电荷的累积时间；N 是基本电荷的数量。

参考文献

[1] 9th Edition of the SI Brochure (Draft) (2019). https://www.bipm.org/en/measurement-units/rev-si.

[2] BIPM, Proces-Verbaux de Seances du Comite International des Poids et Mesures CIPM, vol. 57 (CIPM, 1989), pp. 104-105.

[3] R. H. Feynman, R. B. Leighton, M. Sands, The Feynman Lectures on Physics, vol. 1 (Addison-Wesley, Reading, 1964).

[4] G. Girard, The third periodic verification of national prototypes of the kilogram. Metrologia 31, 317-336 (1994).

[5] P. J. Hakonen, S. Yin, O. V. Lounasmaa, Nuclear magnetism in silver at positive and negative absolute temperatures in the low nanokelvin range. Phys. Rev. Lett. 64, 2707-2710 (1990).

[6] P. Kartaschoff, Frequency and Time (Elsevier, New York, 1978).

[7] D. Kind, Herausforderung Metrologie (NW-Verlag, Berlin, 2011).

[8] J. Magueijo, Faster Than the Speed of Light (Arrow Books, London, 2003).

[9] A. Merlone, C. H. Musacchio, A. Szmyrka-Grzebyk, New definition of the kelvin in terms of the Boltzmann constant. Elektronika 6, 42-44 (2011).

[10] L. Michalski, K. Eckersdorf, J. Kucharski, McGhee, Temperature Measurement, 2nd edn. (Wiley, Chichester, 2000).

[11] M. I. Mills, P. J. Mohr, T. J. Quinn, B. N. Taylor, E. R. Williams, Redefinition of the kilogram, ampere, kelvin and mole: a proposed approach to implementing CIPM recommendation 1. Metrologia 43, 227-246 (2006).

[12] P. J. Mohr, B. N. Taylor, D. B. Newell, CODATA recommended values of the fundamental physical constants: 2010. Rev. Mod. Phys. 84, 1527-1605 (2012).

[13] W. Nawrocki, Revising the SI: the joule to replace the kelvin as a base unit. Metrol. Measur. Syst. 13, 171-181 (2006).

[14] Oscilloquarz, www.oscilloquartz.com.

[15] F. Pobel, Matter and Methods at Low Temperatures (Springer, Heidelberg, 1992).

[16] T. Quinn, Temperature (Academic Press, London, 1983).

[17] T. J. Quinn, Base units of the Système internatinal d'unités, their accuracy, dissemination and international traceability. Metrologia 31, 515-527 (1995).

[18] M. Stock, The watt balance: determination of the Planck constant and redefinition of the kilogram. Phil. Trans. Roy. Soc. A 369, 3936-3953 (2011).

第3章　新的单位制——2018年的国际单位制

摘　要　本章介绍2018年最新通过修订的SI单位制，以及其构想和创建的各个阶段。在此背景下，阐述了单位制改进的需求，以及国际上对建立新单位制所付出的努力。自180多年以前高斯和麦克斯韦第一次提出建议以来，计量领域一致同意应基于基本的物理常数和原子常数定义新计量体系。本章讨论了千克、安培、开尔文和摩尔等四个SI单位的重新定义，强调了千克新定义的重要性，以及在制定质量单位的量子标准时遇到的困难。实际复现任何单位通常意味建立该单位的量值，和与此类单位量值相关联的不确定度。CIPM咨询委员会为复现SI单位的实际复现进行了准备，这将在3.5～3.8节中予以介绍。

3.1　向新单位制发展

传统的计量单位标准器是使用材料特定属性来建立的。例如，用作电动势参考电池的惠斯顿饱和标准电池由两个电极组成：汞和浸没在硫酸镉（$CdSO_4$）电解液中的镉汞齐，惠斯顿电池的电动势受其制造技术（饱和电池或不饱和电池）、温度、放电水平、机械冲击和其他因素影响。传统标准器的品质在很大程度上取决于制造该标准器的材料成分，并与所使用的制造技术（金属合金的类型、热处理和其他等）以及温度有关。传统标准器需要与其他计量实验室中的标准器进行定期比对。如第2章所述，为完成单位千克的国际比对，需要对国际千克原器进行清洁、洗涤和干燥等准备工作，约需三周的时间。运输传统的伏特和欧姆标准器会造成它们参数的改变，从而增加计量单位复现的不确定度。由于上述原因，在计量学中非常重要的是，标准器准确度不应受到材料性质、环境温度波动、冲击或运输等因素影响。多年以前就有人提出建议，要基于基本物理常数建立单位制和相关标准。

大约200年前的1832年，卡尔·高斯（Carl Gauss）提出了一个一贯测量单位制，它包含长度、质量和时间的单位，该体系用地球的磁性来定义其中的单位。1870年，剑桥的麦克斯韦（J. Clark Maxwell）就曾期望利用原子特性来复现自然标准单位。费曼（Richard Feynman）观察得出，大体上量子电动力学中仅使用两个物理常数，而从这两个常数应该可以推导出其他大多数常数[6]。这两个常数都是电子的参数：电子电荷量 e 及其静止质量 m_e。目前已经建立了基于常数 $e=1.602\times10^{-19}$ C的电学单位标准，它们就是量子电压标准和量子电阻标准。正在尝试开发基于单电子隧穿的量子电流标准。Petley在1988年[18]和Quinn在1995年[20]都提出了基于基本物理常数单位制的假设。

当前采用的单位制，即国际单位制（SI）已有 50 多年的历史。1960 年的第 11 届 CGPM 通过了采用 SI[1]。在过去的 15 年中，已经讨论了修改 SI 某些基本单位定义的可能性和必要性，涉及重新定义四个基本单位：千克、安培、开尔文和摩尔，特别是有必要重新定义千克。目前，仅千克是根据实物基准（国际千克原器）来定义的。而利用物理学的最新成就在计量领域的优势，使用基本物理常数或原子常数，可以建立单位的量子标准。如第 2 章所述，国际计量委员会（CIPM）提议，对国际单位制进行重大修改，基于基本物理常数重新定义这四个 SI 基本单位[14]。

此外，还讨论了 SI 中基本单位组的构成：用伏特代替安培和用焦耳代替开尔文的提案已经发表。3.4 节将讨论用伏特代替安培。文献 [16] 提出了用能量单位焦耳代替温度单位开尔文的建议，3.9 节对此建议进行了讨论。

CIPM 的第 94 届会议（2005 年）和第 23 届 CGPM（2007 年），讨论了 SI 基本单位的重新定义。在第 23 届 CGPM 的第 12 号决议“关于国际单位制某些基本单位重新定义的可能性”中，审议如下[1]：

• “多年来，各国家计量院以及国际计量局（BIPM）做出了巨大的努力来提高和改进 SI，做法是扩展计量学的前沿领域以使得 SI 基本单位可以根据自然不变的基本物理常数来定义。

• 在国际单位制的七个基本单位中，仅千克仍然根据实物基准——国际千克原器来定义（1889 年的第 2 届 CGPM，1901 年的第 3 届 CGPM），而安培、摩尔和坎德拉的定义与千克相关……

• 近年来，将国际千克原器的质量与普朗克常数 h 或阿伏加德罗常数 N_A 相关联的实验取得了重大进展……

• 倡议确定一些相关基本常数的量值，包括重新确定玻耳兹曼常数 k_B。

• 最近取得的进展，将对千克、安培、开尔文和摩尔的重新定义有重大影响，并可能从中获益……

根据以上考虑，第 23 届计量大会在第 12 项决议中建议：

• 进行相关实验，以便国际委员会可以考虑在第 24 届计量大会（2011 年）时使用基本常数的固定值来重新定义千克、安培、开尔文和摩尔的可能性。

• 应该与国际委员会及其咨询委员会和相关工作组一起，寻找一切根据固定的基本常数值来重新定义单位的实际复现方式，为每一种方式做好准备，并考虑采用适当方式向用户解释新定义……

当四个基本单位的新定义就绪时，就可以提出新 SI。基于普朗克常数 h 的千克的新定义至关重要。因此，CIPM 质量咨询委员会在 2010 年提出了关于确定 h 的不确定度的三项要求（这些要求在 2013 年 2 月确认），它们应在 CIPM 向 CGPM 提出正式建议之前予以满足[1]。确定普朗克常数的要求是：1）至少有三个独立结果 [功率天平或 X 射线单晶硅密度法（XRCD）]，相对不确定度 $u_r < 5 \times 10^{-8}$；2）至少有一个结果满足相对不确定度 $u_r \leqslant 2 \times 10^{-8}$；3）结果一致。第 13 章中描述了两种测量普朗克常数的方法：功率天平

和 XRCD。

但是，2011 年的第 24 届 CGPM 在其第 2 号决议中提到了以下内容：

• “尽管（重新定义 SI 四个基本单位的）工作进展顺利，但并没有满足 2007 年第 23 届计量大会提出的所有要求，因此 CIPM 尚未准备好进行最终定稿的建议。”

• 米、千克、秒、安培、开尔文、摩尔和坎德拉的定义将被废除。（译者注：原国际单位制的定义将在新单位制最终定稿审议通过后废除。）

• 第 24 届大会“邀请 CODATA 根据所有可用相关信息继续提供基本物理常数的调整值，并通过其单位咨询委员会将结果告知国际委员会，因为这些 CODATA 值和不确定度将是修改后的 SI 要采用的……”。

2011 年的要求（已在第 24 届 CGPM 决议中列出）未能满足的原因在于，在确定普朗克常数 h 时相对不确定度过大，不同研究组获得的 h 值的一致性过小。

3.2　用于 SI 的基本物理常数

根据第 23 届 CGPM 的第 12 号决议，新单位制定义应基于固定的基本常数。现在我们回到高斯、麦克斯韦和费曼所考虑的这些想法，基本物理常数是普适且不变的，因此，它们是度量体系单位的良好参考系。如果我们决定基于基本常数创建单位制，则要解决的问题是：该系统应采用许多物理常数中的哪一个，以及应如何重新定义单位？

米尔斯（Mills）等人提出了基于基本物理常数的简单单位制[14]。国际单位制 SI，是将单位制进行缩放，以达到：

1）铯-133 原子在基态的超精细能级间的跃迁频率 $\Delta\nu(^{133}\mathrm{Cs})_{\mathrm{hfs}}$：9 192 631 770 Hz。

2）真空光速 c_0：299 792 458 m/s。

3）普朗克常数 h：$6.626\ 069\ 3\times10^{-34}$ J · s。

4）基本电荷量 e：$1.602\ 176\ 53\times10^{-19}$ C。

5）玻耳兹曼常数 k_B：$1.380\ 650\ 5\times10^{-23}$ J/K。

6）阿伏加德罗常数 N_A：$6.022\ 141\ 5\times10^{23}$ mol^{-1}。

7）频率为 540×10^{12} Hz 的单色辐射的光谱发光效率 $K(\lambda_{555})$：683 lm/W。

伴随米尔斯的 SI 定义，需要一组有代表性的单位，以及这些单位所表达的量值。这组单位包括：米、千克、秒、安培、开尔文、摩尔、坎德拉，以及目前的（基于当前 SI 的）22 个导出单位。可以看到，这个提出的新 SI[14]是一组物理常数，而不是单位制体系。在此建议的新 SI 中，不应将单位划分为基本单位和导出单位，而应“将所有单位都置于平等地位”[14]。但最终，米尔斯提出的“所有单位平等”的提议并未在 2018 年的 SI 中得到实施。

上述给出的七个“定义”中，物理常数应该有确定值，前提是必须精确知道 SI 单位的新定义所必需的一些基本常数的值。目前基本常数中只有真空中的光速 c_0 是确定的：$c_0=299\ 792\ 458\ \mathrm{m\cdot s^{-1}}$。另外还有两个非基本常数可以确定，分别是：单色辐射的光谱

发光效率 $K(\lambda_{555})=683$ lm/W，和铯-133 的基态跃迁频率 $\Delta\nu(^{133}\mathrm{Cs})_{\mathrm{hfs}}=9\ 192\ 631\ 770$ Hz。对于 SI 单位的新定义，还必须确定四个基本常数的值，这四个基本常数分别是普朗克常数 h、基本电荷量 e、玻耳兹曼常数 k_B 和阿伏加德罗常数 N_A。长期以来，这些固定常数集一直没有确定，例如普朗克常数和基本电荷量可用固定常数集里的约瑟夫森常数 K_J 和冯·克利青常数 R_K 来代替，见公式（3-1）。这两个常数出现在量子效应方程中，已经可以非常精确地测量。

$$K_J=2e/h,\quad R_K=h/e^2$$
$$e=2/(K_J\times R_K),\quad h=2(e/K_J) \tag{3-1}$$

还未确定的物理常数值可以从 CODATA 的当前建议值中获取。CODATA 是指于 1966 年成立的国际科技数据委员会。下面列出了 2014 年 CODATA 提供的最新基本物理常数值（仅列出对 SI 有用的部分）[15]：

- $h=6.626\ 070\ 040\ (81)\times10^{-34}$ J·s，相对不确定度 $u_r=1.2\times10^{-8}$。
- $e=1.602\ 176\ 620\ 8\ (98)\times10^{-19}$ C，$u_r=6.1\times10^{-9}$。
- $k_B=1.380\ 648\ 52\ (79)\times10^{-23}$ J/K，$u_r=5.7\times10^{-7}$。
- $N_A=6.022\ 140\ 857\ (74)\times10^{23}\ \mathrm{mol}^{-1}$，$u_r=1.2\times10^{-8}$。
- $m_e=9.109\ 383\ 56\ (11)\times10^{-31}$ kg，$u_r=1.2\times10^{-8}$。

这五个基本常数测量值的相对标准不确定度 u_r 也在不断改善，例如，在 CODATA 2002 中有以下值：h 的 $u_r=1.7\times10^{-7}$，e 的 $u_r=8.5\times10^{-8}$，k_B 的 $u_r=1.8\times10^{-6}$，摩尔的 $u_r=1.7\times10^{-7}$，静止电子质量 m_e 的 $u_r=8\times10^{-8}$。

CODATA 为了新的 SI 定义，准备对四个基本物理常数进行特别调整（CODATA 2017）[17]。CODATA 2017 中的 h，e，k_B 和 N_A 值反映了对它们测量的新结果，它们与 CODATA 2014 中的值略有不同。在 CODATA 2017 中：

- $h=6.626\ 070\ 15\times10^{-34}$ J·s。
- $e=1.602\ 176\ 634\times10^{-19}$ C。
- $k_B=1.380\ 649\times10^{-23}$ J/K。
- $N_A=6.022\ 140\ 76\times10^{23}\ \mathrm{mol}^{-1}$。

1960 年 SI 中有两个数值固定的物理常数，它们是真空中的磁导率 $\mu_0=4\pi\times10^{-7}\ \mathrm{N\cdot A^{-2}}$ 和 ^{12}C 的摩尔质量 $M(^{12}\mathrm{C})=12$ g/mol，在新 SI 中它们的值将不再固定，其值不会被视为准确已知。可以对它们进行简单的测量，并带有不确定度。目前，可以用于单位新定义的常数个数超出了必需的数量。例如，千克既可以使用普朗克常数 h 来定义，也可以用阿伏加德罗常数 N_A 来定义；开尔文既可以通过玻耳兹曼常数 k_B 来定义，也可以用摩尔气体常数 R 来定义（见图 3-1）。

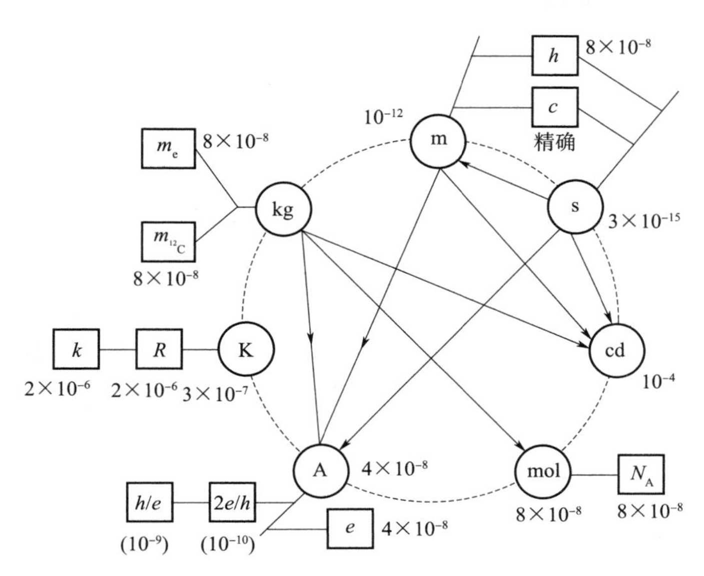

图 3-1　SI 基本单位与基本常数的联系[1]（相对标准不确定度值来源于 2010 年 CODATA 数据[15]）

3.3　千克、安培、开尔文和摩尔的新定义提案

3.3.1　千克的新定义提案

1889 年以来，千克一直是根据实物基准来定义的。SI 中的定义如下："千克是质量单位，等于国际千克原器的质量"。国际千克原器（IPK）是由 90%铂和 10%铱合金制成的直径为 39 mm 的圆柱体。IPK 保存在塞夫尔市的国际计量局中。有 6 个 Pt-Ir 复制品称为 IPK 官方复制品，与 IPK 一起保存在国际计量局中，另有其他 8 个 Pt-Ir 实物基准用作校准。

千克的定义不仅对于质量单位很重要，对于其他三个基本单位（安培、摩尔和坎德拉）也很重要。千克定义中的固有不确定度也会传递到这三个单位上。

当前的千克标准器存在一些问题：国际千克原器只能在塞夫尔市使用，可能会损坏甚至被破坏；会附着空气中的污染物，污染物质量每年接近 1 μg[3]。而且，它的最重要缺点是其质量的长期漂移。国际千克原器在 1889 年开始投入使用。第二次（1939—1953 年）和第三次（1988—1992 年）对各国千克原器的定期比对结果表明，和复制品的整体相比，国际千克原器的质量在 100 年内变化了 −50 μg[8]，这意味着每 100 年相对变化 5×10^{-8}，而导致这种结果的原因尚不清楚。在第三次比对之后，人们明显地发现了这些铂铱合金复制品的质量相对于基本常数的变化，因此，必须改变质量的定义和标准。经过许多建议和讨论，千克的新定义将很可能与三个基本常数之一相关，即：普朗克常数 h，阿伏加德罗常数 N_A [21]或电子静止质量 m_e。

2007 年，CIPM 的质量和相关量咨询委员会（CCM 第 10 次会议）讨论了千克和摩尔的新定义，共考虑了千克的七种新定义方式，每种都与物理常数（一个或多个）相关。目前这些定义仍在讨论中。

1）千克是康普顿频率为 1.356 392…$\times 10^{50}$ Hz 的物体的质量[5]。

2）千克是一个物体的质量，该物体的德布罗意-康普顿频率精确等于［299 792 458^2/（6.626 069 3×10^{-34}）］Hz [14]。

3）千克是一个物体的质量，其等效能量等于频率总和精确等于［299 792 458^2/（66 260 693）］$\times 10^{41}$ Hz 的多个光子的等效能量[14]。

4）质量单位千克，使得普朗克常数精确为 $h = 6.626\ 069\ 3\times 10^{-34}$ J · s [14]。

5）千克是基态 ^{12}C 原子静止质量的（6.022 141 5×10^{23}/ 0.012）倍[2]。

6）千克是与频率为［0.012/（6.022 141 5×10^{23}）$\times$299 792 458^2/（66 260 693×10^{-34}）］Hz 的光子能量相当的粒子的静止质量的（6.022 141 5×10^{23}/0.012）倍[2]。

7）千克是电子静止质量的 1.097 769 24×10^{30} 倍[9]。

定义 1）～3）使用量子力学公式和 h 及 c_0 这两个基本常数。定义 4）非常简单，但其复现与实际标准相差甚远。1）～4）这几个定义的物理解释都比较困难。在 2007 年的第 10 届 CCM 会议上，E. Williams 对定义 4）作了以下解释：“千克是 6.022 141 5×10^{26} 个理想原子的质量，理想原子的质量使得普朗克常数（量子力学中最重要的常数）等于 6.626 069 57×10^{-34} J · s”[24]。该解释对理解该定义几乎没有任何帮助。

定义 1），2）中提到的电子的康普顿波长 $\lambda_{C,e}$ 和电子的康普顿频率 $\nu_{C,e}$ 由式（3 - 2）和式（3 - 3）给出。

$$\lambda_{C,e} = h/m_e c_0 \tag{3-2}$$

$$\nu_{C,e} = c_0/\lambda_{C,e} = c_0^2 m_e/h \tag{3-3}$$

如果我们将 1 kg 质量取代电子质量计入式（3 - 3），则得到康普顿频率为 ν_C（1 kg）$= c_0^2 m/h \approx 1.356\times 10^{50}$ Hz，这个频率出现在定义 1）中。但是 10^{50} Hz 量级这样高的频率没有实际意义。定义 5）和 6）碳原子质量和阿伏加德罗常数有关，7）与电子质量有关。5）～7）中的每个定义都将千克描述为比一种粒子质量大 n 倍的质量，这种方式定义的质量标准，比以频率单位表示的质量更好理解。

CCM（2007 年）考虑了千克的所有这七个定义。有关 5）～7）定义的争论是：“千克质量是经典的宏观量，而康普顿频率和普朗克常数描述了量子力学效应。”宏观物体（1 kg）的质量与量子力学之间的关系尚不清楚，也没有实验性的解释。

3.3.2 安培的新定义提案

目前的 SI 中有如下表述：“在真空中，截面积可忽略的两根相距 1 m 的无限长平行圆直导线内，通以等量恒定电流时，若导线间相互作用力在每米长度上为 2×10^{-7} N，则每根导线中的电流为 1 A”。CIPM 的电磁学咨询委员会（CCEM）在 2007 年和 2009 年讨论了安培的重新定义[1]。在 2009 年的 CCEM 会议支持下，CCEM 的 E1（2007）建议如下：

安培是等于每秒精确流过 1/（1.602 176 53×10^{-19}）个基本电荷的电流。

米尔斯等人曾在 2006 年提出了非常相似的定义[14]。然而，安培的以下这个定义描述了正电荷（质子）的流动。

安培是每秒精确流过 1/（1.602 176 53×10^{-19}）个基本电荷在其方向上的电流。

第一个定义是来自 CCEM 到目前为止的提议。第二个定义反映了国际计量局单位咨询委员会（CCU，米尔斯是 CCU 的主席）的意见。CCEM 还考虑了以下问题：SI 基本单位集里应由什么量代表所有电学量？当时尚不确定安培仍将是基本单位，因为还有其他两种可能性：伏特和欧姆。似乎选择伏特或欧姆作为基本单位都会比安培更好，因为计量学的伏特标准和欧姆标准已经使用了 20 年。假设 h 和 e 的值是固定的（该提议已被普遍接受），那么就可以确切知道另外两个物理常数：即约瑟夫森常数 K_J 和冯·克利青常数 R_K。伏特（可选的基本单位）的定义可以是[8]：

伏特等于两个电势之间的差，在该电势之中一对电子的能量等于频率为 4.835 978 79×10^{14} Hz 的光子的能量。

在约瑟夫森电压标准器中，器件是由 n 个约瑟夫森结组成的结阵。标准器的输出电压 V 与辐射频率 ν 和约瑟夫森常数 K_J 相关［式（3-4）］，而辐射频率的测量相对标准不确定度可以优于 10^{-12}。目前全球有数百个实验室中都安装有约瑟夫森电压标准器。

$$\begin{aligned} V &= n\times k\times(h/2e)\times\nu = n\times k\times K_J^{-1}\times\nu \\ &= n\times k\times[1/483.597\ 879\times10^{12}]\times\nu \end{aligned} \tag{3-4}$$

式中，V 为约瑟夫森电压标准的输出电压；n 为标准的器件阵列中约瑟夫森结的数目；k 为整数，为约瑟夫森结 $I-V$ 特性的台阶数；ν 为作用于约瑟夫森结的辐射频率。

欧姆则是使用量子霍尔效应（QHE）的量子标准来复现。QHE 标准复现的电阻 R_H 仅与 R_K 有关

$$R_H = (h/e^2)/i = R_K/i \tag{3-5}$$

式中，R_H 是 QHE 标准的电阻；R_K 是冯·克利青常数；i 是整数，表示 QHE 样品磁场-电阻特性中的台阶数。

CCEM 建议 E1（2007）“如果保留基本单位的概念，则为了历史连续性和 SI 量纲分析的目的，继续保留安培为基本单位，尽管电学单位中没有溯源性的优先顺序”[1]。最终，CCEM 建议将安培保留在基本单位组中并进行重新定义。

3.3.3　开尔文的新定义提案

在 1960 年的国际标准中，“开尔文是热力学温度的单位，是水三相点热力学温度的 1/273.16”。在 2007 年国际温度测量专题讨论会上讨论了开尔文新定义的提案，此后发表在文献［7，13］中。文献［7］的作者是 CIPM 测温咨询委员会 SI 任务组（TG-SI）的成员。文献［7，13］描述了有关新定义的讨论结果。开尔文的所有四个新定义都使用了玻耳兹曼常数，都与摩尔气体常数 $R=8.314\ 472\ \mathrm{J\cdot mol^{-1}\cdot K^{-1}}$ 没有关系。

1）开尔文是导致热能 k_BT 精确变化 1.380 65XX×10^{-23} J 的热力学温度 T 的变化，

其中 k_B 是玻耳兹曼常数。

2）开尔文是平衡时理想气体中原子的平均平移动能精确等于（3/2）×1.380 65X X×10^{-23}J 的热力学温度变化。

3）开尔文温度是粒子每个可达自由度平均能量精确等于（1/2）×1.380 65X X×10^{-23}J 的热力学温度变化。

4）热力学温度的单位开尔文使得玻耳兹曼常数精确等于 1.380 65X X×10^{-23} J·K^{-1}。

以上定义中的 XX 是根据当前 CODATA 中玻耳兹曼常数得到的适当数值。哪一个定义将被选择推荐呢？“……TG - SI 建议使用明确常数的定义 4），因为它足够宽泛可以适应未来的发展，并且不倾向使用任何特殊原级温度计来复现开尔文。如果 CCU（CIPM 单位咨询委员会）决定千克、安培和摩尔采用明确单位定义，那么为了与其他新定义保持一致，TG - SI 的第二种选择是开尔文定义 1）”[7]。

然而，Kilinin 和 Kononogov[10]认为：“鉴于当前确定玻耳兹曼常数值的准确度和可靠性水平，不建议使用玻耳兹曼常数的开尔文新定义”。

3.3.4 摩尔的新定义提案

物质（系统）的数量对于化学尤为重要。化学家分析化学过程和反应时，粒子的定量配比是必要的。因此，应在不使用质量单位的情况下定义物质的量的单位。当前 SI 中的定义为：“摩尔是一系统的物质的量，该系统中所包含的基本粒子数与 0.012 千克碳- 12 的原子数目相等；当使用摩尔时，应予以指明基本粒子，它可以是原子、分子、离子、电子及其他粒子，或是这些粒子的特定组合”。在 CCM 第 10 次会议（2007 年）上，提出了以下的摩尔新定义[3]。

1）摩尔是物质的量的单位。它等于 6.022 141 5×10^{23} mol^{-1}特定的相同粒子。粒子可以是原子、离子、分子或其他粒子。

在文献［14］中提出的摩尔定义与前一个相似。在定义 2）中，作者将粒子描述为“基本粒子”，而不是定义 1）中的“相同粒子”。

2）摩尔是精确包含 6.022 141 5×10^{23} mol^{-1}指定基本粒子的系统的物质的量，基本粒子可以是原子、分子、离子、电子、其他粒子或这些粒子的指定组合体。

根据新定义，物质的量 n 不再提及质量单位。物质的量可以由式（3 - 6）描述

$$n = (\text{样品中的分子数})/6.022\ 141\ 5 \times 10^{23} \tag{3-6}$$

伦纳德（Leonard）发表了有关上述摩尔定义的一些建议和批判性评论[11]。他的评论中假定物质的总量 $n(\mathrm{S})$ 和相应的粒子的量 $N(\mathrm{S})$，物质的量的数值比为 $n(\mathrm{S})/N(\mathrm{S})$。他提出“此基本物理常量的名称为 entity，符号为 ent，并正式将其用作原子级单位与 SI 一起使用……”[11]。由于这个提议的新单位（ent）与阿伏加德罗常数 N_A 互为倒数（$N_A = N(\mathrm{S})/n(\mathrm{S}) = \mathrm{ent}^{-1}$），因此物理学家未接受此提议。伦纳德在评论中写道：“这些提案独立地重新定义摩尔（通过固定阿伏加德罗数 A_N）和千克（通过固定普朗克常数），同时

保持基于^{12}C 的原子质量单位道尔顿（Da）的定义，违反了由摩尔概念产生的基本相容性条件。摩尔和千克分别定义时，如果 A_N 具有准确的值，则道尔顿 Da 应由相容性条件精确确定，Da=($10^{-3}/A_N$)kg。在文献［14］中为满足道尔顿当前定义 Da=m_a（^{12}C）/12 而提出的修正因子“产生了完全不需要的复杂度，……”，其中 m_a（^{12}C）是碳（^{12}C）的原子质量[11]。

3.4　2018 年的 SI

3.4.1　定义

在 2018 年 11 月的第 26 届计量大会（CGPM）通过了新的 SI（也称为“修订的 SI”）。第 26 届 CGPM 的 1 号决议宣布：

“……考虑到

• 对国际单位制 SI 的基本要求是统一且可在世界范围内使用，以支撑国际贸易、高科技制造业、人类健康与安全、环境保护、全球气候研究与基础科学的发展；

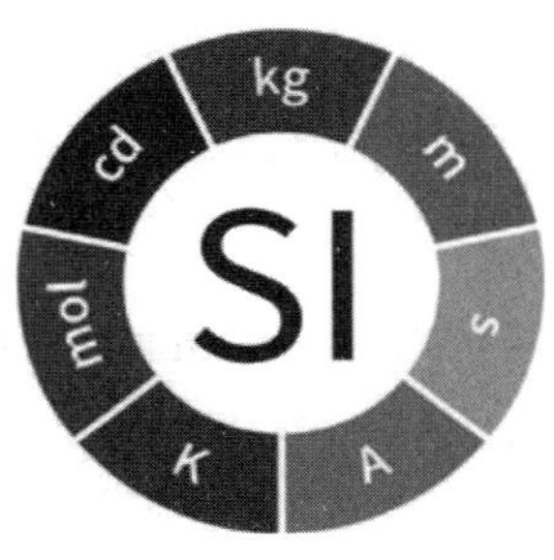

• SI 单位须长久稳定，具有内部一致性，可基于当前最高水平的自然理论描述完成实际复现；

• 为满足上述要求，2011 年第 24 届 CGPM 一致表决通过的‘1 号决议’中提出修订 SI，并详细表述了一种基于 7 个定义常数来定义 SI 的新方法。这些常数从基本物理常数和其他自然常数中选出，从中导出 7 个基本单位的定义；

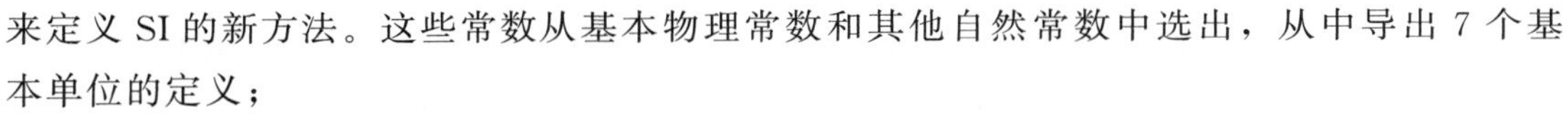

• 在上述 SI 修订被采纳之前，由 2011 年第 24 届 CGPM 规定并经 2014 年第 25 届 CGPM 确认的条件，现在已然满足……”

2018 年的 CGPM 第 26 次会议决定，自 2019 年 5 月 20 日起生效的国际单位制 SI，将是满足以下条件的单位制：

• 铯-133 原子不受扰动的基态超精细能级跃迁频率 $\Delta\nu_{Cs}$ 为 9 192 631 770 Hz。

• 真空中光速 c 为 299 792 458 m/s。

• 普朗克常数 h 为 $6.626\ 070\ 15\times10^{-34}$ J·s。

• 基本电荷 e 为 $1.602\ 176\ 634\times10^{-19}$ C。

• 玻耳兹曼常数 k 为 $1.380\ 649\times10^{-23}$ J/K。

• 阿伏加德罗常数 N_A 为 $6.022\ 140\ 76\times10^{23}$ mol^{-1}。

• 频率为 540×10^{12} Hz 的单色辐射的发光效率 K_{cd} 为 683 lm/W。

其中，单位赫兹、焦耳、库仑、流明、瓦特的符号分别为 Hz、J、C、lm、W，它们与单位秒（s）、米（m）、千克（kg）、安培（A）、开尔文（K）、摩尔（mol）、坎德拉（cd）相关联，相互之间的关系为 Hz=s^{-1}、J=m^2·kg·s^{-2}、C=A·s、lm=cd·m^2·m^{-2}=cd·sr 和 W=m^2·kg·s^{-3}。七个定义的常数的数值没有不确定度。图 3-2 给出了新 SI 制。

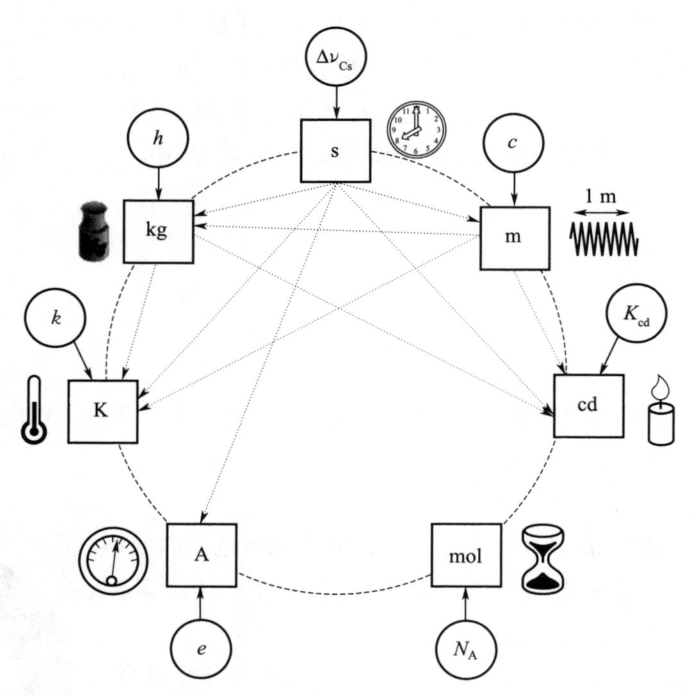

图 3-2 新 SI 制的基本单位及其相互关系。SI 基本单位与以下物理常数相关联：铯-133 原子的跃迁频率 $\Delta\nu_{Cs}$，真空中的光速 c，普朗克常数 h，基本电荷 e，玻耳兹曼常数 k，阿伏加德罗常数 N_A，频率 540×10^{12} Hz 的单色辐射的发光效率 K_{cd}

第 26 届 CGPM 有关 SI 的 1 号决议包含三个重要的附录。在附录 1 中，废除了“旧” SI 中所有七个基本单位的定义：千克（1889 年定义）、秒（1967 年定义）、米（1983 年定义）、安培（1948 年定义）、开尔文（1967 年定义）、坎德拉（1987 年定义）和摩尔（1971 年定义），也废止了 CIPM（1988 年）通过的采用约瑟夫森常数 K_{J-90} 和冯·克利青常数 R_{K-90} 的约定值的决定。这一废止决定自 2019 年 5 月 20 日起生效。附录 2 列出了“先前定义中曾使用的常数的状况”。附录 3 定义了“SI 的基本单位”。

3.4.2 单位

第 9 版 SI 手册的附录 2：先前定义中曾使用的常数的状况。

自 2019 年 5 月 20 日起实行上述 SI 新定义，常数量值基于国际科技数据委员会（CODATA）2017 年特别调整后的推荐值：

• 国际千克原器的质量 $m(K)$ 在一定的相对标准不确定度范围内等于 1kg，该不确定度等于本决议通过时 h 推荐值的不确定度，即 1.0×10^{-8}，且未来国际千克原器的质量值将通过实验确定。

• 真空磁导率 μ_0 在一定的相对标准不确定度范围内等于 $4\pi\times10^{-7}$ H · m^{-1}，该不确定度等于本决议通过时精细结构常数 α 推荐值的不确定度，即 2.3×10^{-10}，且未来真空导磁率的数值将通过实验确定。

• 水三相点的热力学温度 T_{TPW} 在一定相对标准不确定度范围内等于 273.16 K，该不确定度非常接近于本决议通过时 k 推荐值的不确定度，即 3.7×10^{-7}，且未来水三相点的热力学温度值将通过实验确定。

• 碳-12 的摩尔质量 M（^{12}C）在一定相对标准不确定度范围内等于 0.012 kg · mol^{-1}，该不确定度等于本决议通过时 N_A 推荐值的不确定度，即 4.5×10^{-10}，且未来碳-12 的摩尔质量值将通过实验确定。

附录 3　SI 的基本单位（文字描述）

"从上述基于定义常数固定数值的 SI 新定义开始，7 个基本单位中每一个的定义都适当地用一个或多个定义常数推导出。自 2019 年 5 月 20 日起，SI 基本单位采用以下定义：

• 秒是 SI 的时间单位，符号 s。当铯的频率 $\Delta\nu_{Cs}$，即铯-133 不受扰动的原子基态超精细能级跃迁频率以单位 Hz，即 s^{-1}表示时，将其固定数值取为 9 192 631 770 来定义秒。

• 米是 SI 的长度单位，符号 m。当真空中光的速度 c 以单位 m/s 表示时，将其固定数值取为 299 792 458 来定义米，其中秒用 $\Delta\nu_{Cs}$ 定义。

• 千克是 SI 的质量单位，符号 kg。当普朗克常数 h 以单位 J · s，即 kg · m^2 · s^{-1}表示时，将其固定数值取为 $6.626\ 070\ 15\times10^{-34}$来定义千克，其中米和秒用 c 和 $\Delta\nu_{Cs}$ 定义。

• 安培是 SI 的电流单位，符号 A。当基本电荷 e 以单位 C，即 A · s 表示时，将其固定数值取为 $1.602\ 176\ 634\times10^{-19}$来定义安培，其中秒用 $\Delta\nu_{Cs}$ 定义。

• 开尔文是 SI 的热力学温度单位，符号 K。当玻耳兹曼常数 k 以单位 J · K^{-1}，即 kg · m^2 · s^{-2} · K^{-1} 表示时，将其固定数值取为 $1.380\ 649\times10^{-23}$来定义开尔文，其中千克、米和秒用 h，c 和 $\Delta\nu_{Cs}$ 定义。

• 摩尔是 SI 的物质的量的单位，符号 mol。1 摩尔精确包含 $6.022\ 140\ 76\times10^{23}$个基本粒子，该数即为以单位 mol^{-1}表示的阿伏加德罗常数 N_A 的固定数值，称为阿伏加德罗数。

一个系统的物质的量，符号 n，是该系统包含的特定基本粒子数量的量度。基本粒子可以是原子、分子、离子、电子，其他任意粒子或粒子的特定组合。

• 坎德拉是 SI 的沿给定方向发光强度的单位，符号 cd。当频率为 540×10^{12} Hz 的单色辐射的发光效率以单位 lm/W，即 cd · sr · W^{-1}或 cd · sr · kg^{-1} · m^{-2} · s^3 表示时，将其固定数值取为 683 来定义坎德拉，其中千克、米、秒分别用 h，c 和 $\Delta\nu_{Cs}$ 定义。

BIPM 编写的第 9 版 SI 手册将描述新的 SI 单位制。目前，第 9 版 SI 手册的草案已经在 BIPM 网站上发布。第 9 版 SI 手册（其草案）的一部分是"SI 国际单位制的简明摘要"。此摘要中列出了 22 个导出单位，见表 3－1。第 9 版 SI 手册将包括安培（和其他电学单位）、千克、开尔文、摩尔和新 SI 中定义的其他基本单位的标准的实际复现等。

表3-1 国际单位制中的导出单位及其特别名称

导出量	导出单位名称	单位符号	用其他单位表达
平面角	弧度	rad	m/m
立体角	球面角	sr	m^2/m^2
频率	赫[兹]	Hz	s^{-1}
力	牛[顿]	N	$kg \cdot m \cdot s^{-2}$
压力,压强,应力	帕[斯卡]	Pa	$N/m^2 = kg \cdot m^{-1} \cdot s^{-2}$
能[量],功,热量	焦[耳]	J	$N \cdot m = kg \cdot m^2 \cdot s^{-2}$
功率,辐[射能]通量	瓦[特]	W	$J/s = kg \cdot m^2 \cdot s^{-3}$
电荷[量]	库[仑]	C	$A \cdot s$
电压,电动势,电位(电势)	伏[特]	V	$W/A = kg \cdot m^2 \cdot s^{-3} \cdot A^{-1}$
电容	法[拉]	F	$C/V = kg^{-1} \cdot m^{-2} \cdot s^4 \cdot A^2$
电阻	欧[姆]	Ω	$V/A = kg \cdot m^2 \cdot s^{-3} \cdot A^{-2}$
电导	西[门子]	S	$A/V = kg^{-1} \cdot m^{-2} \cdot s^3 \cdot A^2$
磁通[量]	韦[伯]	Wb	$V \cdot s = kg \cdot m^2 \cdot s^{-2} \cdot A^{-1}$
磁通[量]密度,磁感应强度	特[斯拉]	T	$Wb/m^2 = kg \cdot s^{-2} \cdot A^{-1}$
电感	亨[利]	H	$Wb/A = kg \cdot m^2 \cdot s^{-2} \cdot A^{-2}$
摄氏温度	摄氏度	℃	K
光通量	流[明]	lm	$cd \cdot sr = cd$
[光]照度	勒[克斯]	lx	$lm/m^2 = cd \cdot m^{-2}$
[放射性]活度	贝克[勒尔]	Bq	s^{-1}
吸收剂量,比授[予]能,比释动能	戈[瑞]	Gy	$J/kg = m^2 \cdot s^{-2}$
剂量当量	希[沃特]	Sv	$J/kg = m^2 \cdot s^{-2}$
催化活度	卡他	kat	$mol \cdot s^{-1}$

3.4.3 有关2018年SI的讨论

修订的SI（新SI）是期待已久的单位制，在新SI中依赖于材料特性的单位标准已被基于物理常数和量子效应的标准所取代。这是它的巨大优势。为了实施修订的SI，必须为五个新定义基本单位中的每一个找到其宏观标准和物理常数之间的联系。问题是，在微弱的物理现象中已经证明了相关的物理常数，但是标准的信号却必须在宏观尺度内。目前，这个问题已得到充分解决。

修订的SI假设用于定义它的基本物理常数的量值是固定不变的。然而，这些年对它们的量值进行了越来越精确的测量，获得了与以往不同的结果，例如图3-3或表13-3（见第13章）。毫无疑问，未来测量将给测量结果和2018年基本物理常数集的量值带来类似的差异，这些差异要么可以忽略，要么就应该考虑新值并对2018年修订的SI再进行修正。

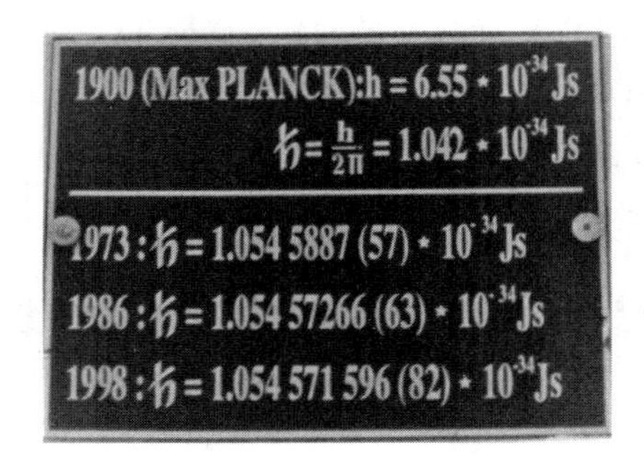

图 3－3　波兰托伦尼古拉斯哥白尼大学建筑上的图表，可见普朗克常数值逐渐减小

度量是为人们创造并建立的，首先是为了普通民众的使用。单位制应以普通百姓可以理解的方式定义。但是，修订的 SI 只能被少数的科学家和计量学者群体所理解，而很难被大量用户所理解。尤其是下述与新 SI 中千克和开尔文定义有关的讨论部分。

BIPM 在网站（www. bipm. org/en/measurement－units/）上告知："建议的实际测量单位制是国际单位制（国际上缩写为 SI）"。但是，修订的新 SI 很难被称为实用单位制。

任何系统都应包括其组件之间的相互关系，否则我们将之认为是一堆组件，而不是一个系统。新 SI 的定义看起来像一组物理常数，其中各组件之间的相互关系被隐藏起来。

新 SI 中的单位定义未明确定义这些常数（第 1 号决议的附录 3）。其中五个包括句子"将×常数的固定数值取为……来定义……"（×是特定的物理常数），而不是一个单位的实际定义。例如，"旧" SI 中米的定义为"米是光在真空中 1/299 792 458 s 的时间间隔内所行进的路程长度"比新 SI 中米的定义更容易理解。

基本单位比导出单位更重要，这在直观上是可以理解的。利用基本单位可以定义导出单位。但是，在新 SI 中，安培、开尔文和坎德拉的标准使用导出单位来复现。SI 的基本单位安培是使用两个导出单位（伏特和欧姆）和欧姆定律来复现，见本书 3. 5. 2 节中推荐的复现方法。

作为修订的 SI 的基本单位，安培的情况仍在考虑之中。除了上面的讨论提及的和 3. 5. 2 节中建议的安培复现方式，可使用单电子隧穿（输运）SET 效应和电子泵直接实现安培（请参阅第 8 章）。但是，采用 SET 泵的标准的电流值在从 pA 到几个 nA 的范围。这个范围的电流值太小，无法进行精确计量比对。此外，SET 泵输出电流的相对不确定度仅为 10^{-6}。复现伏特和欧姆这两个导出单位中的每一个都可以比安培精确至少 100 倍。对于修订的 SI（保留安培，拒绝伏特/欧姆）选择这样的方式，SI 提案的作者们提出的主要论点是：出于历史原因。这个论点其实很难被接受，但遗憾的是，在修订的 SI 的基本单位中，安培没有被伏特或欧姆代替。

新标准中千克的两种实现方法［功率天平和 X 射线单晶硅密度法（XRCD）］的成本非常高。功率天平的装置包括约瑟夫森结阵上的电压测量组件、使用量子霍尔效应的电阻测量组件、使用激光进行的长度测量组件和低温组件（液氦）。该装置中的所有这些组件都很昂贵，且功率天平必须由高资质人员来操作。XRCD 使用由^{28}Si 制成的球体，最初用于 XRCD 实验的单晶硅球和对球尺寸进行测量（请参阅第 13 章）花费了超过 200 万欧元。相比之下，用于千克原器的 900 克铂和 100 克铱合计约 30 000 美元。因此，世界上只有大约 10 个实验室能够安装和运行新的千克标准器。

3.5 在 SI 中安培和其他电学单位定义的实际复现

3.5.1 简介

3.5～3.8 节仅根据第 9 版 SI 手册“修订的 SI”[1]的附录 2 草案编写，该草案是有关新（修订）SI 实际复现的唯一 BIPM 官方文件。在计量领域，描述标准的实际复现有一个法语名称—— *mise en pratique*。

修订的 SI 已得到了非常精确的定义（第 26 届 CGPM 的第 1 号决议）。同样，SI 的基本单位也已定义（第 1 号决议的附录 3）。但是，这些定义没有给出如何实际复现计量单位标准的信息。例如，安培的定义并未给出其实际复现的任何特定实验。因此，国际计量委员会（CIPM）已委托 CIPM 各咨询委员会提出单位的实际复现方法。各咨询委员会编写的实际复现文件已包含在第 9 版手册的附录中（目前是草案）。实际复现任何单位通常意味建立该单位的量值和与此类单位量值相关联的不确定度。要实现基于物理常数的 SI 单位标准，需要一定方法和可以将宏观标准与一些微弱物理效应（在这些效应中物理常数得以验证）联系起来的仪器。这样的物理效应或仪器有：用于安培标准的单电子隧穿（SET），用于伏特标准的约瑟夫森效应，用于欧姆标准的量子霍尔效应（QHE），用于千克标准的功率天平或计数原子，用于开尔文标准的热（约翰逊）噪声振荡以及在秒标准中的铯原子（或其他元素）能级跃迁。

3.5.2 安培的实际复现

CIPM 电磁咨询委员会准备了电学单位定义的实际复现文档[1]。

电流 SI 基本单位安培是通过取基本电荷的固定数值来定义的。该定义在第 26 届 CGPM 第 1 号决议的附录 3 中给出。实际上，可以通过以下方法复现安培 A：

• 通过使用欧姆定律、单位之间的关系 A＝V/Ω，并使用 SI 导出单位伏特 V 和欧姆 Ω 的实际复现，它们分别基于约瑟夫森效应和量子霍尔效应；

• 通过使用单电子输运（或单电子隧穿 SET）或类似器件，单位之间的关系 A＝C/s，e 值由安培定义以及 SI 基本单位 s 的实际复现给出；

• 使用关系 $I = C \cdot \mathrm{d}U/\mathrm{d}t$，单位之间的关系 A＝F · V/s，通过 SI 导出单位伏特 V 和法拉 F 以及 SI 基本单位 s 的实际复现给出。在编写本节实际复现这部分内容时，单电子输运（SET）的实现仍有技术局限性，并且经常比其他技术的相对不确定度大。但是，在此实际复现中仍包含 SET 实现的内容，因为这是复现 SI 单位的独特而简洁的方法，并且近年来其不确定度一直有所提高，并且在未来有望进一步改善。

3.5.3 SI 电学导出单位的实际复现

伏特

可以使用约瑟夫森效应和以下约瑟夫森常数 K_J 的值来复现电势差和电动势的 SI 导出单位——伏特（V）

$$K_J = 483\ 597.848\ 416\ 984\ \text{GHz/V} \tag{3-7}$$

此值来自等式 $K_J = 2e/h$ 的准确度假设，该等式得到了许多实验和理论研究的广泛支持，h 和 e 的值在文献［1］中给出。尽管显然可以计算 $2e/h$ 的商而得到任意位数的小数，但是这个推荐的截断值误差小于 1×10^{-15}，这在绝大多数的应用中可以忽略不计。在那些可能无法忽略这个误差的极少数情况，应保留更多的位数。实际使用推荐 K_J 特定值这一作法的优点是，它可以确保几乎所有基于约瑟夫森效应的伏特复现都采用完全相同的值。

上面给出的 K_J 值比 K_{J-90} 小 106.665×10^{-9}，$K_{J-90} = 483\ 597.9$ GHz/V 是 1990 年开始 CIPM 为利用约瑟夫森效应国际复现伏特所采用的值。这意味着使用 K_{J-90} 复现的电压单位要比使用式（3-7）的值复现当前 SI 单位大同样的小数。因此，根据 K_{J-90} 测得的电压值与利用式（3-7）给出的 K_J 值复现的当前 SI 伏特对相同电压的测得值相比，要小同样的小数值。

欧姆

欧姆 Ω 是电阻和阻抗的 SI 导出单位，可以用如下方式复现：

• 使用量子霍尔效应，并遵循 CCEM 准则[2]和采用以下冯·克利青常数 R_K 值

$$R_K = 25\ 812.807\ 459\ 304\ 5\ \Omega \tag{3-8}$$

此值来自等式 $R_K = h/e^2$ 的准确度假设，该等式得到了许多实验和理论研究的广泛支持，h 和 e 的值由第 1 号决议给出[1]。尽管显然可以计算 h/e^2 的商而得到任意位数的小数，但是这个推荐的截断值误差小于 1×10^{-15}，这在绝大多数的应用中可以忽略不计。在那些可能无法忽略这个误差的极少数情况下，应保留更多的位数。实际使用推荐的 R_K 特定值这一作法的优点是它可以确保几乎所有基于量子霍尔效应的欧姆复现都采用完全相同的值。

• 使用（例如）正交电桥将未知电阻与已知电容阻抗进行比较，其中（例如）电容已通过可计算电容确定，并且介电常数的值由式（3-9）给出

$$\varepsilon_0 = \frac{1}{\mu_0 c^2} \tag{3-9}$$

式（3-8）中的 R_K 值比 R_{K-90} 大 17.793×10^{-9}，$R_{K-90} = 25\ 812.807\ \Omega$ 是 1990 年开始 CIPM 为利用量子霍尔效应国际复现欧姆所采用的值。这意味着使用 R_{K-90} 复现的电阻单位要比使用式（3-8）的值复现当前 SI 单位大同样的小数值。因此，根据 R_{K-90} 测得的电阻值与利用式（3-8）给出的 R_K 值复现的当前 SI 欧姆对相同电阻的测得值相比，要小同样的小数。

本书的第 6 章将专题讨论量子霍尔效应。

库仑

库仑 C 是电荷的 SI 导出单位，可以用以下方法复现：

• 在 SI 时间单位秒 s 的持续时间内，通过测量前述复现安培的已知电流确定；

• 通过确定已知电容（以法拉 F 表示）上的电荷量，利用单位之间的关系 C=F·V 来复现，法拉由后面介绍的两种方法复现，电容两端的电压通过基于约瑟夫森效应和式（3-7）中给出的约瑟夫森常数值复现的伏特 V 来测量（请参阅伏特的实际复现）；

• 通过使用 SET 或类似器件将基于安培定义中给出的 e 值的已知电荷量转移到合适的电路元件上。

法拉

法拉 F 是电容的 SI 导出单位，可以用如下方法复现：

• 使用（例如）正交桥将基于量子霍尔效应和本书 6.2 节给出的冯·克利青常数的值（包括量子霍尔电阻本身）而获得的已知电阻的阻抗，与一未知电容的阻抗进行比较；

• 通过使用可计算电容和式（3-9）给出的介电常数值。

亨利

亨利 H 是电感的 SI 导出单位，可以用如下方法复现：

• 通过使用（例如）麦克斯韦一维恩电桥（Maxwell-Wien bridge）在已知电阻的帮助下，将未知电感的阻抗与已知电容的阻抗进行比较，其中已知的电容和电阻已经根据（例如）量子霍尔效应和式（3-8）中给出的 R_K 值确定；

• 通过使用可计算电感（例如，坎贝尔式互感器）和由式（3-9）给出的真空磁导率 μ_0 的值确定。

瓦特

瓦特 W 是功率的 SI 导出单位，可以用电学单位来复现，通过利用电功率等于电流乘以电压这一事实，基于欧姆定律的单位之间的关系 $W=V^2/\Omega$，并利用约瑟夫森效应和量子霍尔效应以及式（3-7）和式（3-8）中给出的约瑟夫森常数和冯·克利青常数复现的伏特和欧姆。

特斯拉

特斯拉 T 是磁通密度的 SI 导出单位，可以用如下方法复现：

• 使用螺线管、Helmholtz 线圈或其他尺寸已知的导体结构，其所载的电流根据上述复现的安培来确定，在计算载流导体产生的磁通密度时采用式（3-9）中给出的真空磁导率 μ_0 值；

• 使用旋磁比已知的样品的核磁共振（NMR），例如，25 ℃的一个纯 H_2O 球形样品和 CODATA 给出的质子屏蔽旋磁比的最新推荐值 $\gamma_{p'}$ 。

韦伯

韦伯 Wb 是磁通量的 SI 导出单位，可以从特斯拉并基于单位之间的关系 $Wb=T\cdot m^2$

来复现，也可以从伏特并基于单位之间的关系 Wb=V·s 来复现。还可以利用这样一个事实，即表征超导体磁特性的磁通量子 Φ_0 与 h 和 e 相关联，如文献 [1] 给出，其精确关系为 $\Phi_0 = h/2e$。

3.5.4　磁导率 μ_0 及相关量

千克、安培、开尔文和摩尔的新定义不改变磁导率（真空磁导率）μ_0、介电常数（真空介电常数）ε_0、真空特征阻抗 Z_0、真空导纳 Y_0 和真空中光速 c 之间的关系，也不改变 c 的精确值，c 在 SI 基本单位长度米的定义中是明确的。这些常数之间的关系是

$$\varepsilon_0 = \frac{1}{\mu_0 c^2}$$

$$Z_0 = \mu_0 c = (\mu_0/\varepsilon_0)^{1/2} \tag{3-10}$$

$$Y_0 = 1/\mu_0 c = (\varepsilon_0/\mu_0)^{1/2} = 1/Z_0 \tag{3-11}$$

然而，新定义确实会影响 μ_0 的值，从而影响 ε_0、Z_0 和 Y_0 的值。特别是，μ_0 不再是精确等于 $4\pi\times10^{-7}\,\mathrm{N\cdot A^{-2}}$，而是必须通过实验确定。$\mu_0$ 的值可以以相对标准不确定度 u_r 获得，根据如下精确关系，此不确定度与精细结构常数 α 的不确定度相同。

$$\mu_0 = \alpha(2h/ce^2) \tag{3-12}$$

由于 h，c 和 e 具有固定的数值，因此从式（3-9）～式（3-12）可得

$$u_r(Y_0) = u_r(Z_0) = u_r(\varepsilon_0) = u_r(\mu_0) = u_r(\alpha) \tag{3-13}$$

根据 2017 年 CODATA 对基本常数值的特殊最小二乘法调整[3]得出的 h，e，k 和 N_A 的建议值，是第 26 届 CGPM[1]采用的千克、安培、开尔文和摩尔的新定义中这四个常数的精确值的基础。新 SI 定义中使用 2017 年调整后的 h，e，k 和 N_A 的精确值，得到以下当前推荐的磁常数值

$$\begin{aligned}\mu_0 &= 4\pi[1+2.0(2.3)\times10^{-10}]\times10^{-7}\,\mathrm{N\cdot A^{-2}} \\ &= 12.566\ 370\ 616\ 9(29)\times10^{-7}\,\mathrm{N\cdot A^{-2}}\end{aligned} \tag{3-14}$$

然而，用户应该总是根据最新的 CODATA 调整来得出计算值[4]。介电常数、真空特征阻抗和真空特征导纳的值和不确定度通常可从式（3-9）～式（3-12）给出的关系中获得。应该认识到，随着将来 CODATA 的一次调整到下一次调整，因为会出现影响 α 值的新数据，μ_0，ε_0，Z_0 和 Y_0 的建议值预计将会有微小改变。因此，读者在计算这些常数时，应始终采用最新的 CODATA 建议值。当然，由新定义确定的 h，e，k 和 N_A 的值在两次调整之间将保持不变。

3.6　SI 千克定义的实际复现

3.6.1　千克的定义

“SI 中千克定义的实际复现草案”文件包含在国际单位制修订本的 SI 手册附录 2 中。草案由 CIPM 质量及相关量咨询委员会（CCM）起草。

SI 质量的基本单位千克是通过取普朗克常数的固定值来定义。该定义见第 26 届 CGPM 第 1 号决议的附录 3。

普朗克常数的精确值为 $h=6.626\ 070\ 15\times10^{-34}$ J · s。h 的数值定义了 SI 单位焦耳 · 秒，结合 SI 秒和米就定义了千克。秒和米由铯- 133 原子的超精细跃迁频率 $\Delta\nu_{Cs}$ 和真空中光速 c 的精确值来定义。千克定义中给出的 h 的数值已经确保质量单位与先前定义的连续性。

质量单位的定义并未提示或建议任何特定的复现方法。该文档根据质量单位的官方定义，推荐了实际复现质量单位的原级方法。原级方法是根据 h 来确定质量的方法，而不使用任何其他质量标准。待确定的可以是一个实物、原子或其他粒子的质量，但是以下关注以最高水平准确度对质量实物进行计量。在这个文档中，被称为原级质量标准的是这样的一件实物，其质量已通过一种复现千克定义的原级方法直接校准。依据原级质量标准的校准可以建立次级质量标准。

目前的原级方法专注于复现和传递标称值为 1 kg 的质量单位。为了包含不同标称质量值的原级方法的信息，可以对实际复现方法进行更新。以下两节描述了复现千克定义的原级方法和通过质量原级标准传递的程序。溯源链如图 3 - 4 所示。

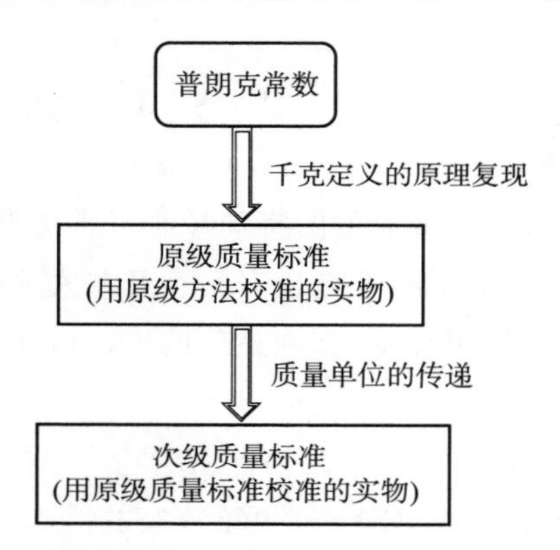

图 3 - 4　千克定义的溯源链（借用 SI 手册附录 2 的概念）

3.6.2　通过比较电功率和机械功率来实际复现千克

目前有两种独立的原级方法能够以 10^{-8} 量级相对不确定度复现千克定义。第一种方法是利用特别设计的机电天平来确定未知质量。第二种方法通过计算晶体中原子的数量，将未知质量与特定同位素的单个原子的质量进行比较，而基于 h，c 和 $\Delta\nu_{Cs}$ 的晶体原子质量众所周知。可以将电功率和机械功率实现平衡的精确仪器称为功率天平，最近被称作基布尔（Kibble）天平。基布尔天平可以设计成不同的几何结构，并以不同的实验方案运行。下面的示意性描述是为了说明，这些基布尔天平配置中的任何一种都有可能成为复现千克定义的原级方法。

布赖恩 · 基布尔（Bryan Kibble）博士原创性地构思了这个实验的想法，为此，功率天平又称“基布尔天平”。

在法定计量学中，“重”（“weight”）可以指实物或重力。如果根据上下文“重”的含义不明确，在法定计量学中使用“重力”（“weight force”）和“重块”（“weight piece”）这两个术语。

对于一个实物 x，其未知质量 m_x 的测定分为两种模式：称重模式和移动模式。它们可以依次进行，也可以同时进行。在称重模式下，实物的重量 m_xg 由电磁力平衡，例如，电磁力可以由导线长为 l 的圆形线圈置于磁通密度 B 的径向磁场中并通过电流 I_1 来产生。磁铁和线圈的几何结构被设计成可以产生一个与当地重力加速度平行的力。同时测量作用在质量上的重力加速度 g 和线圈中流过的电流 I_1，以得到

$$m_xg = I_1Bl \tag{3-15}$$

在移动模式，相同线圈以速度 v 垂直移动通过相同磁通密度的磁场，测量在线圈两端感应的电压 U_2，以得到

$$U_2 = vBl \tag{3-16}$$

将描述这两种模式的方程合并并消去 Bl 有

$$m_xgv = I_1U_2 \tag{3-17}$$

因此，机械性质的功率与电磁性质的功率相等。在这种运行方式中，显然两种功率都是“虚拟”的，因为在此双模式实验的任何一种模式中，都没有进行功率计算。

电流 I_1（例如）可以利用欧姆定律并通过测量阻值为 R 的稳定电阻两端压降 U_1 来确定。电压 U_1 和 U_2 都是根据约瑟夫森常数 K_J 测量，约瑟夫森常数取为 $K_J = 2e/h$，e 是基本电荷。类似地，R 是根据冯·克利青常数 R_K 测量，冯·克利青常数取为 $R_K = h/e^2$。v 和 g 以其各自国际单位 $m \cdot s^{-1}$ 和 $m \cdot s^{-2}$ 来测量。请注意 $K_J^2R_K = 4/h$，所以（3-17）可以重写为

$$m_x = h(bf^2/4)/(gv) \tag{3-18}$$

其中，f 是实验频率，b 是一个无量纲实验量，两者都与所需的电流和电压测量有关。对于质量单位的复现、维护和传递，必须考虑式（3-18）推导的质量 m_x 的所有相关影响，另见 SI 手册的附件 A2[1]。

专家学者也提出了其他电磁和静电复现方法，如能量天平法和电压天平法。

3.6.3　用 X 射线单晶硅密度法实际复现千克

X 射线单晶硅密度法（XRCD）的概念来源于一个经典的概念，即纯物质的质量可以根据物质中基本粒子的数量来表示。这个数量可以通过 XRCD 方法来测量，此方法通过（例如）测量晶格参数 a 和球形样品的平均直径，来确定晶胞和近乎完美晶体的体积。这种方法中最常用的是硅单晶体，因为它可以获得化学纯度高、无位错的大晶体。这是利用半导体工业开发的晶体生长技术实现的。晶体的宏观体积 V_s 等于晶胞中每个原子的平均微观体积乘以晶体中原子数。下文中，假设晶体仅包含同位素 ^{28}Si。因此，宏观晶体中的原子数 N 由式（3-19）给出

$$N = 8V_s/a(^{28}Si)^3 \tag{3-19}$$

式中，8是单晶硅晶胞原子数，晶胞是立方体，体积为 $a\,(^{28}\mathrm{Si})^3$；也就是说每个晶胞包含8个硅-28原子，晶体中晶胞的数量为 $V_s/a\,(^{28}\mathrm{Si})^3$。由于任何固体的体积都是温度和（较小程度上）流体静压的函数，因此 V_s 和 $a\,(^{28}\mathrm{Si})^3$ 也应具有相同的参考条件。由于实际的原因，晶体被制成质量为大约1 kg的球体。

这里描述的测量最初是用于确定阿伏加德罗常数 N_A 的值，它的定义是每摩尔物质的基本粒子数。N_A 的准确测量为2018年重新定义千克做出了重要贡献。然而，今天，当用国际单位 mol^{-1} 表示时，N_A 的数值被精确定义，从而使得摩尔的定义与千克无关。

众所周知式（3-20）并不精确，因为右边晶体原子总结合能 E 被减去了质量等价 E/c^2，其中 c 是真空中的光速。与当前实验不确定度相比，约 2×10^{-10}[3,4]的修正是微不足道的，因此被忽略。附加能量项（如热能）甚至小于结合能，因此可以忽略不计。

为了复现千克的定义，使用XRCD方法，首先用单个原子的质量来表示球体的质量 m_s

$$m_s = Nm(^{28}\mathrm{Si}) \tag{3-20}$$

物理常数 $h/m(^{28}\mathrm{Si})$ 的实验值已知具有高准确度（参见本书13.3节），于是可以将（3-20）改写为

$$m_s = h[Nm(^{28}\mathrm{Si})/h] \tag{3-21}$$

XRCD实验确定 N；$m(^{28}\mathrm{Si})/h$ 是一个自然常数，其值为高准确度已知，且现在 h 的数值是固定的。此球体是原级质量标准，质量单位千克从此标准传递。目前这项工作中使用的球体富含同位素 $^{28}\mathrm{Si}$，但由于仍存在微量的两个其他硅同位素，因此本节中给出的简单方程需要进行明显的修改。关于这个实验的更完整的分析，见13.3节。

为了复现、维护和传递质量单位，必须考虑式（3-21）推出的球体质量 m_s 的所有相关影响。

质量单位的传递

千克的定义确保质量单位在时间上是恒定的，并确保任何实验室或多个实验室合作都可以通过同样的手段来复现这一定义。复现千克定义的任何国家计量研究院（NMI）、指定研究院（DI）、国际计量局（BIPM）或通过它们之间的合作，都可以将SI千克从其原级质量标准传递到任何其他实验室，或者更一般地说，传递到使用次级质量标准的任何用户（见图3-4）。

3.7 SI开尔文定义的实际复现

3.7.1 开尔文的定义

“SI中开尔文定义的实际复现草案”文件包含在国际单位制修订本的SI手册附录2中[1]。草案由CIPM温度咨询委员会（CCT）起草。

这个实际复现文档的目的是说明如何在实践中复现SI基本单位开尔文的定义。在新的国际单位制中，开尔文定义并不意味着它的实际复现需要任何特殊的实验。原则上，可

以使用任何能够将温度值溯源到七个参考常数组的方法。因此，所提供的方法清单并不是所有可能的方法清单，而是最容易实施和（或）可以提供最小不确定度的方法清单，这些方法被有关咨询委员会官方认可为原级方法。原级方法是具有最高计量特性的方法；其工作可以完全描述和理解；其完整的不确定度说明可以用 SI 单位写出；且不需要一个相同量的参考标准。开尔文是 SI 温度单位，是通过取玻耳兹曼常数的固定数值来定义。该定义见第 26 届 CGPM 第 1 号决议的附录 3。

2018 年之前，开尔文被定义为水三相点热力学温度 T_{TPW} 的 1/273.16。开尔文现在是根据 SI 导出单位能量单位焦耳，并通过固定玻耳兹曼常数 k 的值来定义，k 是热力学温度和关联的热能 kT 之间的比例常数。新的定义起源于统计力学，其中热力学温度是系统中每个自由度平均热能的度量。原则上，热力学温度的自然单位是焦耳，不需要单独的温度的基本单位。然而，由于历史原因，特别是出于现实原因，开尔文仍然是国际单位制的一个基本单位。这确保了 T_{TPW} 值的最佳估计仍为 273.16 K。新定义的一个后果是，之前测定 k 的相对不确定度 3.7×10^{-7} 转移至水三相点温度 T_{TPW}。因此，当前 T_{TPW} 的标准不确定度为 $u(T_{TPW})=0.1$ mK。

CCT 不知道何种测温技术可能会显著降低 $u(T_{TPW})$ 值。因此，在可预见的未来，T_{TPW} 的值不太可能改变。另一方面，在水三相点瓶中复现 T_{TPW} 并应用同位素校正的复现性优于 50 μK。在 T_{TPW} 处或接近 T_{TPW} 时需要极限准确度的实验将继续依赖于水三相点的复现性。虽然 T_{TPW} 不是一个基本常数，但水三相点是一个自然不变量，具有基本常数固有的长期稳定性。

直接测量热力学温度需要一个原级温度计，原级温度计基于一个理解充分的物理系统，通过测量其他量可以推出物理系统的温度。不幸的是，原级测温通常复杂而耗时，因此很少被用作传递开尔文的实际手段。作为一种实用的替代方法，国际温标提供用直接且可复制的方式复现和传递温度的国际公认程序。

3.7.2　通过原级测温实际复现开尔文

虽然开尔文根据玻耳兹曼常数的新定义对 1990 年国际温标（ITS－90）和 2000 年临时低温温标（PLTS－2000）的状况没有直接影响，但它有显著的好处，特别是对于～20 K 以下和～1 300 K 以上的温度测量，在这些情况下原级温度计可以提供的热力学不确定度低于 ITS－90 和 PLTS－2000 目前可提供的不确定度。在未来，随着原级方法的发展和不确定度的降低，原级温度计将会得到更广泛的应用，并逐渐取代 ITS－90 和 PLTS－2000，作为温度测量的基础。

本节中包含的原级测温方法满足以下条件：

• 至少有一个完整的不确定度报告已通过 CCT 审查和批准；

• 复现开尔文的不确定度，比用原级测温或规定温标达到的最高水准不确定度或利益相关者所需要的不确定度，大不超过一个数量级；

• 至少有两个应用此方法的独立复现，并达到所需的不确定度；

• 已经比较了复现的结果与采用已接受方法的结果；

• 该方法适于计量、科学或工业领域中利益相关者可接受的温度范围；

• 在公开文献中详细记录了实施这些方法所需的实验技术，以便计量专家能够独立复现。

“国际单位制开尔文定义的实际复现”中简要介绍了以下原级测温方法[1]：声学气体测温法、辐射测温法、极化气体测温法、折射率气体测温法和约翰逊噪声测温法。

3.7.3 声学气体测温

原级声学气体测温（AGT）利用理想气体在零频率极限的声速 u 与气体的热力学温度 T 之间的关系

$$u^2 = \frac{\gamma k T}{m} \tag{3-22}$$

式中，k 是玻耳兹曼常数；m 是气体的平均分子质量；γ 是恒压气体的热容与定容气体的热容之比。对于理想的单原子气体，$\gamma = 5/3$。

声速由等温腔中单原子气体的共振频率推导出来。精确地确定共振频率需要使用非简并声模态，而且通常使用近球形腔的非简并径向对称模态。腔的平均半径通常由微波共振确定。通过声速关系的维里展开和零压力外推来考虑实际气体的非理想特性。

对声共振频率、压力、空腔尺寸和分子质量的测量必须溯源到米、千克和秒。原级 AGT 在水三相点温度进行，相对不确定度约为 10^{-6}。然而，AGT 宣称的低不确定度还没有得到独立测量的证实。

3.7.4 辐射测温（1 235 K 及以上）

原级辐射谱测温的基本方程是普朗克定律，它给出了理想黑体的辐射谱 $L_{b,\lambda}$ 与温度 T 的函数关系

$$L_{b,\lambda}(\lambda, T) = \frac{2\pi hc^2}{\lambda^5} \frac{1}{\exp\left(\frac{hc}{\lambda kT}\right) - 1} \tag{3-23}$$

式中，k 是玻耳兹曼常数；h 是普朗克常数；c 是真空中的光速；λ 是真空中的波长。辐射谱是每单位面积立体角波长发射的功率，通常用单位 $\mathrm{W \cdot m^{-2} \cdot sr^{-1} \cdot nm^{-1}}$ 表示。

绝对原级辐射测温要求精确测定由发射率已知的等温腔在已知谱带和已知立体角上发射的光学功率。功率测量需要用辐射计，它包括一个探测器和滤光片，其绝对光谱响应已知。光学系统通常包含两个圆光圈，它们排成一条直线，并根据所定义的立体角来确定它们之间的间距，也可以另外包含有透镜或反射镜。测量介质的折射率也必须已知。所有有关量的测量必须溯源到相应的 SI 单位，特别是瓦特和米。在 2 800 K 温度，原级辐射测温可能达到的不确定度约 0.1 K。

3.7.5 极化气体测温

极化气体测温（PGT）是利用气体的电磁特性对气体密度进行原位测量的方法。基本

的工作方程是 Clausius－Mossotti 方程和 Lorentz－Lorenz 方程，它们都是独立的理论推导出来的。Clausius－Mossotti 方程通过相对介电常数 ε_r 来描述电场中气体的特性。对于理想气体，该方程联合状态方程可以获得 ε_r 与气体压力 p 之间的严格关系

$$\frac{\varepsilon_r - 1}{\varepsilon_r + 2} = \frac{A_\varepsilon p}{RT} \tag{3-24}$$

式中，A_ε 是摩尔电极化率。Lorentz－Lorenz 方程描述电磁波传播的折射率 n。在气体密度高达 0.1 mol/cm^3 的情况，通过下面 n 和 p 之间的严格关系，可以近似计算此方程结合理想气体状态方程，相对不确定度达到 10^{-6}（ppm）

$$\frac{n^2 - 1}{n^2 + 2} = \frac{(A_\varepsilon + A_\mu)p}{RT} \tag{3-25}$$

式中，A_μ 是摩尔磁极化率。这两种关系密切相关，因为 $n^2 = \varepsilon_r \mu_r$，$\mu_r$ 是相对磁导率。在气体密度非零时，真实气体的特性会偏离上述理想方程，Clausius－Mossotti 方程、Lorentz－Lorenz 方程和状态方程必须用幂级数展开，并采用维里系数。但对于原级测温，可以通过外推到零密度来确定理想气体特性。

这两种关系的每一种都是一类 PGT 的物理基础。介电常数气体温度计（DCGT）是通过改变测量气体形成的电容器的电容来测量 ε_r。折射率气体温度计（RIGT）是检测腔体谐振器中电磁波的共振。DCGT 和 RIGT 有几个共同的挑战。极化率必须利用从头计算法获得。目前仅有氦满足，并达到亚 ppm 的不确定度，氦极化率很低 $A_\varepsilon \approx 0.52$ cm^3/mol 和 $A_\mu \approx -0.000\,007\,9$ cm^3/mol。DCGT 和 RIGT 都需要精确测量压力，并溯源到 SI 基本单位米、千克和秒。

介电常数气体温度计

介电常数是通过改变电容器的电容值 $C(p)$ 来确定，改变容值的方法是施加和去掉测量气体。这种方法仅对结构与压力无关的电容器十分理想。在实际应用中，电极几何形状不可避免地随压力发生变化，必须加以考虑。因此对一个高稳电容变成一个可以确定 ε_r 的线性实验方程

$$\varepsilon_r = \frac{C(p)}{C(0)(1 + \kappa_{\text{eff}} p)} \tag{3-26}$$

式中，κ_{eff} 为负等温有效压缩系数；$C(0)$ 为真空电容器的电容。由于氦的 A_ε 值很小，必须用高精度的比例电桥来测量电容的变化，这种电桥的品质与复现和传递电容单位所用的电桥相当。

为了推导 DCGT 的完整计算方程式，必须将 ε_r 的实验方程与 ε_r 和 p 之间的关系结合起来。应用完整计算方程式，必须在恒温时测量等温线 $C(p)$ 与 p 的关系，通过外推确定理想气体极限时的 DCGT 结果。在这个极限点，不需要维里系数的值，就可以推导出热力学温度 T 的值。

除了知道上述气体的极化度和可溯源的压力测量外，绝对原级 DCGT 还要求根据结构材料各自弹性常数计算电容器的有效压缩度。由于只需要电容比，所以不需要溯源至电容单位。曾在水三相点处执行原级 DCGT，获得相对不确定度约为 1 ppm。原级 DCGT 在

低温范围测量的相对不确定度，从 2.5 K 时的约 40 ppm 下降到 100 K 时的约 10 ppm。所有结果均由不确定度估计范围内的独立热力学测量证实。执行相对原级 DCGT，可以放宽对 SI 溯源、低不确定度压力测量的要求。

折射率气体温度计

在绝对原级微波 RIGT 中，通过测量充气等温腔的微波谐振频率 $f_{\mathrm{m}}(p)$ 来确定折射率（下标“m”指定特定微波模式）。通常采用准球形或圆柱形腔体形状，结合谐振腔壳体的正等温有效压缩系数 κ_{eff} 和测量真空腔谐振 $f_{\mathrm{m}}(0)$ 来计算工作气压时的腔体尺寸（κ_{eff} 的符号取决于腔谐振器的设计）

$$n^2=\frac{f_{\mathrm{m}}^2(0)}{f_{\mathrm{m}}^2(p)\,(1-\kappa_{\mathrm{eff}}p)^2}=\frac{f_{\mathrm{m}}^2(0)}{f_{\mathrm{m}}^2(p)}(1+2\kappa_{\mathrm{eff}}p) \tag{3-27}$$

这个测定 n^2 的实验方程与 DCGT 测定 ε_{r} 的实验方程相似，只是负有效压缩系数 κ_{eff} 的影响要大一倍。该方程包含微波谐振频率的比值 $f_{\mathrm{m}}(0)/f_{\mathrm{m}}(p)$。该比值可以使用一个时钟精确测量，在完成 $f_{\mathrm{m}}(0)$ 和 $f_{\mathrm{m}}(p)$ 的热平衡测量所需的时间间隔内该时钟是稳定的（对于等温线，通常是几天到几周的时间）。

为了推导 RIGT 的完整计算方程式，必须将 n^2 的实验方程与 n^2 和 p 的关系结合起来。而且为了描述氦的真实气体性质，Lorentz - Lorenz 方程和状态方程都必须使用不同维里系数的幂级数。应用完整计算方程式，可以测得恒定温度下的等温线 n^2 与 p 关系，通过外推确定理想气体极限的 RIGT 结果。在这个极限点，不需要维里系数的值，就可以推导出热力学温度 T 的值。

除了知道气体的极化度和可溯源的低不确定度压力测量外，绝对原级 RIGT 要求根据结构材料的各自弹性常数计算谐振器壳体的有效压缩度。使用氦气在水三相点温度执行绝对原级 RIGT，获得相对不确定度约为 10 ppm，在氖、氧和氩的三相点温度获得相对不确定度约为 20 ppm。所有结果均由不确定度估计范围内的独立热力学测量结果证实。执行相对原级 RIGT，可以放宽对 SI 溯源、低不确定度压力测量等的要求。例如，等压线的测量只需要借助于压力天平来稳定 p，其校准的限制比绝对原级 RIGT 要求的要弱。然而，必须考虑结构材料弹性常数与温度的复杂关系，因此需要考虑测量谐振器的 κ_{eff} 与温度的复杂关系，简单的测量比值可能不够。

3.8 SI 摩尔定义的实际复现

3.8.1 摩尔的定义

“国际单位制中摩尔定义的实际复现”文案由 CIPM 物质的量—化学和生物计量咨询委员会编制。

摩尔是物质的量的 SI 基本单位，符号为 mol。1 mol 精确包含 $6.022\,140\,76\times10^{23}$ 个基本粒子。该数即为以单位 mol^{-1} 表示的阿伏加德罗常数 N_{A} 的固定数值，称为阿伏加德罗数。一个系统的物质的量，符号为 n，是该系统包含的特定基本粒子数量的度量。基本粒子可以是原子、分子、离子、电子、其他任意粒子或粒子的特定组合。

该定义意味着精确关系 $N_A = 6.022\ 140\ 76 \times 10^{23}\ \text{mol}^{-1}$。此关系取反，可以得到根据定义常数 N_A 的摩尔精确表达式

$$1\ \text{mol} = \left(\frac{6.022\ 140\ 76 \times 10^{23}}{N_A}\right)$$

这个定义的意义是，1 摩尔是包含 $6.022\ 140\ 76 \times 10^{23}$ 个特定基本粒子的系统的物质的量。

先前摩尔的定义将碳-12 的摩尔质量 M（^{12}C）的值固定为精确的 0.012 kg/mol。根据目前的定义 M（^{12}C）不再精确已知，而是必须通过实验确定。为 N_A 选择的值使得在采用摩尔的当前定义时 M（^{12}C）等于 0.012 kg/mol，相对标准不确定度为 4.5×10^{-10}。

由于新 SI 中摩尔的定义，阿伏加德罗常数和阿伏加德罗数没有不确定度。它现在是基于粒子的固定个数。用于表征纯化学物质 X 样品的量有：

n ——X 样品中物质的量；

N ——样品中物质 X 的基本粒子的个数；

m —— N 个基本粒子的质量；

$A_r(\text{X})$ ——X 的相对原子或分子质量（分别取决于 X 是一种元素还是化合物）；

M_u ——摩尔质量常数。

与这些量有关的两个广泛使用的方程是

$$n = m/(A_r(\text{X})M_u) \tag{3-28}$$

$$n = N/N_A \tag{3-29}$$

这些方程在 2019 年定义下是有效的，它们以前在 1971 年定义下也有效。此文案解释了在 2019 年定义下，应如何处理这些方程式中量的测量不确定度。

在下一节中，给出了一个以尽可能的最小不确定度复现物质的量的单位的例子。它采用的方法有助于推动当前定义的发展。之后介绍了复现摩尔的一些附加实用方法，并讨论了少量粒子的量化问题。

3.8.2　以最小不确定度实际复现摩尔定义

目前，摩尔的最精确复现来自一个测定阿伏加德罗常数的实验。这个实验是在国际阿伏加德罗协作的框架下进行的，在确定阿伏加德罗常数和普朗克常数的值之前，这对确定它们的最佳实验值是十分重要的。它使用体积和 X 射线干涉测量法测定单晶硅（富含 ^{28}Si）中 ^{28}Si 原子数量（N）

$$N = 8V_s/a(^{28}\text{Si})^3 \tag{3-30}$$

式中，V_s 是晶体体积；8 是单晶硅每个晶胞中的原子数；a（^{28}Si）是立方晶胞的晶格参数。等式（3-30）仅对纯 ^{28}Si 完美晶体的假设情况严格有效，因此，需要识别所有基本粒子。这是通过以足够的准确度来测定和修正所有杂质（元素的和其同位素杂质，即 ^{29}Si、^{30}Si）的物质的量的比来实现。这与使用 X 射线晶体密度法（XRCD）复现千克的概念一致，具体见千克实际复现部分的内容所述。

利用阿伏加德罗常数的固定数值和公式（3-6），宏观晶体中^{28}Si物质的量n由下式给出

$$n = 8V_s/[a(^{28}\mathrm{Si})^3 N_A] \tag{3-31}$$

这使得在单晶硅（富含^{28}Si）中能够以2×10^{-8}的相对标准不确定度复现摩尔和千克的定义。

这种具有最小不确定度的摩尔的原级复现不同于通常的摩尔复现方法。以下介绍的确定宏观样品中的粒子数量从而确定该样品中的物质的量，是“最新的技术”。同时，它也是千克的原级复现。它是一个原级质量标准，质量单位千克可从本标准传递。在后续的内容中，将介绍一些更为常见和实用的复现摩尔的方法。

摩尔和导出单位定义的常用和实际复现以及摩尔的传递。

实际中，化学测量要求复现（包括所有类型的化学粒子）与化学测量有关的物质的量的导出单位，例如物质的量的浓度（$\mathrm{mol/m^3}$）、物质的量的含量（mol/kg）或物质的量的比（mol/mol）。这可以通过各种原级测量方法来实现。因为根据式（3-6）有$N=nN_A$且N_A为一个精确的数值，所以根据当前的摩尔定义，测定样品中粒子的数量N与测定样品中物质的量n具有相同的准确度。

类似地，任何粒子X的原子或分子质量m_a（X）和摩尔质量M（X）已知具有相同的相对不确定度，因为

$$m_a(\mathrm{X}) = \frac{M(\mathrm{X})}{N_A} \tag{3-32}$$

原子质量常数m_u是在基态处于静止的自由^{12}C原子质量的1/12。其当前实验确定值约为1.660 539 067（1）$\times10^{-27}$ kg，相对不确定度小于1×10^{-9}，与M_u的不确定度相同。注意，$N_A m_u = M_u$是特例。由当前摩尔定义的这些特点带来的优点已在文献中进行了阐述。CODATA基本常数工作组的最新建议给出了m_u和M_u的最新值和不确定度。

下述给出三个复现摩尔（和粒子数）的方法示例：

（1）重量分析准备

基于式（3-28）和式（3-29），物质X的粒子数量N或样品中的物质的量n可通过从下列方程式中确定样品中X的质量占比w(X)与样品的质量m的乘积来测量

$$N = \frac{w(\mathrm{X})m}{m_a(\mathrm{X})} = \frac{w(\mathrm{X})m}{A_r(\mathrm{X})m_u} \tag{3-33}$$

$$n = \frac{N}{N_A} = \frac{w(\mathrm{X})m}{A_r(\mathrm{X})N_A m_u} = \frac{w(\mathrm{X})m}{A_r(\mathrm{X})M_u} \tag{3-34}$$

在式（3-33）和式（3-34）中，A_r(X)是根据纯物质的化学式和元素的相对原子质量表来计算出的X的相对原子或分子质量。元素的相对原子质量和不确定度已经形成列表，除了单核元素外，这些不确定度主要由来自不同环境的自然元素中同位素分布的不确定度决定。由于A_r的报告值是质量比，因此它们不受SI变化的影响。

这种是常用的复现摩尔的方法，因为测量样品的质量相对简单和准确。使用这种方法的先决条件是知道质量比w。当可获得纯度非常高的物质时，确定质量m的不确定度通

常是限制因素，复现摩尔的相对标准不确定度可以小于 1×10^{-6}。需要注意的是，这样的物质（如纯气体或纯金属）相对较少，可以给物质质量比（传统上称为“纯度”）分配足够小的不确定度，以使摩尔的复现达到 1×10^{-6} 量级的相对不确定度。如果要达到该水平的不确定度，还必须进行实验验证，证明物质的同位素组成与用于计算摩尔质量的同位素组成相同。纯有机或无机物质的摩尔复现通常受到的限制是物质质量比的不确定度，而不是质量测定的不确定度。由于很少有有机物质的质量比（“纯度”）的相对标准不确定度低于 1×10^{-4}，因此，在大多数情况下，基于纯有机或无机物质复现摩尔的极限相对标准不确定度为 1×10^{-4}。这种复现方法适用于大多数化学粒子。

（2）应用理想气体定律

纯气体样品中物质的量 n 可通过求解气体的状态方程来确定

$$pV=nRT\left[1+B(T)\left(\frac{n}{V}\right)+\cdots\right] \tag{3-35}$$

式中，p 是压力；V 是体积；T 是温度；R 是摩尔气体常数。R 的值是完全已知的（$R=N_{A}k$，k 是玻耳兹曼常数，其数值是固定的）。摩尔气体常数的 SI 一贯单位是 $\mathrm{Pa\cdot m^{3}\cdot mol^{-1}\cdot K^{-1}}$ 或 $\mathrm{J\cdot mol^{-1}\cdot K^{-1}}$，即用基本单位表示为 $\mathrm{kg\cdot m^{2}\cdot s^{-2}\cdot mol^{-1}\cdot K^{-1}}$。涉及第二维里系数的项 $B(T)$ 和可能的高阶项通常是小的修正。许多简单气体用 SI 单位表示的维里系数已列成表格。用这种方法测量 n 的不确定度与 p，V 和 T 的测量不确定度以及 $B(T)$ 列表值的测量不确定度相关。这种复现气体摩尔的方法依赖于使用纯气体样品。气体中分子数为 nN_{A}，其相对不确定度与 n 测定的相对不确定度相同。

（3）电解

在化学电解实验中，在电极上发生反应的粒子数 N 等于通过系统的电荷 Q 除以 ze，其中 z 是反应离子的电荷数，e 是基本电荷。因此

$$N=\frac{Q}{ze} \tag{3-36}$$

其中，e 具有固定值。就物质的量 n 而言

$$n=\frac{Q}{zN_{A}e}=\frac{Q}{zF} \tag{3-37}$$

法拉第常数 F 的单位是 C/mol，它是精确已知的（$F=N_{A}e$）。这种复现摩尔的方法取决于相关离子的反应效率且不存在干扰离子。

少量粒子　在考虑的粒子数量较少时，数量通常表示为粒子数量而不是物质的量。阿伏加德罗常数是比例常数，它将物质的量与粒子的数量联系起来。然而，只有当两个量中所考虑的粒子都是同一类型的基本粒子时，才能用这种方式将粒子的数量等同于物质的量。粒子数量的单位是 1，符号 1，只是这个单位很少明确说明。表示其用途的一个例子是：空气中臭氧分子的数量浓度单位为 $1/\mathrm{m}^{3}$。

3.9　量子计量三角形和金字塔

利用电学量（电压、电阻和电流）的三个量子标准可以构建一个紧凑系统，由于三个

电学量之间的相互关系，该系统可以在测量值之间进行比对。图 3-5 给出与此系统相对应的所谓量子计量三角形，它是由 Likharev 和 Zorin 于 1985 年提出[12]。

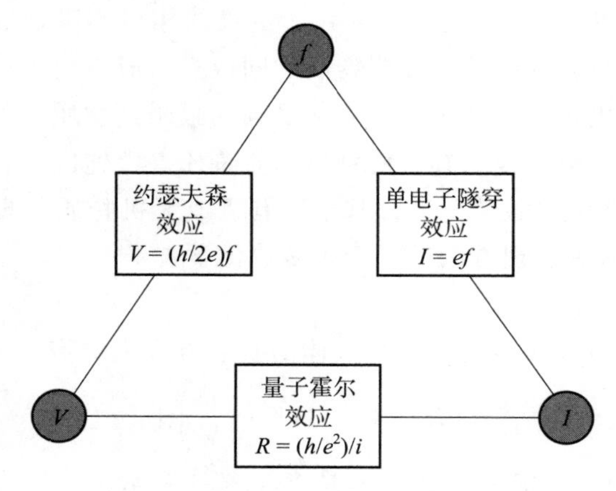

图 3-5 量子计量三角形

量子计量三角形的三个顶点是物理量电压（V）、电流（I）和频率（f），它们通过代表三条边的三个量子效应耦合。这些量子效应包括约瑟夫森效应、单电子隧穿效应（SET）和量子霍尔效应（QHE）。QHE 电阻（电导）的量子化产生台阶 $R_{\mathrm{K}}=h/e^2$。注意，根据兰道尔（Landauer）电导理论，在纳米尺寸的导体样品中也发生电导量子化，这与样品宽度和厚度相关，详见第 7 章。这种量子化效应中的电导台阶为 $G_0=2e^2/h=2/R_{\mathrm{K}}$，与 QHE 完全不同。Piquemal[19] 和 Scherer[22,23] 描述了量子计量三角形标准化实验装置。

此实验的主要目的是测量在约瑟夫森效应、QHE 和 SET 中发生的各基本物理常数的数值相干性，不确定度优于 10^{-8}。由于约瑟夫森效应，置于电磁场（频率为 f）中的约瑟夫森结上会产生恒定电压 V

$$V=\frac{h}{2e}f_1=K_{\mathrm{J}}f_1 \tag{3-38}$$

式中，h 为普朗克常数；e 为基本电荷量；f_1 为施加给约瑟夫森结的辐射频率；K_{J} 为约瑟夫森常数。

约瑟夫森电压标准包含一个阵列，其中有数千上万个串联约瑟夫森结。阵列两端的电压为

$$V_{\mathrm{J}}=n_1\frac{h}{2e}f_1=n_1K_{\mathrm{J}}f_1$$

式中，n_1 为阵列中约瑟夫森结的数量。本书第 4 章介绍约瑟夫森效应和基于约瑟夫森结的电压标准。

置于低温（$T<4.2$ K）和高磁场（$B>1$ T）下的量子霍尔样品中会发生量子霍尔效应（QHE）。样品中自然形成二维电子气（2-DEG）区域。如下公式描述了量子霍尔样品中电流和电压之间的关系，即样品的电阻

$$R_{\mathrm{H}}=\frac{V}{I}=\frac{h}{ie^2} \tag{3-39}$$

式中，i 为整数，对应电阻量子化特性曲线的台阶。本书第 6 章描述了量子霍尔效应和量子电阻标准。

构成量子计量三角形的第三个现象是单电子隧穿现象。流过隧道结的电流平均值与单电子隧穿频率 f_2 成正比，见式（3－40）

$$\overline{I}=Qf_2 \tag{3-40}$$

式中，Q 为隧穿中穿越隧道结的单电荷总量，假定此电荷是基本电荷。

有时认为，超导体构成的隧道结的库珀对（电荷 $Q_p=2e$ ）隧穿现象，与导体构成的隧道结的单电子隧穿现象等同。

注意，在量子计量三角形中，除了电压 V、电流 I 和频率 f 等已复现的量外，存在的就仅仅是基本物理常数：普朗克常数 h 和基本电荷 e。实际上，量子三角形中三个物理现象对应方程中的系数是：约瑟夫森常数 $K_J=2e/h$，冯·克利青常数 $R_K=h/e^2$ 和基本电荷量 e。构成量子计量三角形顶点之一的频率的测量，可以达到约 10^{-16} 的不确定度，这也是所有物理量的最小测量不确定度。根据上述描述可知，电压标准或电流标准的不确定度极限决定于频率和基本常数 h 和 e 或常数 K_J 和 R_K 的定义的准确度。

文献［18］描述了检验量子计量三角形的实验装置。该实验的主要目的是测量约瑟夫森效应、QHE 和 SET 现象中的基本物理常数的相干性，不确定度达到 10^{-8}。关系式（3－41）得以检验

$$V_J=R_H NI \tag{3-41}$$

假设这些现象中的物理常数分别精确等于：$2e/h$、h/e^2 和 e。因此，根据式（3－41），量子计量三角形的测量结果将得到 1=1。只要在确定常数时不出现不确定度相互偏移的情况（这也不太可能发生），此实验将证实此处有关物理常数的初始假设。此外，它还将确定，当 SET 电子器件连接到外部电路时，SET 效应是否能够达到 10^{-8} 的不确定度。然而，在一致性水平仅为 10^{-7} 或更低的情况，单独的测量不会说明什么现象或什么理论包含误差或不准确性。

量子计量三角形的一个发展是电学量子单位制——量子计量金字塔[16]，它由量子计量三角形再增加能量单位而构成，见图 3－6。

金字塔的六条边对应六个量子现象。量子电学量（V，I，E）的每个模型都用频率标准来复现。此体系中的所有量子现象仅与两个基本物理常数（e 或 h）有关。在量子三角形中最多出现四个量子现象（量子电阻发生在两个现象中），量子计量金字塔中增加了 3 种其他量子现象：

• 电磁辐射传输能量的量子化；它是马克斯·普朗克预测的现象，$E=hf$。

• 在 SQUID 探测器（用于测量磁通量子）中可以观察到的磁通量子化，$\Phi_0=2h/e$。

• 在许多物理现象中观察到的电荷输运过程的能量量子化，$E=eV$。因此，在计量量子金字塔中，四个物理量中的每一个都可能由另外三个控制。频率被精确地复现且在实践中不受控制，但是可以用于电压、电流和功率的独立验证标准或测量。

由七个基本单位（m，kg，s，A，K，cd 和 mol）组成的国际单位制并不是唯一可能

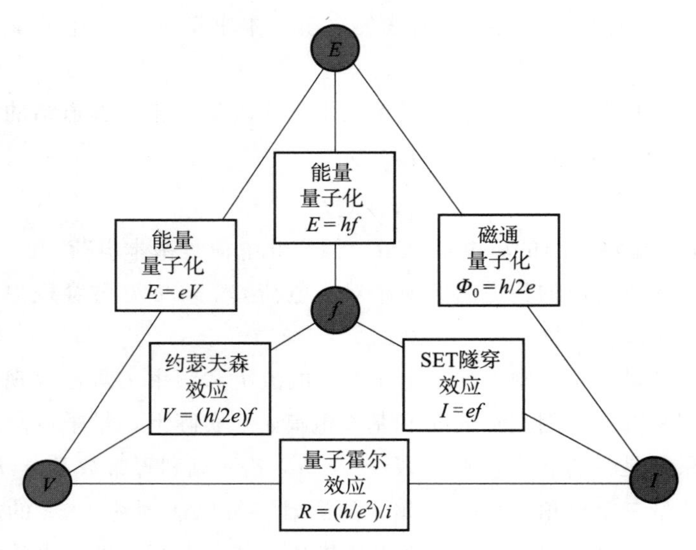

图 3-6　量子计量金字塔

的单位制。以下是一个假设的单位制，其中 5 个基本度量单位可由基本物理常数（c，e 和 h）和频率 f 定义，另外两个（cd 和 mol）使用已定义的其他基本单位，见图 3-7。

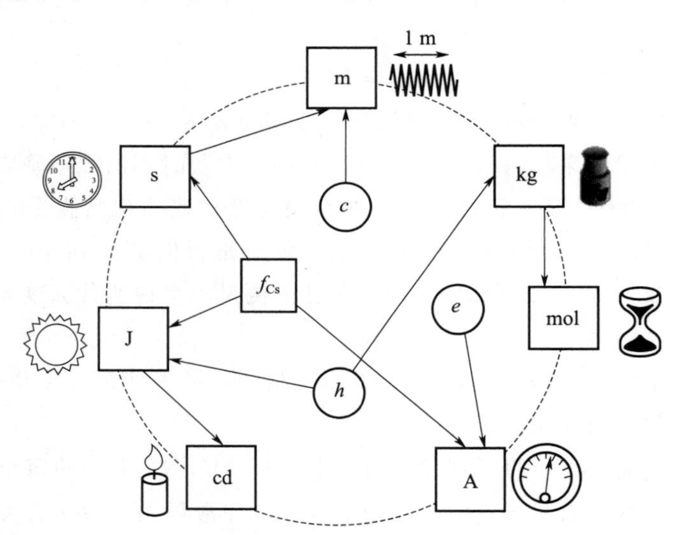

图 3-7　假设的单位制的基本单位（焦耳代替开尔文）及其相互关系

在这个单位制中，温度单位开尔文由能量单位焦耳代替[16]。许多提出的争论支持这种改变。基本单位组应包括人类生活和活动中最重要（例如在贸易中使用的）物理量的测量单位。因此，在基本单位组中有长度（米）、质量（千克）和时间（秒）的单位。由于能量也是常见的大规模贸易交换对象，能量单位（焦耳）及其标准化准确度对贸易和商业活动有很大影响。

能量也许是自然界中最普遍的物理量。第一热力学原理的公式之一是："宇宙中的能量总是恒定的”。机械能或功、热能、电能和核能这些能量的不同形式使得能够对力学量标准、热学量标准、电学量标准和质量标准进行相互比较，并将它们与能量单位标准进行比较。

$$E=h\times f\ ;\ E=m\times c^2;\ E=V\times I\times t\ ;\ E=F\times l;\ E=m\times v^2/2;$$
$$E=k_{\mathrm{B}}\times T\ ;\ Q=c_{\mathrm{h}}\times m\times \Delta T$$

式中，E 为能量；Q 为热量；c 为真空中的光速；c_{h} 为比热；h 为普朗克常数；k_{B} 为玻耳兹曼常数；f 为频率；F 为力；I 为电流；l 为长度；m 为质量；t 为时间；T 为温度；V 为电压；v 为线速度。

就测量的极限分辨力而言，我们通常必须考虑影响测量敏感器的能量变化。根据海森堡不确定性原理，能量是描述测量分辨力量子极限的不等式［式（1－10）和式（1－12）］中出现的四个物理量之一。其他三个量是：时间，长度（用于位置）和动量。

$$\Delta x\times \Delta p\geqslant \hbar/2;\ \Delta E\times \Delta t\geqslant \hbar/2$$

到目前为止，用焦耳代替开尔文的想法还没有得到许多计量学家的支持。

我们可以注意在解决基本单位组（安培或伏特?）的问题时考虑了什么样的论点。安培因“为了历史的连续性”而获胜[14]。Cabiati 和 Bich 对提出的量子 SI 作了一些评论[4]。“如果采用明确常数定义，则可以通过将焦点从 SI 单位转移到 SI 量来弥补措辞的缺乏，SI 量的定义可以方便地进行完善”。新的国际单位制提出“通过采用与基本常数不同的参考量……可以提供机会……这种机会在每一个量的单独计量体系中完全满足，对国际单位制的整体结构几乎没有影响……”[4]。

然而，基于基本物理常数的单位制和量子标准的发展似乎已成定局。我们希望基本单位的新定义将被物理学和计量学界所接受。

参 考 文 献

[1] 9th Edition of the SI Brochure (Draft) (2019), https://www.bipm.org/en/measurement-units/rev-si.

[2] P. Becker et al., Considerations on future redefinitions of the kilogram, the mole and other units. Metrologia 44, 1-14 (2007).

[3] Ch. J. Borde, Base units of the SI, fundamental constants and a modern quantum physics. Trans. Roy. Soc. A 363, 2177-2180 (2005).

[4] F. Cabiati, W. Bich, Thoughts on a changing SI. Metrologia 46, 457-466 (2009).

[5] R. S. Davies, Redefining the kilogram: How and why? MAPAN J. Metrol. Soc. India 23, 131-138 (2008).

[6] R. H. Feynman, R. B. Leighton, M. Sands, The Feynman Lectures on Physics, vol. 1 (Addison-Wesley, Reading, 1964).

[7] J. Fischer et al., Preparative steps towards the new definition of the kelvin in terms of the Boltzmann constant. Intern. J. Thermophys. 28, 1753-1765 (2007).

[8] G. Girard, The third periodic verification of national propototypes of the kilogram. Metrologia 31, 317-336 (1994).

[9] M. Gläser, New Definitions of the Kilogram and the Mole, Presentation on 10th meeting of the CCM (2007), www.bipm.org/cc.

[10] M. I. Kalinin, S. A. Kononogov, Redefinition of the unit of thermodynamic temperature in the international system of units. High Temp. 48, 23-28 (2010).

[11] B. P. Leonard, The atomic-scale unit, entity: key to a direct and easily understood definition of the SI base unit for amount of substance. Metrologia 44, 402-406 (2007).

[12] K. K. Likharev, A. B. Zorin, Theory of the Bloch-wave oscillations in small Josephson junctions. J. Low Temp. Phys. 59, 347-382 (1985).

[13] L. Lipiński, A. Szmyrka-Grzebyk, Proposals for the new definition of the Kelvin. Metrol. Meas. Syst. 15, 227-234 (2008).

[14] M. I. Mills, P. J. Mohr, T. J. Quinn, B. N. Taylor, E. R. Williams, Redefinition of the kilogram, ampere, kelvin and mole: a proposed approach to implementing CIPM recommendation 1. Metrologia 43, 227-246 (2006).

[15] P. J. Mohr, B. N. Taylor, D. B. Newell, CODATA recommended values of the fundamental physical constants: 2010. Rev. Mod. Phys. 77, 1-106 (2005).

[16] W. Nawrocki, Revising the SI: The joule to replace the kelvin as a base unit. Metrol. Meas. Syst. 13, 171-181 (2006).

[17] D. B. Newell et al., The CODATA 2017 values of h, e, k, and N_A for the revision of the SI. Metrologia 55, L13-L16 (2018).

[18] B. W. Petley, The Fundamental Physical Constants and the Frontier of Measurements (Adam Hilger, Bristol, 1988).

[19] F. Piquemal, G. Geneves, Argument for a direct realization of the quantum metrological triangle. Metrologia 37, 207 - 211 (2000).

[20] T. J. Quinn, Base units of the SI System, their accuracy, dissemination and international traceability. Metrologia 31, 515 - 527 (1995).

[21] I. A. Robinson, Toward the redefinition of the kilogram: Measurements of Planck's constant using watt balances. IEEE Trans. Instrum. Meas. 58, 942 - 948 (2009).

[22] H. Scherer, B. Camarota, Quantum metrological triangle experiments: a status review. Meas. Sci. Technol. 23, 124010 (2012).

[23] H. Scherer, H. W. Schumacher, Single - electron pumps and quantum current metrology in the revised SI. Annalen der Physik 2019, Article no 18003781 (2019).

[24] E. Williams, Proposed Changes to the SI, Their Impact to Fundamental Constants, and Other SI Units, Presentation on 10th meeting of the CCM (2007), www. bipm. org/cc.

第4章　量子电压标准

摘　要　本章关注超导和超导材料。讨论高温（HT_c）超导体的发现，并概述 HT_c 超导材料。介绍四类约瑟夫森结的构造，并推导描述约瑟夫森效应的关系。讨论直流电压的经典电化学标准和约瑟夫森电压标准的设计。将比较两种标准的参数，并将描述约瑟夫森量子标准的优点。还将提供华沙中央计量局的量子标准与 BIPM 标准的比对结果。介绍两种基于约瑟夫森结的交流电压标准的设计：二进制分段结阵列和脉冲驱动结阵列。还会介绍数字低温电子学中存储单元和触发器这两个基本组件的工作原理。

4.1　超导

4.1.1　超导材料

量子电压标准是利用约瑟夫森结中的电压量子化效应。约瑟夫森结工作的必要条件是其电极处于超导状态。与超流一样，超导是一种非常特殊的物质特性，长期以来一直无法解释，其发现的历史值得简要介绍。

1868 年人们才发现氦气，在 19 世纪和 20 世纪之交，氦气是最后一种未液化的气态元素，研究人员争相将其液化。这场比赛中的领跑者是英国剑桥大学的詹姆斯·杜瓦（James Dewar）和荷兰莱顿大学的海克·卡默林·昂内斯（Heike Kamerlingh Onnes），他们在实现低温方面比其他人更成功。最终，在 1908 年，卡默林·昂内斯首先在温度 4.2 K和常压 p_a =101 kPa 条件下将氦气液化。值得注意的是，氦是在常压下即使在最低温度也无法凝固的唯一元素，它仅在 2.7 MPa 气压和 1.5 K 温度条件下才能凝固。波兰是欧洲第二大液氦生产国，仅次于挪威。波兰奥多兰诺夫（Odolanów）的天然气资源含有相对大量的氦气，利用液化方式来提取这些氦气。

卡默林·昂内斯通过在 4.2 K 温度液化氦气而获得了制冷剂，他随后利用液氦研究许多物质的低温物理特性。1911 年他在研究中，发现在 4.2 K 温度汞的电阻突然下降，如图 4－1 的曲线所示。尽管测量表明，研究中的汞样品在 T <4.2 K 时电阻消失，但是卡默林·昂内斯在研究报告中谨慎地指出，电阻减小到无法测量的低值。但是，后来发现某些材料的电阻在低温下完全消失，这种现象被称为超导。

超导相的转变发生在特定温度，此温度称为临界温度 T_c。已经发现在许多金属和金属合金中存在超导，其中在相对较高的温度就成为超导体的金属和合金具有最实际的重要意义。临界温度相对较高的金属包括铌（T_c =9.3 K）、铅（T_c =7.2 K）和钒（T_c = 5.4 K），见表 4－1。有趣的是，在良好的电导体中，只有铝（临界温度 T_c =1.17 K）具有超导特性。贵金属（金和银）或铜都不是超导体。半导体硅和锗需要 12 GPa 的巨大压

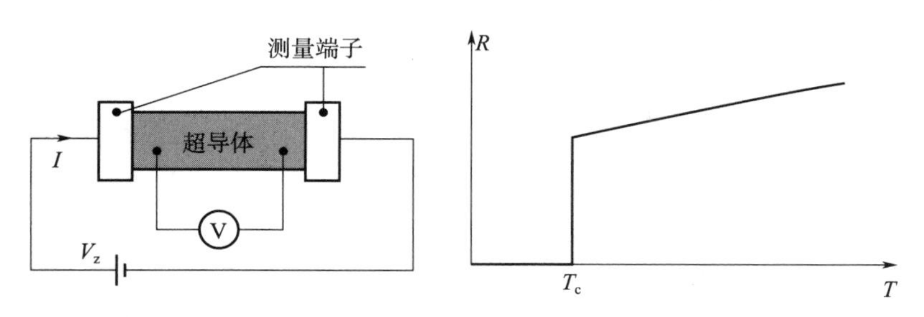

图 4－1　测量超导材料中电阻 R 和温度 T 的函数关系：测量系统和测得的 $R=f(T)$ 曲线

力，才能在临界温度 $T_c=7$ K（硅）和 $T_c=5.3$ K（锗）下成为超导体[6]。

表 4－1　常压下不同超导金属的临界温度

元素	铑	铂[a]	钛	铝	铟	锡	汞	钒	铅	铌
T_c/K	325 mK	1.9 mK	0.40	1.17	3.41	3.72	4.15	5.4	7.20	9.3

注：[a] 只有粉末状的铂才具有超导特性。

铌与压力的关系则很是不同：此元素的临界温度随着压力的增加而降低，常压（p_a= 101 kPa）下 $T_c=9.3$ K 而在 $p_a=132$ GPa 下 $T_c=4.5$ K。

在发现超导之后的 80 年中，主要是在含有基本超导体的物质中寻找具有更高临界温度的超导材料。在 Nb_3Ge（$T_c=23.2$ K）和 V_3Si（$T_c=17.1$ K）中发现了此类化合物的创纪录临界温度（参见表 4－2）。临界温度 $T_c=9.8$ K 的钛和铌合金（60％Nb40％Ti）通常用于制造超导线[6]。

表 4－2　不同的超导化合物和二元合金的临界温度

材料	$AuIn_3$	UGe_2	$Nb_{0.6}Ti_{0.4}$	V_3Ga	Ta_3Pb	Nb_3Al	Nb_3Si	Nb_3Ge	MgB_2
T_c/K	50 mK	≈1	9.8	16.8	17.0	18.0	19.0	23.2	39

1986 年，寻找更高临界温度的研究获得了突破，当时位于瑞士吕施里空（Rüschlikon）的 IBM 研究实验室的卡尔·亚历克斯·缪勒（Karl Alex Müller）和乔治·柏诺兹（Georg Bednorz）发现了在含氧化铜 CuO_x 的陶瓷材料中的超导性[1]。

此超导体的化学组成令人震惊：该化合物的任何构成元素本身都不是超导体！由缪勒和柏诺兹研究的 $La_2Sr_4CuO_4$ 烧结体在 36 K 时显示出超导性。尽管非常意外地宣布了这一发现，但是这一发现对科学非常重要，在它得到验证后，全世界有数千位物理学家和技术人员参与到高温超导体（High－Temperature Superconductors，HTS）的研究及应用中。缪勒和柏诺兹在此发现后的第二年就共同获得了 1987 年的诺贝尔奖，在此之前这一奖项的授予从未有如此之迅速。与此同时，休斯敦大学的朱经武（Paul Chu，原名 Ching－Wu Chu）在 1986 年发表了他对 $YBaCu_3O_{7-x}$（钇、钡和氧化铜的烧结体）的研究结果，并宣布了其临界温度为 $T_c=91$ K（见表 4－3）。休斯敦的实验室生产出数千种的元素和化合物的组合，以研究它们的导电性能，变成了一个真正的混合工厂。1987 年诺贝尔奖认真考虑了朱经武，但最终还是授予了缪勒和柏诺兹。朱经武的发现具有巨大的现实意义，因为可以通过液氮（沸点为 77 K）来获得超导相（通过将化合物冷却至 $T < T_c$ 的温度），而液氮价格比汽油还略微便宜，比液氦更是便宜十倍以上。而且，液氮低温设备比液氦设备便宜得多，因为对绝热要求低。

表 4－3 HTS 陶瓷材料的临界温度

材料	$La_2Sr_4CuO_4$	$YBaCu_3O_7$	$Bi_2Ca_2Sr_2Cu_3O_{10}$	$Tl_2Ba_2Ca_2Cu_3O_{10}$	$Hg_{0.8}Tl_{0.2}Ba_2Ca_2Cu_3O_{8.33}$
T_c /K	36	91	110	125	138[a]

注：[a] $Hg_{0.8}Tl_{0.2}Ba_2Ca_2Cu_3O_{8.33}$在非常高的压力（$p_h \approx$30 GPa）下的临界温度约为 165 K。

在当前已知的超导材料中，在 $Hg_{0.8}Tl_{0.2}Ba_2Ca_2Cu_3O_{8.33}$ 中发现了在常压（约100 kPa）下的最高临界温度 138 K（见表 4－3）。在大约 30 GPa 的极高压力下，这种陶瓷材料甚至可以在 160～165 K 的更高临界温度下实现超导。其他超导材料包括有机化合物和富勒烯（富勒烯是一组含有 C_{60} 的碳分子，富勒烯超导体的临界温度大约是 15 K）。但是，由于这两类材料对电子学和计量学意义不大，因此在本书中将不再对其进行讨论。

4.1.2 超导理论

在实验发现超导现象后的近 50 年，才有理论解释超导。目前所采纳的理论的基础是由伦敦兄弟（德国，1934 年）、然后是维塔利·金兹堡（Vitaly Ginzburg）和列夫·朗道（Lev Landau，苏联，1950 年）奠定的，他们发展了在量子力学框架内阐述的唯象理论。因金兹堡对超导理论发展的贡献，他在 2003 年被授予诺贝尔奖，在他的超导理论发表的 50 多年后才颁奖给他！之前的 1962 年，诺贝尔奖授予朗道，不过却是认可他的液氦超流理论。1957 年，约翰·巴丁（John Bardeen，晶体管的共同发明者）的博士研究生利昂·库珀（Leon Cooper，美国）提出通过超导相中出现电子对（称为库珀对）来解释超导体中的零电阻。每个库珀对包括两个强相关的电子，它们的动量和自旋取向相反。在超导材料中，库珀对形成相干的量子凝聚物（流体），并且全部由满足薛定谔方程的单波函数描述。量子凝聚物的动态特性与在正常相（非超导）导体的单电子组成的电子气的准静态特性大不相同。对于后者情况，每个电子都由单独的波函数描述，并且将它们的量子动力学特性平均。

使库珀对中的一个电子运动（例如产生电流）会引起另一电子的响应。由于该响应不涉及能量损失，因此许多电子可以移动但不消耗任何能量，就产生了零电阻电流。由巴丁（Bardeen）、库珀（Cooper）和施里弗（Schrieffer）发展的基于库珀对的理论通常称为 BCS 理论，它代表了当前对低温超导的微观解释。它的一个结果是超导材料的能谱中的能隙与其临界温度之间具有以下关系[4]

$$E_G = 3.5 k_B T_c$$

式中，E_G 是超导材料中的能隙；k_B 是玻耳兹曼常数；T_c 是材料的临界温度，或其转变为超导相的温度。

4.1.3 超导体的特性

为了使超导体样品达到超导态，至少必须满足以下两个条件：

• 样品温度必须低于临界温度 T_c；

• 外部磁场必须低于临界值 H_c。

在足够强的磁场中，超导体将退出超导态并返回其正常态（即样品具有“普通”导电特性的状态）。破坏超导态所需的最小磁场值称为临界磁场 H_c。而且此现象是可逆的：降低磁场又会恢复超导态。临界磁场 H_c 随着样品温度的降低而升高（见图 4－2，图中 p 为超导体的磁场穿透深度）。

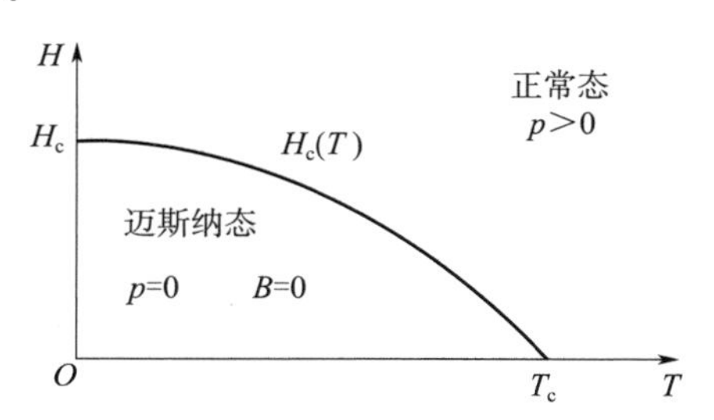

图 4－2　超导体临界磁场与温度的关系

1933 年，德国物理学家沃尔特·迈斯纳（Walter Meissner）和罗伯特·奥克森菲尔德（Robert Ochsenfeld）发现了超导体的另一个不寻常特性，即超导体内部排斥磁场，因此可以作为理想的抗磁材料（见图 4－3）。超导体排斥磁场的现象称为迈斯纳效应。

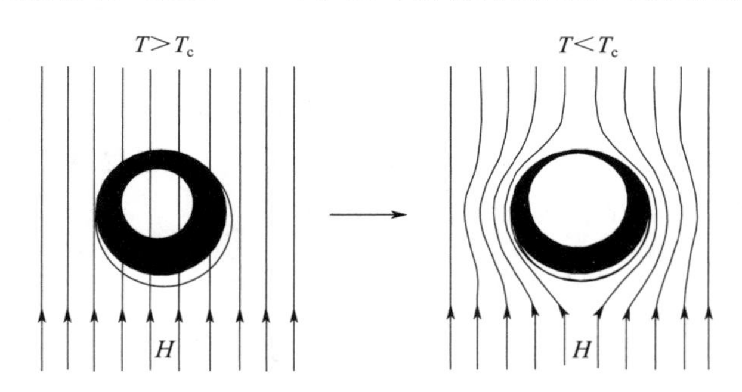

图 4－3　迈斯纳效应：超导体内部排斥外部磁场

根据磁场对超导材料的影响不同，可以将超导体分为两类：Ⅰ类超导体，磁场对其的影响如图 4－4（a）所示；Ⅱ类超导体，其磁化函数关系如图 4－4（b）所示。

这种分类是由阿列克谢·阿布里科索夫（Alexei Abrikosov）于 1957 年提出的，他首先发现了这两种超导体的磁性能，他因此获得 2003 年诺贝尔奖（在发现的 46 年以后!）。在Ⅱ类超导体中，温度 $T<T_c$，只有在弱磁场 $H<H_{c1}$ 时超导体内部才会完全排斥磁场。在中间磁场（$H_{c1}<H<H_{c2}$）时，Ⅱ类超导体处于混合态，其中仅部分排斥磁场：在一部分样品中磁场消失，在其余部分中磁场形成涡旋，携带磁通量子 Φ_0。在磁场 $H>H_{c2}$ 时恢复正常态。

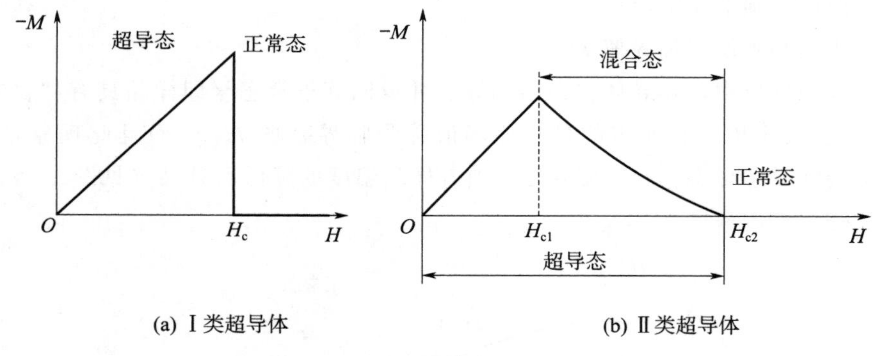

(a) Ⅰ类超导体　　(b) Ⅱ类超导体

图 4-4　磁化 M 与磁场 H 的关系

4.2　约瑟夫森效应

1962 年，剑桥大学的 22 岁研究生布赖恩·约瑟夫森（Brian D. Josephson）研究了由厚度为 0.1～1 nm 的绝缘层分开的两个超导体组成的结，并预测了下面描述的效应，后来以他的名字对此效应进行命名[14]。约瑟夫森效应的一种形式是通过频率为数十 GHz 的电磁波辐射约瑟夫森结，电压可以量子化。夏皮罗（Shapiro）在 1963 年通过实验证实了这一现象。

在超导体中形成电流的电子成对地束缚在一起，称为库珀对。像其他基本粒子一样，超导体中的库珀对在量子力学框架内通过波动方程（4-1）来描述。假定下面论述的结代表库珀对运动的一维空间，坐标为 x。波动方程为

$$\Psi=\Psi_0\exp\left[\frac{-\mathrm{j}}{\hbar}(Et-\boldsymbol{p}\boldsymbol{x})\right] \tag{4-1}$$

式中，Ψ_0 表示波函数的幅值；E 是粒子的能量；向量 $\boldsymbol{p}$ 和 $\boldsymbol{x}$ 分别是其动量和在坐标系中的位置；t 是时间。

根据 Ginzburg-Landau 理论，波函数 Ψ 与其共轭 Ψ^* 的乘积 $\Psi\times\Psi^*$ 与粒子的密度 ρ 成正比。这也适用于库珀对，可以视它们为质量为 $2m$、电荷为 $2e$ 的基本粒子。超导体中的所有库珀对都由相同的波函数 Ψ 来描述

$$\rho=\Psi\times\Psi^*=\Psi_0^2 \tag{4-2}$$

式中，ρ 是超导体中的库珀对密度（每单位体积中库珀对的数量）。

使用德布罗意关系：$E=hf$ 和 $p=h/\lambda$，其中 f 是德布罗意波频率，λ 为波长，为更好地揭示波函数的相位，式（4-1）可以改写为以下形式

$$\Psi=\Psi_0\exp\left[-\mathrm{j}\left(\omega t-2\pi\frac{x}{\lambda}\right)\right] \tag{4-3}$$

式中，$\omega=2\pi f$ 是角频率。

两个分开的超导体 S1 和 S2 中库珀对的波函数是独立的。但是，如果超导体之间的距离很小（0.1～1 nm），则由于隧穿效应，库珀对会越过超导体 S1 和超导体 S2 之间的势垒

（见图 4－5）。当发生隧穿时，超导体 S1 和 S2 中库珀对的波函数相关。如果超导体之间的绝缘层足够薄，则库珀对穿过绝缘层的概率大于零，从而出现超导电流，它可以穿过绝缘层，在超导体-绝缘体-超导体的结中没有任何压降。

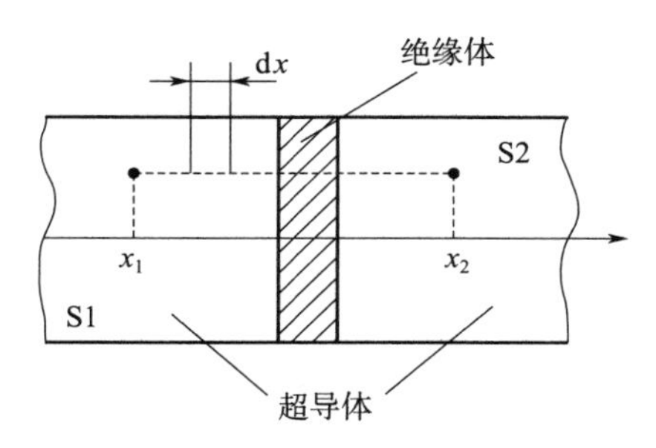

图 4－5　超导体-绝缘体-超导体结

令 Ψ_1 和 Ψ_2 分别是超导体 S1 和 S2 中库珀对的波函数

$$\Psi_1 = \Psi_{01}\exp[-\mathrm{j}(\omega t - \varphi_1)] \text{ 和 } \Psi_2 = \Psi_{02}\exp[-\mathrm{j}(\omega t - \varphi_2)] \tag{4-4}$$

式中，φ_1 和 φ_2 分别表示 Ψ_1 和 Ψ_2 的相位。

每个分开的超导体的波函数（4－1）的导数满足各自的等式

$$\frac{\partial \Psi_1}{\partial t} = -\mathrm{j}\,\frac{E_1}{\hbar}\Psi_1\,,\ \frac{\partial \Psi_2}{\partial t} = -\mathrm{j}\,\frac{E_2}{\hbar}\Psi_2 \tag{4-5}$$

结两端的能量差与电势差或施加的电压 V 成正比

$$E_2 - E_1 = 2eV \tag{4-6}$$

当超导体之间的距离很小时，由于库珀对的交换，它们的波函数相关。两个波函数的相关性可以表示为

$$\begin{aligned}\frac{\partial \Psi_1}{\partial t} &= -\mathrm{j}\,\frac{1}{\hbar}(E_1\Psi_1 + K_s\Psi_2)\\ \frac{\partial \Psi_2}{\partial t} &= -\mathrm{j}\,\frac{1}{\hbar}(E_2\Psi_2 + K_s\Psi_1)\end{aligned} \tag{4-7}$$

式中，K_s 是超导体耦合系数。

将式（4－3）代入式（4－7）有

$$\begin{aligned}&\frac{\partial \Psi_{01}}{\partial t}\exp[-\mathrm{j}(\omega t - \varphi_1)] - \mathrm{j}\Psi_{01}\exp[-\mathrm{j}(\omega t - \varphi_1)]\left(\omega - \frac{\partial \varphi_1}{\partial t}\right) = \frac{-\mathrm{j}}{\hbar}(E_1\Psi_1 - K_s\Psi_2)\\ &\frac{\partial \Psi_{02}}{\partial t}\exp[-\mathrm{j}(\omega t - \varphi_2)] - \mathrm{j}\Psi_{02}\exp[-\mathrm{j}(\omega t - \varphi_2)]\left(\omega - \frac{\partial \varphi_2}{\partial t}\right) = \frac{-\mathrm{j}}{\hbar}(E_2\Psi_2 - K_s\Psi_1)\end{aligned} \tag{4-8}$$

等式（4－8）可以改写为如下形式

$$\begin{aligned}\frac{\partial \Psi_{01}}{\partial t} - \mathrm{j}\Psi_{01}\left(\omega - \frac{\partial \varphi_1}{\partial t}\right) &= -\frac{\mathrm{j}}{\hbar}\{E_1\Psi_{01} + K_s\Psi_{02}\exp[-\mathrm{j}(\varphi_1 - \varphi_2)]\}\\ \frac{\partial \Psi_{02}}{\partial t} - \mathrm{j}\Psi_{02}\left(\omega - \frac{\partial \varphi_2}{\partial t}\right) &= -\frac{\mathrm{j}}{\hbar}\{E_2\Psi_{02} + K_s\Psi_{01}\exp[-\mathrm{j}(\varphi_2 - \varphi_1)]\}\end{aligned} \tag{4-9}$$

使用欧拉公式，我们得到

$$\frac{\partial \Psi_{01}}{\partial t}-\mathrm{j}\Psi_{01}\left(\omega-\frac{\partial \varphi_1}{\partial t}\right)=-K_s\frac{\Psi_{02}}{\hbar}\sin(\varphi_1-\varphi_2)-\frac{\mathrm{j}}{\hbar}[E_1\Psi_{01}+K_s\Psi_{02}\cos(\varphi_1-\varphi_2)]$$
$$\frac{\partial \Psi_{02}}{\partial t}-\mathrm{j}\Psi_{02}\left(\omega-\frac{\partial \varphi_2}{\partial t}\right)=-K_s\frac{\Psi_{01}}{\hbar}\sin(\varphi_2-\varphi_1)-\frac{\mathrm{j}}{\hbar}[E_2\Psi_{02}+K_s\Psi_{01}\cos(\varphi_2-\varphi_1)]$$
$$(4-10)$$

式（4-10）的实数部分相等，有

$$\frac{\partial \Psi_{01}}{\partial t}=K_s\frac{\Psi_{02}}{\hbar}\sin(\varphi_2-\varphi_1)$$
$$\frac{\partial \Psi_{02}}{\partial t}=-K_s\frac{\Psi_{01}}{\hbar}\sin(\varphi_2-\varphi_1) \quad (4-11)$$

由于乘积 $\Psi\times\Psi^*=\Psi_0^2$ 是粒子的密度，所以导数 $\partial\Psi_0/\partial t$ 与隧穿效应引起的库珀对密度的变化成正比。但是，超导体 S1 中库珀对的数量减少意味着超导体 S2 中库珀对的数量增加。因此

$$\frac{\partial \Psi_{01}}{\partial t}=-\frac{\partial \Psi_{02}}{\partial t} \quad (4-12)$$

当两个超导体的材料相同时，二者的库珀对密度相等：$\Psi_{01}^2=\Psi_{02}^2$ 。密度在时间上的变化对应于穿过绝缘层的超导电流

$$\frac{\partial \Psi_0}{\partial t}=i_s \quad (4-13)$$

因此，式（4-11）可以表达为以下形式，称为第一约瑟夫森方程

$$i_s=I_C\sin(\varphi_2-\varphi_1) \quad (4-14)$$

式中，I_C 是结的临界电流；（$\varphi_1-\varphi_2$）表示结两端的波函数相位差。

由式（4-10）的虚部相等并使用式（4-6），得到第二约瑟夫森方程（4-15），该方程描述了结振荡或交变电流，这是由两个超导体之间的电势差 V 引起的。这些振荡的频率满足以下关系

$$f=\frac{\partial \varphi}{\partial t}=\frac{2e}{h}V \quad (4-15)$$

式中，V 是结两端（超导体 S1 和 S2 之间）的电压。

等式（4-15）表明，约瑟夫森结上的 100 μV 固定电压将感应出频率为 48 GHz 的交流电压或振荡。相反的现象也同样成立：向结辐射频率为 48 GHz 的微波将会感应出恒定电压 $V_J\approx 100\ \mu\mathrm{V}$，此电压精确值由辐射频率和常数 $2e/h$ 决定

$$V_J=hf/(2e) \quad (4-16)$$

约瑟夫森结两端的电压值 V_J 与材料无关（通过对 Nb，Pb，Sn 和 In 结的研究已经证实[4,5]）。它也不受结的类型和几何形状、磁场（只要其值低于临界场 H_c 即可）和微波辐射功率的影响[23]。实验研究结果证明，它与 $h/2e$ 和电磁辐射频率以外的其他因子不可能存在关系。研究发现，两个约瑟夫森结分别由铟和 Nb/Cu/Nb 制成，并由同一微波源进行电磁辐射，两个约瑟夫森结的 V_J 值之间的平均差小于 2×10^{-21} V[13]。高温超导体约瑟

夫森结与常规（低温）超导体（例如铌、铟或表 4－1 和表 4－2 中所列的其他超导材料）具有相同的特性。电压基准中利用了在外部电磁微波辐射下约瑟夫森结产生恒定电压的效应。

4.3　约瑟夫森结

约瑟夫森结满足式（4－14）和式（4－15），非常明显地表现出约瑟夫森效应。这些结可以是不同类型，最常见的几种如图 4－6 所示。最初的约瑟夫森结是基于铌杆尖端与铌平面之间的点接触。这种点接触的电流-电压特性没有回滞。当今制造的约瑟夫森结仅包括薄膜隧道结［见图 4－6（a），（c），（d）］和微桥结［见图 4－6（b）］两种。

约瑟夫森在他的文章[14]中已经提到，图 4－6（a）所示的 SIS 结（超导体-绝缘体-超导体）应该与图 4－6（c）所示的由两个超导体被正常状态导体薄层分开而形成的结（即 SNS 结，超导体-正常金属-超导体）具有相似的特性。这些预言很快得到证实。SINIS 薄膜约瑟夫森结（超导体-绝缘体-正常金属-绝缘体-超导体）也已被使用。SNS 和 SINIS 结显示出回滞的电压-电流特性。表 4－4 列出了量子电压标准中使用的约瑟夫森结的参数。

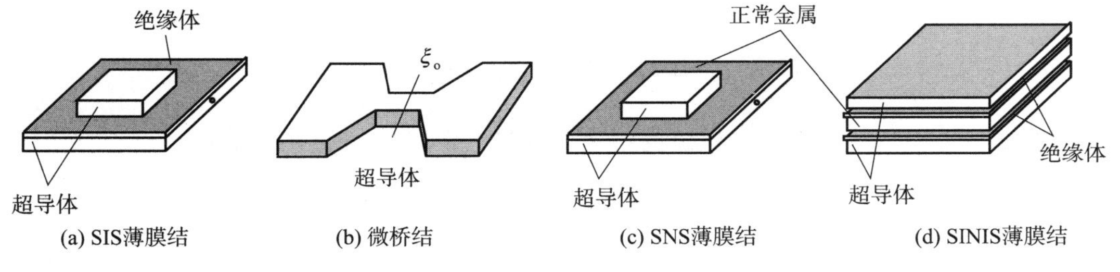

图 4－6　约瑟夫森结

表 4－4　德国 PTB 制备的 10 V 标准中使用的约瑟夫森结参数[2]（经 PTB 的 Behr 博士许可出版）

结的类型	SIS	SINIS	SNS
材料	Nb－Al/AlO_x－Nb	Nb－Al/AlO_x/Al/AlO_x/Al－Nb	Nb－Nb_xSi_{1-x}－Nb（x≈10%）
约瑟夫森结的数量 N	13 924	69 632	69 632
微带线的条数	4	128	128
一个微带线中的 JJ 个数 N_m	3 481	136～562	136～582
结的长度 l /μm	20	15	6
结的宽度 w /μm	50	30	20
电流密度 j /(A·cm^{-2})	10	750	3 000
临界电流 I_c /mA	0.1	3.5	3.5
正常态电阻 R_n /Ω	15@ 1.5 mV	0.04@I_c	0.04@I_c

在微桥结［见图 4-6（b）］中，颈部宽度不得超过超导体的相干长度 ξ_0。高温超导材料（$YBa_2Cu_3O_7$）的相干长度约为几纳米，而金属超导体的相干长度则要大 1 000 倍左右（如铝 $\xi_0=1\ 500$ nm）。计量器件使用的约瑟夫森结通常由铌、铅或其化合物制成，需要在液氦冷却（温度 4.2 K）的环境下工作。目前已制备出高温超导结，主要材料是 $YBa_2Cu_3O_7$。

约瑟夫森结的等效电路图如图 4-7 所示，可以用来研究约瑟夫森结及由其组成电路的动态特性。约瑟夫森结的等效电路包括结电容 C 和非线性分流电阻 R，R 与结两端的电压 V 相关[20]。流过约瑟夫森结的总电流 I 包括恒定分量 I_0 和可变分量 $I(t)$，总电流是图 4-7 所示电路的三个支路中的电流之和：

约瑟夫森电流 $I_J=I_c\sin\varphi$，漏电流 $I_R=V/R(V)$，电容电流 $I_u=C\mathrm{d}V/\mathrm{d}t$。

$$I=I_0+I(t)=I_c\sin\varphi+\frac{V}{R(V)}+C\frac{\mathrm{d}V}{\mathrm{d}t} \tag{4-17}$$

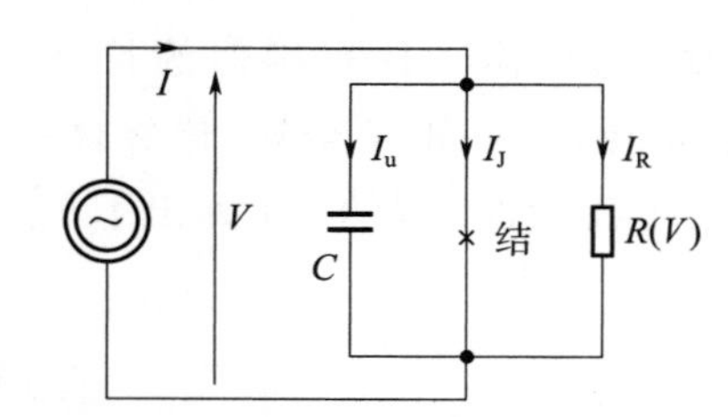

图 4-7 电流控制约瑟夫森结的等效电路图

考虑式（4-15），流过结的电流的可变分量与电压 V 之间的关系如下

$$\frac{\partial\varphi}{\partial t}=\frac{2e}{h}V$$

$$I=C\frac{h}{2e}\frac{\mathrm{d}^2\varphi}{\mathrm{d}t^2}+\frac{h}{2eR}\frac{\mathrm{d}\varphi}{\mathrm{d}t}+I_c\sin\varphi \tag{4-18}$$

由于电流与波函数相位差之间是强非线性关系，因此在实际中采用数值方法求解。

约瑟夫森结的直流电流-电压特性是否存在回滞，取决于 McCumber 参数 β_c 的值，该参数由结的等效电路参数定义

$$\beta_c=\frac{2\pi R^2CI_c}{\Phi_0}=\frac{2\pi LI_c}{\Phi_0} \tag{4-19}$$

式中，I_c 是结的临界电流；Φ_0 是磁通量子；L 是包含约瑟夫森结的超导电路的电感。McCumber 参数描述了由结分流电阻 R 引起的约瑟夫森振荡的阻尼。β_c 等于由图 4-7 所示的结参数形成的谐振电路的品质因数的平方—— $\beta_c=Q^2$。

当约瑟夫森结上的电流低于临界电流 I_c 时，结上的电压为零［见图 4-8（a）］，就和其他超导样品一样。这就是直流约瑟夫森效应。若 $\beta_c\leqslant 1$（过阻尼结），则约瑟夫森结为非回滞结；若 $\beta_c>1$（欠阻尼结），则约瑟夫森结为回滞结。

范围从 0 到 I_c 的结电流称为超电流。约瑟夫森结的电流-电压特性的回滞在电压 V_{his} 处有一个转折点（电流减小），V_{his} 的电压由超导材料的能隙 E_G 和电子电荷 e 决定

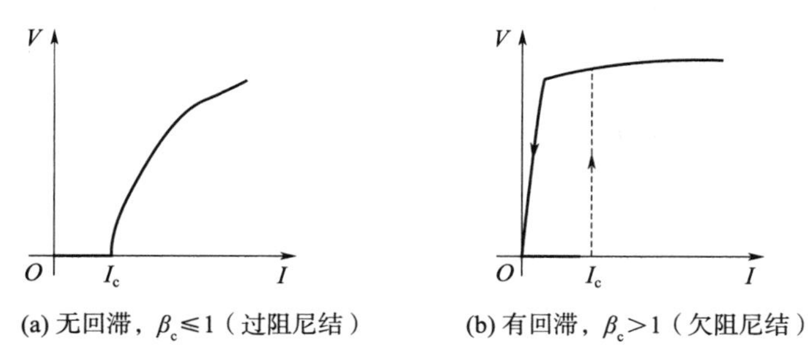

(a) 无回滞，$\beta_c \leq 1$（过阻尼结）　(b) 有回滞，$\beta_c > 1$（欠阻尼结）

图 4－8　约瑟夫森结直流电流-电压特性

$$V_{his} = E_G / e$$

当频率为 f_e 的电磁辐射照射约瑟夫森结时，其内部结振荡（称为约瑟夫森振荡）与电磁场频率 f_e 同步。非同步约瑟夫森振荡的频率称为结的特征频率，$f_c = (2e/h) \times R_n I_c$，其中 R_n 是结的正常态电阻，I_c 是其临界电流。结电压 V 是电流 I 的阶梯状函数[见图 4－9（a)]，台阶高度 ΔV 仅取决于频率 f_e 和基本物理常数 e 和 h：$\Delta V = (h/2e) f_e$。尤其是，ΔV 与结的材料及其工作温度（需确保超导状态）无关。

上述现象称为交流约瑟夫森效应。由于频率可以很稳定且测量不确定度达到约为 10^{-15}（原子铯钟可以实现），基于约瑟夫森效应构建的量子电压基准所产生的电压基准 V_{ref} 可以实现传统基准无法达到的复现不确定度。基于约瑟夫森效应的量子电压基准产生的电压 V_{ref} 满足以下关系

$$V_{ref} = k \frac{h}{2e} f_e \tag{4-20}$$

式中，k 是台阶状电流-电压特性中的台阶数 [见图 4－9（a）] 或回滞特性中的条线个数（$k = 0, 1, 2, 3, \cdots\cdots$）[见图 4－9（b）]；$f_e$ 是施加电磁场的频率。

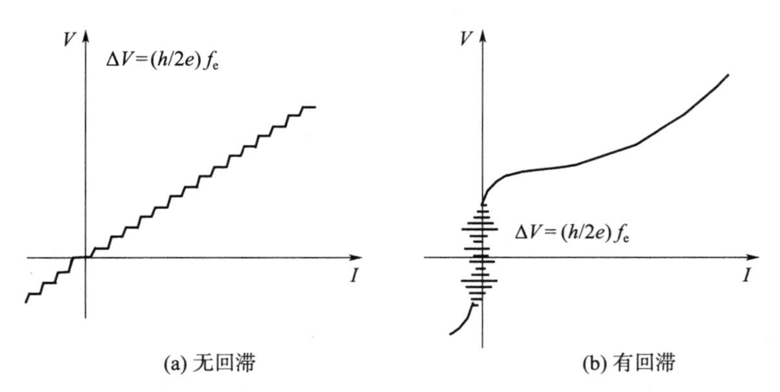

(a) 无回滞　(b) 有回滞

图 4－9　电磁辐射引起的交流约瑟夫森效应：约瑟夫森结上的电压与电流的关系。两种特性曲线上的电压台阶称为夏皮罗台阶

因子 $2e/h$ 的值可以比单独的 e 和 h 的值更准确地确定！在国际协商之后，位于塞夫尔的国际计量局（BIPM）的电磁咨询委员会确定了以下 $2e/h$ 的值，称为约瑟夫森常数，用

K_J 来表示[14]

$$K_J = 2e/h = 483.597\ 9 \times 10^{12}\ \text{Hz/V} \tag{4-21}$$

约瑟夫森结的一个重要参数是其直流约瑟夫森效应的两种状态之间的切换时间 τ：一种是结电流大于临界电流 I_c，因此结上的电压为非零，另一种是电流 $I < I_c$ 且电压为零。切换时间 τ 满足关系[27,30]

$$\tau = \frac{h}{2\pi E_G} \tag{4-22}$$

式中，E_G 是材料的能隙。

在基于约瑟夫森结的低温电子电路（包括逻辑门和计数器）中，切换时间至关重要。铌是最常见的低温电子元件材料，其能隙 $E_G = 0.003$ eV，切换时间 $\tau = 0.23$ ps。按 τ 的倒数来计算铌结的相应开关速率，在 4 000 GHz 以上，比迄今为止（截至 2018 年）最快的 PC 微处理器 Intel 4（最高工作频率 5 GHz）的时钟频率高出约 1 000 倍。

近年来，人们提出了两个超导层间采用石墨烯势垒的约瑟夫森结，如图 4 - 10 所示。

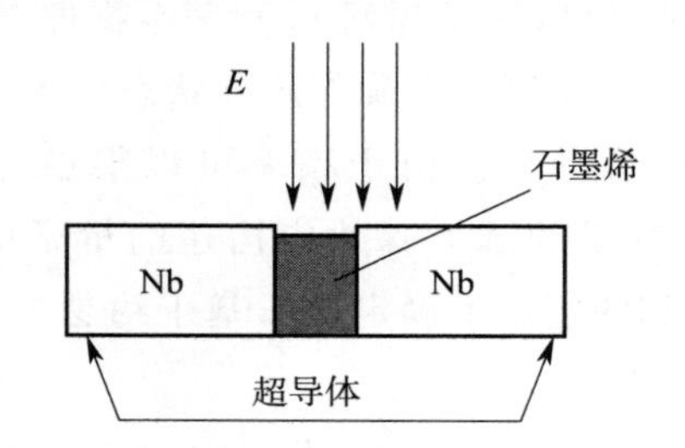

图 4 - 10　带有石墨烯势垒的约瑟夫森结

石墨烯约瑟夫森结中的超电流可以利用栅极电压来控制。利用此特性可以控制约瑟夫森结的电流-电压特性（见图 4 - 8）。此外，通过电场 E 而不是磁场 B 来控制石墨烯 JJ 能够使其更快地切换。约瑟夫森结由于自发热和电流-电压的回滞特性而具有较低的工作极限（约 1 K），与此相比，石墨烯 JJ 则可以工作在低至 320 mK 的温度，参见第 5.5 节。

4.4　电压标准

4.4.1　基于惠斯顿电池的电压标准

最初的电压标准是伏打电池，在各种各样的电池中选择的是饱和惠斯顿电池，它产生的电动势非常稳定并保持多年不变，是复现电压单位的经典标准。饱和惠斯顿电池由两个电极组成：正极为汞，负极为汞与镉组成的镉汞齐（镉比例为 13%）。电极和输出端子之间的电连接通过铂丝实现（见图 4 - 11）。电极浸入硫酸镉（$CdSO_4$）的饱和电解溶液中，在电解液和电极中间存在 $CdSO_4$ 晶体隔离层。

饱和惠斯顿电池在 20 ℃温度产生电动势（EMF）的标称值为 $E = 1.018\ 65$ V。不同电池所产生的 EMF 值差别仅在更低位上的有效数字。影响惠斯顿电池 EMF 的因素包括其制造技术、温度、放电和机械冲击的影响。对标准电池影响大的是温度和机械冲击。惠

斯顿电池与温度有关的电动势变化 E_t 满足以下经验公式

$$E_t = E_{20} - 40.6 \times 10^{-6}(t-20) - 9.5 \times 10^{-7}(t-20)^2 + 10^{-8}(t-20)^3 \quad (4-23)$$

式中，E_{20} 是电池在 20 ℃温度产生的电动势；t 是温度，单位为摄氏度。

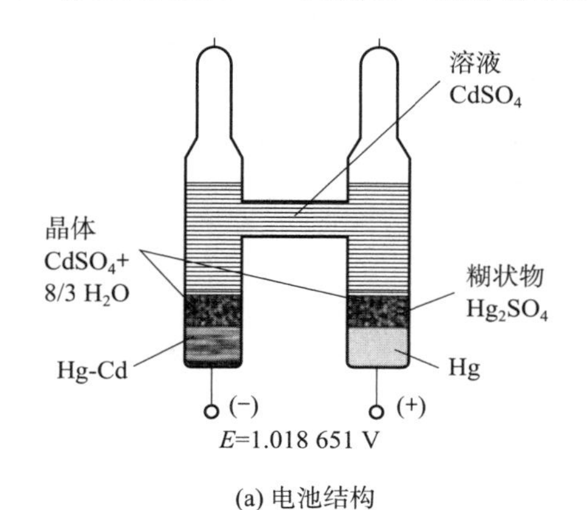

(a) 电池结构

(b) 西里西亚工业大学实验室制造的惠斯顿电池

图 4-11　用作经典电压标准的饱和惠斯顿电池

根据式（4-23）计算，在 20 ℃附近的温度范围内，由于+1 ℃温度变化而引起的电动势变化为−41.55 μV。饱和惠斯顿电池具有相对较高的内部电阻，其范围在 500～1 000 Ω，典型的内部电阻值约为 800 Ω。

华沙中央计量局（GUM）的国家电压标准是一组选定的 48 个惠斯顿电池，它们浸在油槽中并存储在空调室中。浸油惠斯顿电池的温度稳定性为±0.01 ℃。参考电压是由这 48 个电池产生的电动势平均值。由于该参考值随时间变化（例如，1997 年这个标准系统在 20 ℃温度产生的电动势为 E_{GUM}=1.018 651 1 V），电化学电压标准和约瑟夫森量子电压标准这两个标准都在华沙中央计量局使用。

不应将饱和惠斯顿电池与不饱和惠斯顿电池相混淆，后者产生的 EMF 长期稳定性较差（高达 300 μV/a），但温度系数较低（−10 μV/K）并且耐冲击。

4.4.2　直流电压约瑟夫森标准

使用约瑟夫森电压标准（即基于约瑟夫森效应的量子电压标准），会涉及由于公式（4-20）中输入参数典型值获得输出电压 V_{ref} 值较低带来的问题。使用点接触约瑟夫森结的第一个量子电压基准建于 1968 年[24]，它可以产生最高 5 mV 的量子化电压。这个量子基准产生的低电压使它很难与产生 1.018 V 电压的经典惠斯顿电池标准进行比较。困难在于必须使用分压器来比较两个标准，而且需将量子基准保存在液氦低温恒温器中，而惠斯顿电池标准要求室温。分压器增加了比较结果的总不确定度。另一方面，实践证明使用多个串联约瑟夫森结并由直流电流偏置的方法有诸多问题，原因是不同约瑟夫森结的电流特性有差异，而且单个微波源到达不同约瑟夫森结的电磁场强度也不同。这种基准系统中的每个约瑟夫森结都需要单独的偏置电流。值得注意的是日本制造的电压基准，它由 20 个单独偏置的约瑟夫森结产生 100 mV 的电压[8]。

构建电压基准的一个里程碑是在弱电磁场中使用强回滞隧穿约瑟夫森结（Levinson 提出的概念[16]）。这种结［见图 4－9（b）］的电流-电压特性在 $I=0$ 处被分成若干条线，称为过零台阶（或夏皮罗台阶）。特性曲线电压轴上的台阶高度 ΔV 满足关系：$\Delta V=(h/2e)f_e$，并且位于由同一微波源（通常是耿氏振荡器）产生的电磁场中的每个结，该值都是相等的。

因此，在弱电磁场中的数千个约瑟夫森结串联在一起，不需要偏置电流（$I=0$），可以作为量子电压标准，其产生的电压满足如下公式

$$V_{ref}=Nk\frac{h}{2e}f_e \tag{4-24}$$

式中，N 是串联约瑟夫森结的数目；k 是结特性曲线中的条线数（夏皮罗台阶），如图 4－9（b）所示。在实际中，k 的范围为 0～8。

对由 N 个约瑟夫森结组成的集成电路（IC）施加电磁辐射，在总输出电压中，一部分结的贡献电压为 $V=k(h/2e)f_e$，一部分结的贡献电压为 $V=(k\pm 1)(h/2e)f_e$，其余结（占总数的 10%～20%）的电压为零，即 $k=0$。在基准装置每次开机时，确定约瑟夫森电压标准的电流-电压特性中的输出电压台阶数（定义为 $N\times k$）。

在使用大量约瑟夫森结的电压标准中，必须满足以下必要条件：

• 所有结必须串联连接；

• 施加给结的电磁场（辐射）必须均匀。

通过将微带线或波导放置在约瑟夫森结集成电路的内部，且恰好在数千个结的阵列上方，可以满足第二个条件。如图 4－12 所示，正弦微波信号（通常频率在 70～75 GHz 之间）沿着阵列传播，辐射各结。

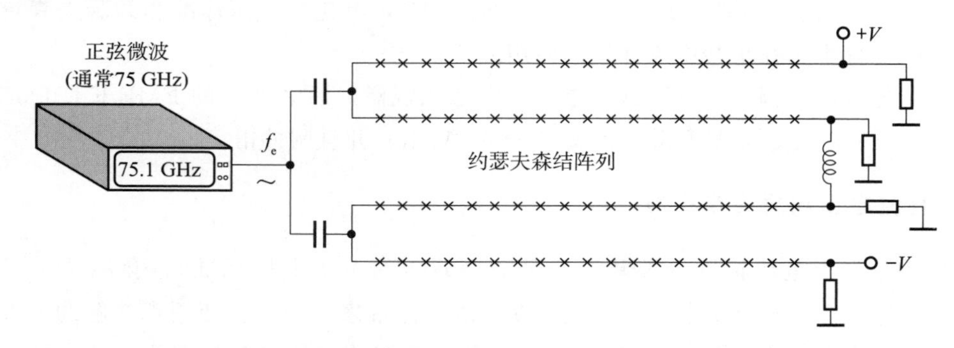

图 4－12　直流约瑟夫森电压标准（借用文献［3］的概念）

由于约瑟夫森振荡必须与微波辐射的频率同步，频率 f_e 应在 $f_c/2$ 到 $2f_c$ 的范围内选择，其中 f_c 是约瑟夫森结的特征频率（见 4.3 节）。

1984 年，第一个可以产生高达 1.2 V 电压的量子标准建成，它由 1 474 个约瑟夫森结组成，是德国联邦物理技术研究院（PTB）和国家标准局［NBS，即现在的美国国家标准与技术研究院（NIST）］共同努力的成果[21]。1986 年，PTB 的尼迈尔（Niemayer）测量了两个标称电压都为 1 V 的约瑟夫森结阵列之间的电压差。两个阵列都由同源的

70 GHz 微波辐射，并由相等电流进行偏置。两个阵列中的量子化台阶数也相等。用 SQUID 来测量阵列之间的电压差 ΔV_{ref}。测量结果表明电压差为零，不确定度为 7×10^{-13}[21]。

第二年，考茨（Kautz）和劳埃德（Lloyd）发现同源辐射的两个 1V 约瑟夫森结阵列之间的电压差小于 2×10^{-17} V[15]。因此，可以认为，实验验证了由固定数量约瑟夫森结组成的标准所产生的电压仅与所施加的微波辐射频率有关，而与其他因素无关。

由 PTB 的尼迈尔团队和 NIST 的哈密顿（Hamilton）团队是 20 世纪 90 年代约瑟夫森电压标准的设计和实现的领导者。两个团队都构建了由 3 000～21 000 个 $Nb/Al_2O_3/Nb$ 约瑟夫森结组成的标准，这些结串联连接并用频率为 70～90 GHz 的微波辐射[11]。阵列中的每个约瑟夫森结都为输出的总电压贡献约 600～750 μV（辐射为 70 GHz），这是因为激活了其电流-电压特性［见图 4－9（b）］中的第 4 或第 5 个夏皮罗台阶。这些量子电压标准产生的可控电压范围为－1～10 V。表 4－4 中列出了 DC 和 AC 电压标准中使用的约瑟夫森结的参数。

BIPM 将其量子电压标准发送给不同的国家实验室，以进行国际电压比对，结果证明电压一致性达到了 10^{-9} 的不确定度，比惠斯顿电池标准比对中获得的电压一致性提升两个数量级[26,31]。在许多国家，此类测量是作为常规程序进行的。2002 年 BIPM 两台 10 V 电压标准的测量结果显示电压差为 30 pV（3×10^{-12}），平均标准偏差为 40 pV[25]。目前，由数千个约瑟夫森结串联组成的电压标准在全世界约一百个计量实验室中使用，华沙中央计量局（GUM）自 1998 年开始也使用量子电压标准。

目前工作在 4 K 温度的直流量子电压标准有商用产品。Supracon（德国）可以提供由德国 PTB 和 IPHT 开发的约瑟夫森结阵列标准，Hypres（美国）可以提供美国开发的约瑟夫森结阵列标准。商用电压标准能够产生范围为－10～＋10 V 的可编程直流电压。

4.4.3　交流电压约瑟夫森标准

成功应用约瑟夫森结产生精确的直流电压之后，又相继开发出了可编程电压标准和交流电压标准。显而易见，此时无法使用具有回滞电压-电流（$V-I$）特性的欠阻尼约瑟夫森结。回滞约瑟夫森结的一个缺点是难以获得所需的准确夏皮罗台阶数，因为它们 $V-I$ 特性中的过零台阶区域不稳定。具有非回滞 $V-I$ 特性的过阻尼结更适合于可编程电压标准。交流电压标准采用 SNS 结［见图 4－6（c）］或 SINIS 结［见图 4－6（d）］。在构建交流约瑟夫森电压标准时使用了以下两种完全不同的系统：

• 二进制结阵（具有 1，2，4，…，2^n 个结的组段），$V_{out}(t)=k(t)\times(h/2e)\times f_e$，其中 $k(t)$ 是导通的结的个数；

• 脉冲驱动阵列，$V_{out}(t)=k\times(h/2e)\times f_e(t)$，其中 k 是阵列中结的总个数。

为维持结在超导相，需要 4 K 的低温。

二进制约瑟夫森结的电压源

二进制约瑟夫森结的电压源是数模转换器。由于结用一个小电流 I_b 偏置以便产生第一个夏皮罗台阶，因此每个约瑟夫森结的电压 V_J 是数模转换器输出电压的量子（见图 4－13）。

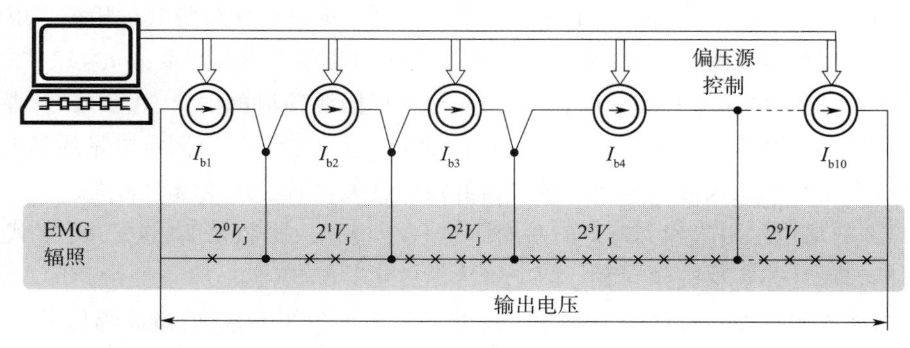

(a) 电路图

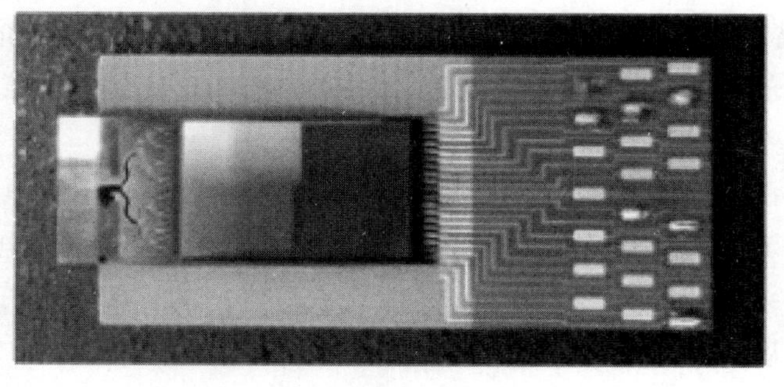

(b) 约瑟夫森结阵

图 4－13　可编程 10 位约瑟夫森电压标准

给结的组段施加偏置电流会使该段出现约瑟夫森电压。所需的输出电压编程为 n 位字节的形式：$a_{n-1}a_{n-2}a_{n-3}\cdots a_2a_1a_0$，其中 a 为 0 或 1，并且该字的二进制代码为：$a_{n-1}2^{n-1}+a_{n-2}2^{n-2}+a_{n-3}2^{n-3}+\cdots+a_2 2^2+a_1 2^1+a_0 2^0$。

例如，在 10 位数模转换器中，数字控制信号 1010101011 将产生以下输出电压 V_{out}

$$V_{out}=(1\times2^9+0\times2^8+1\times2^7+0\times2^6+1\times2^5+0\times2^4+1\times2^3+0\times2^2+1\times2^1+1\times2^0)\times V_J=683V_J$$

考虑每个非回滞约瑟夫森结输出第一夏皮罗台阶电压［见图 4－9（a）］，并用频率为 75 GHz（$V_J=155.2\ \mu V$）的微波辐射，这意味着

$$V_{out}=683\times(h/2e)f_e=106\ mV$$

可编程电压标准和交流约瑟夫森电压源的重要参数是 V_{rms} 电压、交流电压频率 f_{AC}，控制字中位数的分辨力以及采样频率 $f_{samp}=nf_{AC}$，其中 n 是交流信号每个周期的采样数。图 4－14 给出了交流电压与时间的关系曲线中具有夏皮罗台阶，它可以看作是随采样频率而出现的电压跳变。

在每个瞬态（跳变）中，输出电压均未量子化。此外，由于采样过程，输出电压信号并非纯正弦波（见图 4－14）。输出电压的频谱包括许多谐波，其中最大的谐波具有采样频率 f_{samp}。当前，二进制结的交流电压标准输出电压的幅值能够高达 10 V（50 Hz），频率能够高达 2 500 Hz。

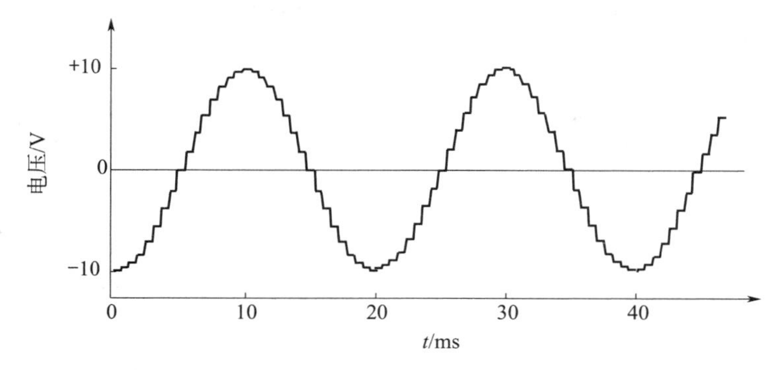

图 4-14　由可编程约瑟夫森电压源产生的交流信号

脉冲驱动约瑟夫森结的电压标准

Benz 和 Hamilton[3] 提出并实现了一种利用约瑟夫森结阵列产生交流电压的方法，该方法完全不同，它使用非回滞结［见图 4-9（a）］组成阵列，并利用第一夏皮罗台阶来产生电压。由于单个约瑟夫森结的电压 V_J 取决于辐射频率 f_e，并遵循公式 $V_J=(h/2e)f_e$，因此也可以通过使用随时间变化的频率 $f_e(t)$ 来改变电压。然而，微波正弦信号频率的大范围变化是无效的，因为它们将破坏与结内约瑟夫森振荡的同步，导致结产生的电压降低，甚至降低至零。Benz 和 Hamilton 在他们的论文[3] 中提出采用形式为宽度恒定而频率可变的微波脉冲序列来对约瑟夫森结阵列进行辐射。对于频率较高的脉冲（更密集的脉冲序列），约瑟夫森结阵列上的电压将较高，而对于频率较低的脉冲，阵列上的电压将较低。因此，通过改变序列中微波脉冲的频率，可以产生时变电压。先前的仿真和后续的测量结果表明，微波脉冲辐射下结两端的电压不会消失，即使在最低频率下，结两端电压也不消失。这是称为约瑟夫森任意波形合成器（JAWS）的系统工作原理。JAWS 的方框图如图 4-15 所示。

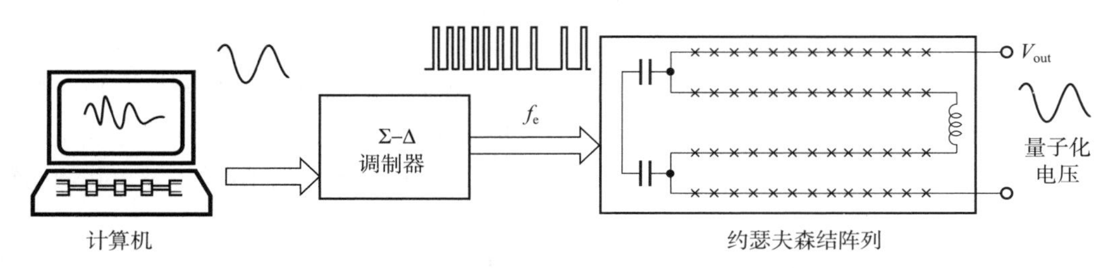

图 4-15　约瑟夫森任意波形合成器的方框图

任意时变波形模拟信号 $v(t)$ 发生器控制一个 Σ-Δ 调制器，该调制器生成一系列微波脉冲，此脉冲宽度恒定且频率与实时电压成正比变化：$f(t)\sim v(t)$。脉冲与包含约瑟夫森结阵列的集成电路相连接。电流脉冲形成在集成电路内的电磁辐射以及约瑟夫森结的辐射。约瑟夫森结阵产生交流输出电压 $v_{J\,out}(t)$，其形状对应于控制电压的形状，并且其实时值是确定的。这样的交流电压源不会产生与采样或瞬态有关的误差。

4.4.4 华沙中央计量局（GUM）的电压标准

华沙中央计量局（GUM）电压和电阻标准实验室的约瑟夫森电压标准系统[28]包含以下组件（见图 4-16）：由约瑟夫森结组成的集成电路、带有波导和微波辐射器的微波振荡器[7]、示波器、由标准原子钟控制的频率计、精密数字多用表、两组基于齐纳二极管的次级标准和一台安装有 NISTVolt 操作软件的计算机。将由约瑟夫森结组成的集成电路和带有微波天线的波导放置在温度为 4.2 K 的液氦杜瓦罐中。集成电路产生输出标准电压 V_{ref}，该集成电路包含一个约由 1.9 万个 $Nb/Al_2O_3/Nb$ 约瑟夫森结组成的阵列和电介质 SiO_2。40 mW 微波辐射器产生辐射约瑟夫森结的电磁场，频率约为 75 GHz（在微波范围内）。

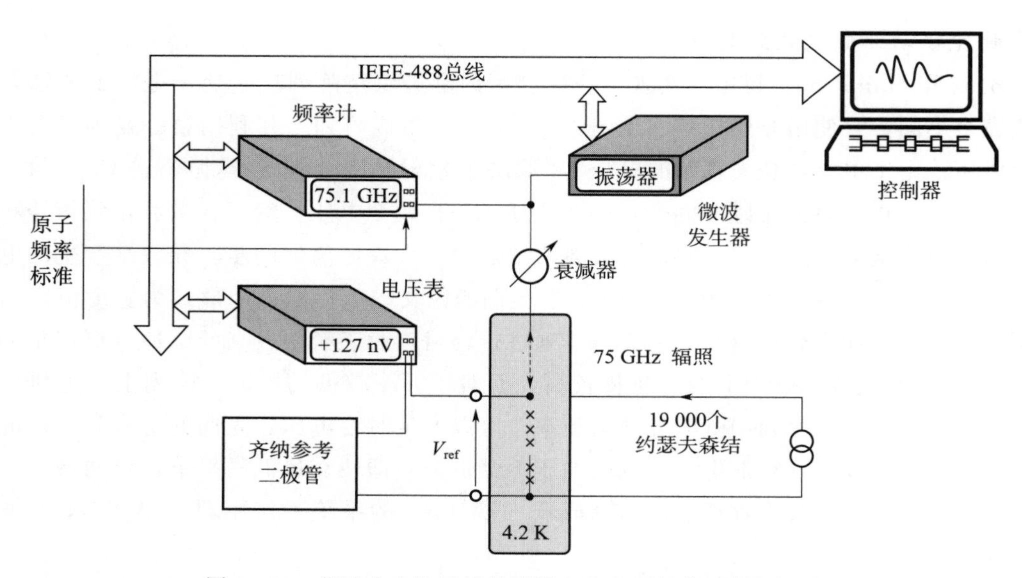

图 4-16 华沙中央计量局的约瑟夫森电压标准系统方框图

高频信号由耿氏二极管微波振荡器产生。由 GUM 时间和频率标准实验室的原子频率标准生成一个 10 MHz 频率参考信号，可以用来精确测量微波频率 f_e。频率标准是一台铯原子钟，基频为 9 192.631 770 MHz。该频率参考的不确定度约为 10^{-14}，比电压参考的不确定度小 5 个数量级。

通过设置阻尼器输出处的辐射功率并自动调谐微波频率，可以获得电压参考的期望值。电压参考传递至次级标准（Fluke 732B），次级标准为齐纳二极管并由热敏电阻控制内部温度稳定。

基于约瑟夫森结的原级标准的标称输出电压为 10 V，次级标准的标称输出电压为 10 V 和 1.018 V。微波频率设置范围为 74～77 GHz。获得的固定电压范围为－10 V～＋10 V。

在作者的参与下，GUM 在 1999 年对量子电压标准进行测量，得到以下结果：

- 电压参考：V_{ref} ＝＋9.999 992 824 5 V。

- 阵列中有效结的数量：18 992。
- 微波频率：76.957 899 5 GHz。
- 合成相对标准不确定度：6.47×10^{-8}。

用串联比较法将原级标准（约瑟夫森结阵列）产生的电压传递到次级标准（Fluke 732B 中的齐纳二极管）。两台标准的输出电压之间的差由 HP 3458A 精密数字电压表给出。原级标准复现电压单位的相对标准不确定度（不考虑约瑟夫森常数的不确定度）低于 2×10^{-9}。

相对标准不确定度取决于微波频率的不确定度和约瑟夫森结电路中漏电流的测量不确定度。关于向次级电压标准的传递，相应的相对标准不确定度（校准不确定度）不超过 10^{-7}，并且取决于 A 类和 B 类不确定度。A 类不确定度源于电压表读数的不可复现性、不稳定的偏置电压及其在测量中的漂移。B 类不确定度是由偏置电压的不正确修正以及电压表的增益误差引起的。华沙中央计量局产生和传递电压单位的约瑟夫森电压标准系统是使用 IEEE - 488 并行接口和 DACSON - I I/O 卡的自动计算机辅助测量系统，见图 4 - 17。

图 4 - 17　位于 GUM 的约瑟夫森电压标准系统

带有约瑟夫森结阵列的低温探杆（集成式结构）置入装有4.2 K温度液氦的杜瓦瓶中。计算机中安装的NISTVolt软件可以跟踪计量特性并执行多项操作，如数字电压表的校准和线性度测量、次级标准校准（给更低等级标准提供参考）、数据处理和存储、微波频率控制以及测量系统的自检等。

NISTVolt软件由美国国家标准技术研究院（National Institute of Standards and Technology）开发，用Quick BASIC编写，NISTVolt用于采用约瑟夫森电压标准进行的高精度电压测量。它可以将测量结果显示在表格中或绘制成图表，并可生成打印报告。通过主菜单可以进行使用此标准所必需的15项操作。其中最重要的包括：

- 绘制电压、频率或温度与时间的关系图。
- 微波频率同步。
- 标准的校准。
- 微波频率设置。
- 约瑟夫森结的诊断。
- 测量数字多用表的线性度和准确度。
- 测量多用表增益误差。
- 校准数字电压表HP 3458A。

标准系统放置在屏蔽无线电干扰（屏蔽效能>80 dB）的实验室中，环境温度稳定在(23±0.3)℃。按照制造商的建议，为最大程度减小由于热电效应引起的误差，将标准远离其他发热设备。遵循有关工作环境的建议，可以大幅减小由外部影响而引起的B类测量不确定度。GUM使用的约瑟夫森电压标准系统的方框图如图4-15所示。

4.4.5 GUM标准和BIPM标准的比对

利用次级标准Fluke 732B（标称电压值为10V和1.018 V），对GUM和BIPM的原级电压标准进行了间接初步比对。用于比对的次级标准与GUM约瑟夫森电压标准系统中所使用的类型相同，所使用的是八台标准中的一台。表4-5汇总了BIPM和GUM报告的比对测量结果。该比对为间接粗略评估BIPM和GUM原级电压标准之间的等效性提供了基础。在BIPM和GUM实验室进行的测量中，次级标准直接参考基于约瑟夫森结的原级基准[28]。

间接比对显示，GUM的10 V量子电压标准与BIPM的国际10 V电压标准之间具有良好的等效性。在GUM和BIPM的测量过程中，考虑了对漂移、温度差和压力差所需的修正。比对的结果与其他国家的国家标准和国际BIPM标准比对所获得的结果类似。

在2001年，按照关键比对中所要求的程序进行GUM和BIPM原级电压标准之间的间接和直接双边比对。BIPM和拥有自己原级标准的实验室进行直接双边比对。表4-5中给出的不确定度值是指标准不确定度，并考虑了所做的修正。偏差指数定义为结果差异与比对不确定度的比值，是两个实验室获得结果之间的一致性度量。偏差指数值小于1（对应于结果差异小于比对不确定度）表示结果具有足够的一致性。

表 4－5　GUM 和 BIPM 量子电压标准之间的间接双边比对结果

来自 BIPM 和 GUM 的测量数据	BPM		GUM	
	10 V	1.018 V	10 V	1.018 V
标准电压/V[a]	9.999 987 8	1.018 177 2	9.999 989 3	1.018 177 9
漂移系数/(nV/day)	－38.1±1.6	1±0.4	－38.8±17.6	8.2±3.8
压力系数/(nV/hPa)	19.4±0.4	1.924±0.06	—	—
空气压力/hPa	1 013.25	1 013.25	994.2	994.2
漂移修正/nV	—	—	－2.286	60
温度修正/nV	—	—	236.8	－2.4
压力修正/nV	—	—	369.6	36.6
修正 GUM 结果/V	—	—	9.999 987 7	1.018 177 9
BIPM 和 GUM 结果间的差异/μV	0.1	－0.7	—	—
组合不确定度/nV	141	14.1	484	99
比对不确定度/nV	505	100	—	—
偏差指数	0.28	7.2	—	—

注：[a]非官方比对，数据来自 GUM(99－01－10)和 BIPM(99－03－10)测量报告。

GUM 的约瑟夫森电压标准系统复现的电压单位，不确定度可以达到 2×10^{-9}，比 GUM 的经典惠斯顿电池标准提高两个数量级。但是，GUM 的量子电压标准仍未被采纳为法定国家标准。

4.4.6　精密比较仪电路

高频电磁场中的约瑟夫森结除了用作电压参考外，在测量较小电压变化的比较仪电路中它还可以用作参考电压源。此类型的最早应用之一是基于约瑟夫森结的比较仪电路，用于测量惠斯顿电池产生电动势的变化。

PTB 的尼迈尔记录了由 1 mK 阶跃温度变化引起的电动势变化[21]（见图 4－18）。在温度变化 40 min 后，电动势变化上升约 70 nV。利用这种类型的测量可以从一组制造的惠斯顿电池中选出最佳的电池，即电动势最稳定的电池。

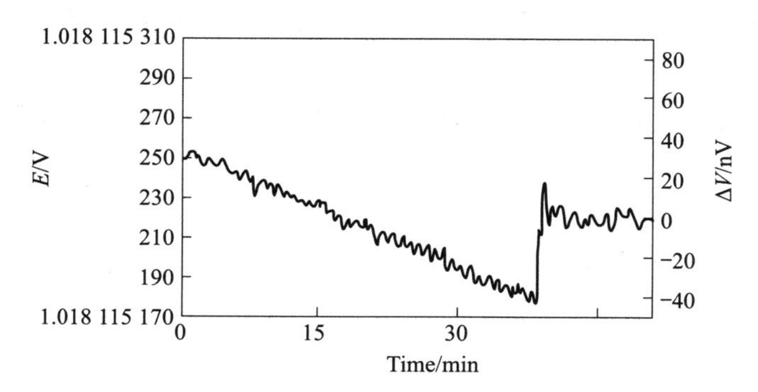

图 4－18　用量子电压标准测量，温度变化 $\Delta T=1$ mK 引起的惠斯顿电池电动势变化[21]

4.5 超导数字电路

4.5.1 半导体数字电路的未来发展

半导体数字电路的发展主要受两方面制约：开关频率有限，以及吸收大规模集成电路(LSI)热量的散热器性能有限。半导体数字电路发展的第一次危机发生在1994—1995年，那时已证明在当时最快的处理器Alpha 21164（由DEC制造）中进行强制冷却是必需的，该处理器以500 MHz频率运行，输入功率为60 W。1994年国家半导体路线图(ITRS)[28]预测数字系统的时钟频率在2010年将达到1.1 GHz。然而，最早在2000年就已出现此时钟频率系统，当前多核处理器的典型时钟频率是3 GHz（截至2018年）。尽管这是一个失误的预测（集成电路技术的进步快于预期），硅和砷化镓半导体电路时钟频率的增长都受限于需要从工作在更高频率的集成电路吸收更多热量。第7章中的表7-2给出了2013年ITRS的数据[29]以及当前对半导体组件发展的预测。注意，预测的半导体电路时钟频率提高是假设降低其电源电压，这意味着功耗和散热的减少。

4.5.2 具有约瑟夫森结的数字电路

由于上面讨论的半导体数字电路发展的限制，人们考虑超导数字电路有望用于数字系统，特别是超高速计算机。超导电路有两个主要优点：

• 高工作频率（数千GHz），在理论和部分实验中已得到验证。

• 电路组件和电路间连接（路径）没有欧姆电阻，这意味着大大减少了散热。此外，信号电压范围为1～10 mV。

闭合的超导回路可以用作超导数字系统的存储器。

T·克拉克（T. Clark）于1967年提出了基于超导回路中磁通量子效应进行数据存储的想法。穿过回路的总磁通量Φ是磁通量子Φ_0的整数倍：$\Phi=n\Phi_0$［请参见第5章公式(5-6)］，可以利用整数n对计数量子进行编码。尽管超导材料中磁通变化一个量子所需的时间（即磁通开关时间）约为数百皮秒，但康斯坦丁·李哈雷夫（Konstantin Likharev）进行的分析证明，如果在超导回路（例如，超导环）中至少包含一个约瑟夫森结[17]，开关过程可以快很多［见图4-19(a)］。

当磁场施加到环路上时，所包含的约瑟夫森结可以使单个磁通量子快速进入到环路中或从环路中排出。在铌环路中，该过程仅需要几分之一皮秒的时间。这意味着，由磁通量子数n编码的数字数据的存储和处理可以达到很高的速率。

与所施加的外部磁通Φ_e可以取任意值不同，环路内的磁通Φ被量子化。Φ_e和Φ之间的差与整个环路中的超导电流I有关

$$\Phi_e=\Phi+LI \tag{4-25}$$

$$\Phi=n\Phi_0 \tag{4-26}$$

式中，Φ_e是施加到闭合超导回路（环路）的外部磁通量；Φ是超导环路内的磁通量；L是环

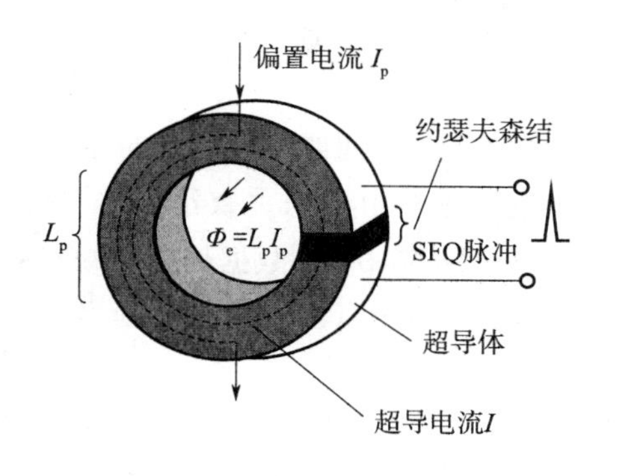

(a) 带有约瑟夫森结的超导回路

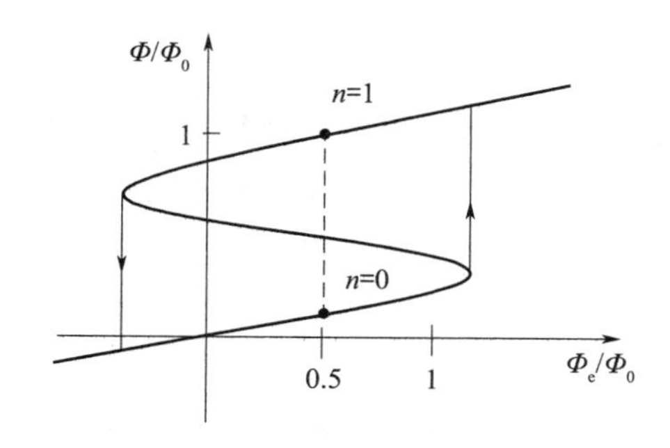

(b) 回路内磁通Φ的量子化与外部磁通Φ_e的关系（点代表触发器稳定状态）

图 4－19　SFQ 动态存储单元

路的自感；I 是绕环路流动的电流，因此也是流过约瑟夫森结的电流（超导电流）；n 是环路内的磁通量子 Φ_0 的数量。

在数字电路中，外部磁通量 Φ_e 通常由一部分环路中的偏置电流 I_b 产生：$\Phi_e = L_b I_b$（L_b 是偏置电流流过的部分环路的电感）。显然，磁通量 Φ_e 也可以由与该环路电隔离的外部源产生。第一约瑟夫森方程［式（4－14）］描述了通过约瑟夫森结的电流 I

$$I = I_c \sin\varphi$$

超导环路内部的磁通量与波函数相位差之间的关系由式（5－12）表示（参见第 5 章）。

$$\varphi = 2\pi \frac{\Phi}{\Phi_0} \tag{4-27}$$

$$\varphi + \frac{2\pi L I_c}{\Phi_0}\sin\varphi = 2\pi \frac{\Phi_e}{\Phi_0} \tag{4-28}$$

上述等式可以写成

$$\varphi + \lambda \sin\varphi = 2\pi \frac{\Phi_e}{\Phi_0} \tag{4-29}$$

式中，$\lambda = 2\pi L I_c/\Phi_0$ 是超导环路的参数。

式（4－27）和式（4－29）描述了带有约瑟夫森结的回路（环路）的开关特性：如果 $\lambda > 1$，则电路具有此类特性。外部磁通 Φ_e 引起不同的波函数相位，因此根据式（4－26）可知，内部磁通量子稳定状态也不同。例如，对于 $\Phi_e = 0.5\Phi_0$，$\lambda > 2\pi$ 的环路内部磁通满足两个关系：$\Phi/\Phi_0 = 0.25$ 和 $\Phi/\Phi_0 = 0.93$，如图 4－19（b）所示。根据式（4－29）计算，环路的稳定状态数或者说内部磁通 Φ 包含的磁通量子数为$\lambda > \pi$。在 $\lambda > 2\pi$ 的环路中，仅存在两个稳定状态，此环路可作为二进制元件使用。

在超导数字电路中，逻辑零对应于环路内无磁通量子的状态，$n = 0$。在图 4－19（b）所示的情况下，对于外部磁通量子 $\Phi_e = 0.5\Phi_0$ 的特定值，该状态发生在 $\Phi = 0.25\Phi_0$ 处。对于不同的 Φ_e 值，不同的 Φ 值对应于$n = 0$。逻辑 1 是 $n = 1$ 的状态［在图 4－19（b）中，对

应的内部磁通值为 $\Phi=0.93\Phi_0$]。改变偏置电流 I_b 而改变外部磁通量变化，因此会发生两个稳定状态之间的切换。

数字电路之间的数据传输基于法拉第电磁感应定律。闭合回路中的磁通量变化会产生电压 $v=-\mathrm{d}\Phi/\mathrm{d}t$，由于超导回路无法支撑电场，该电压会由约瑟夫森结保持。特别地，磁通量变化一个量子 Φ_0 产生电压脉冲 $v=-\mathrm{d}\Phi_0/\mathrm{d}t=2$（mV/ps）。数据传输是动态的。即使传输线不具有超导特性，通过传输线还是可以将单个通量子（SFQ）传输到多部件系统中的其他电路。

李哈雷夫等人提出了用 SFQ 元件组成的超导体组合和顺序逻辑电路系列[18]。李哈雷夫在超导数字电路的构建、约瑟夫森结的动力学研究、单电子隧穿领域和 SQUID 噪声理论方面均取得了相当大的成就。采用 SFQ 元件组成的数字电路称为快速单通量子（RSFQ）电路。最简单的 RSFQ 电路是一个 RS 双稳态触发器（如图 4-20 所示），由一个嵌入两个约瑟夫森结的超导回路（例如一个环路）组成。由偏置电流产生的外部磁通 $\Phi_e=\Phi_0/2$，为触发器两种稳定状态（对应 $n=0$ 和 $n=1$）的出现提供了相等的条件。通过置位脉冲可将状态 0 切换为状态 1，该脉冲传输一个通量子穿过约瑟夫森结 JJ1。复位 SFQ 脉冲通过从环路内部排出磁通量子来恢复初始状态。当触发器从状态 $n=1$ 变为 $n=0$ 时，另外那个约瑟夫森结 JJ2 产生输出 SFQ 脉冲，该脉冲可用于切换其他 RSFQ 元件[9]。

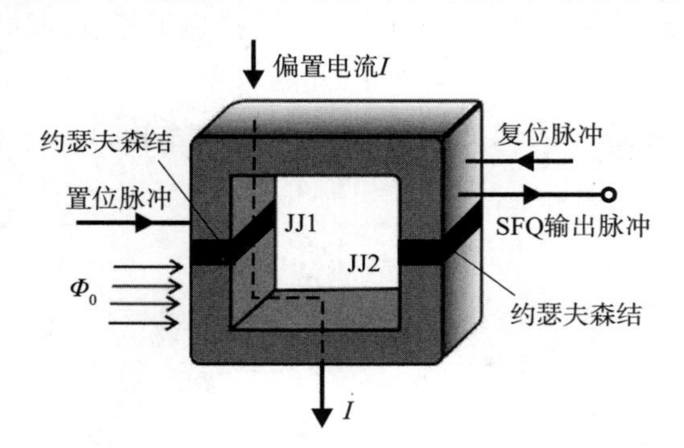

图 4-20 有两个约瑟夫森结（JJ1 和 JJ2）的 RSFQ 回路系列超导数字电路——RS 双稳态触发器

RSFQ 系统的内部速度由 SFQ 脉冲的持续时间 τ_0 决定[18]

$$\tau_0=\frac{\Phi_0}{2\pi I_c R_n} \tag{4-30}$$

式中，I_c 是约瑟夫森结临界电流；R_n 是并联电阻（另外一只电阻或结的正常电阻）。

SFQ 脉冲的最短持续时间可以通过以下公式估算

$$\tau_{\min}\cong\frac{0.18\hbar}{k_B T_c} \tag{4-31}$$

式中，$\hbar=h/2\pi$。

根据式（4-31）估算，铌（$T_c=9.3$ K）SFQ 电路的最小脉冲持续时间约为 $\tau_{\min}\cong0.15$ ps，而高温超导（$T_c=90$ K）SFQ 电路的最小脉冲持续时间 $\tau_{\min}\cong0.015$ ps。

最简单类型的 RSFQ 元件能够以高达 $1/2\tau_0$ 的频率工作；IC 电路的工作频率将降低

3～6 倍。表 4 - 6 中列出了商用和原型低温超导 RSFQ 集成电路的参数。

Hypres 提供用 HYPRES 铌三层技术制造的 $Nb/AlAlO_x/Nb$ 超导数字电路（参数在表 4 - 6 中列出）[12]。用结尺寸 a 来衡量，HYPRES 电路的工艺精度相对较低（a = 3 mm）。由 HYPRES 开发的片上振荡器的品质因数约为 10^6，工作频率范围为 10～100 GHz[10]。高精度 PARTS 和 VLSI 原型技术可以提供更好的电路封装和更高的开关频率，这些技术由 IBM 和 Bell 实验室合作开发并由美国石溪大学改进[19]。例如，在文献 [4] 中讨论的 RSFQ 分频器的工作频率高达 770 GHz。

表 4 - 6　由 $Nb/AlAlO_x/Nb$ 低温超导体制成的 RSFQ 数字集成电路的参数

技术	Hypres	PARTS	VLSI
结尺寸 a（最小维度）/mm	3	1.5	0.4
临界电流密度 j_c /(kA/cm²)	1	6.5	100
电压 I_cR_N /μV	0.3	0.6	1.5
每逻辑门的最小功率 P /nW	30	60	150
SFQ 脉冲持续时间 τ_0/ps	1	0.5	0.2
最高工作频率 f /GHz	20～100	40～80	100～770

4.6　约瑟夫森结的其他应用

4.6.1　压频转换器

约瑟夫森结也用于许多其他低温电子系统中，其中包括 SQUID 检测器、压频转换器，并预期应用于太赫兹辐射源。

基于约瑟夫森结的压频转换器使用交流约瑟夫森效应，该效应有两种形式：

• 在电磁辐射下的约瑟夫森结产生恒定电压 V，该电压仅与辐射频率以及物理常数 e 和 h 相关。直流量子电压标准中使用这种形式的约瑟夫森效应。

• 给约瑟夫森结施加恒定电压 V 产生频率为 f 的振荡，该频率仅与电压 V 以及物理常数 e 和 h 相关

$$f = \frac{2e}{h}V = K_J \times V = 483\ 597.9(\mathrm{GHz/V}) \times V \tag{4-32}$$

因此，约瑟夫森结可以用作具有高转换系数 K_J 的压频转换器，K_J 可以非常精确地确定（给约瑟夫森结施加 1 μV 直流电压会产生频率 484 MHz 的振荡）。由于 K_J 的高值及其确定的准确度，约瑟夫森结是在低温系统中处理微弱信号的良好压频转换器。由于结中振荡信号的功率低，在约瑟夫森结转换器的系统中，低温电子放大器是必不可少的。该放大器可以是一个 RF - SQUID 量子磁强计，它使用嵌有一个约瑟夫森结的检测器。检测器的结也可以用作压频转换器。第 5 章讨论 RF - SQUID 检测器和磁强计。在低温中，可以使用约瑟夫森结测量热电动势（EMF）或由温差产生的电压 V_T（见图 4 - 21）等

$$V_T = k_T(T_x - T_1)$$

$$f_x = \frac{2e}{h} V_T = k_2 (T_x - T_1)$$

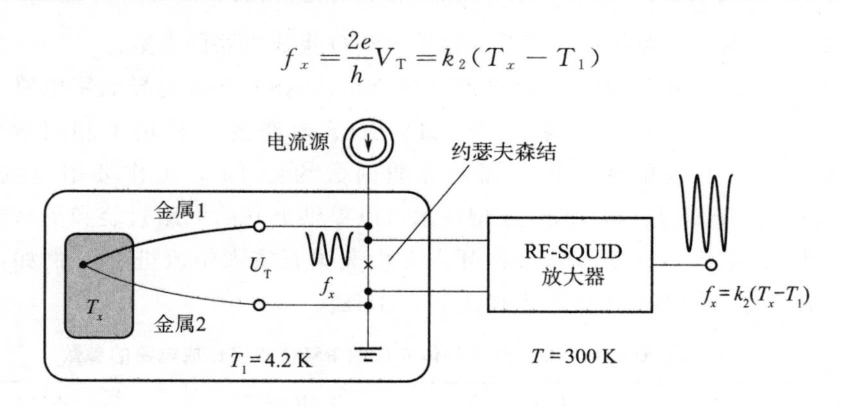

图 4-21　基于约瑟夫森结的压频转换器用于测量热电动势

热电动势 V_T 与温度差成正比。施加到约瑟夫森结的电压 V_T 产生频率为 f_x 的振荡。基于约瑟夫森结的压频转换器还可以用于低温应用的噪声温度计。第 5 章讨论该应用，还说明了用作超导模数转换器的 SQUID 检测器的工作原理。

4.6.2　太赫兹辐射源

太赫兹（THz）辐射或 T 射线是频率范围为 300 GHz 至 3 THz（对应波长范围为 100 μm 至 1 mm）的电磁波。太赫兹波沿直线传播，不会穿透金属或水之类的导电材料，并且可被包含水蒸气的地球大气层强烈吸收。同时，太赫兹辐射既可以穿透人体软组织也可以穿透人体硬组织，以及皮革、塑料、纸张、硬纸板、木材、陶瓷或石头等材料。T 射线是非电离辐射，对健康无害，或者至少比 X 射线对健康的伤害小得多。由于可被大气层强烈吸收，太赫兹辐射几乎无法用作无线传输的媒介。但是，人们仍然对于它在医学（例如牙科中牙齿的三维成像）以及安全领域（例如在机场和其他使用安检的地方，对行李和身体扫描）等的潜在应用非常感兴趣。然而，这些应用都需要高效太赫兹辐射源。

尽管 T 射线存在于温度高于 10 K 的黑体辐射光谱中，但它们的热辐射非常微弱。远红外激光（FIR）、自由电子激光（FEL）、反向波振荡器（BWO）和一些其他需要昂贵专业设备的技术可提供更强的辐射。它们一直是少数能够提供太赫兹辐射的来源，直到 2007 年，美国能源部阿贡国家实验室的 U. Welp 领导的一个国际科学家小组开发了一种器件，可以构建便携式太赫兹辐射源，其辐射由高温超导体 $Bi_2Sr_2CaCu_2O_{8+\delta}$ 制成的约瑟夫森结来完成[22]。该约瑟夫森结的最佳工作温度范围为 24～45 K，T 射线的最大辐射功率为 5 μW（效率为 3×10^{-4}）。此功率对于某些应用已经足够高了，人们认为，通过将辐射源的效率提高到 6%，辐射功率可以提高到 1 mW。

参考文献

[1] G. Bednorz, K. A. Müller, Supraleitung in LaBaCuO in 36 K. Z. Phys B64, 189 - 193 (1986).

[2] R. Behr et al. , Development and metrological applications of Josephson arrays at PTB. Meas. Sci. Technol. 23, 124002 (2012).

[3] S. P. Benz, C. A. Hamilton, A pule - driven programmable Josephson voltage standard. Appl. Phys. Lett. 68, 3171 - 3173 (1996).

[4] W. Chen et al. , Rapid single flux quantum T - flip - flop operating at 770 GHz. IEEE Trans. Appl. Supercond. 8, 3212 - 3215 (1998).

[5] J. Clarke, Experimental comparison on the Josephson voltage - frequency relation in different superconductors. Phys. Rev. Lett. 21, 1566 - 1569 (1968).

[6] M. Cyrot, D. Pavuna, Introduction to Superconductivity and High T_c Materials (World Scientific, Singapore, 1992).

[7] Documentation of the RMC Josephson standard (1998).

[8] T. Endo, M. Koyanagi, A. Nakamura, High accuracy Josephson potentiometer. IEEE Trans. Instrum. Meas. IM - 32, 267 - 271 (1983).

[9] D. Gupta, Y. Zhang, On - chip clock technology for ultrafast digital superconducting electronics. J. Appl. Phys. 76, 3819 - 3821 (2000).

[10] C. A. Hamilton et al. , A 24 - GHz Josephson array voltage standard. IEEE Trans. Instrum. Meas. IM - 40, 301 - 304 (1991).

[11] C. A. Hamilton, Josephson voltage standards. Rev. Sci. Instrum. 71, 3611 - 3623 (2000).

[12] HYPRES Design Rules, Internet resources, www. HYPRES. com.

[13] T. Jaw - Shen, A. K. Jain, J. E. Lukens, High - precision test of the universality of the Josephson voltage - frequency relation. Phys. Rev. Lett. 51, 316 - 319 (1983).

[14] B. D. Josephson, Possible new effects in superconducting tunneling. Phys. Lett. 1, 251 - 263 (1962).

[15] R. L. Kautz, L. Lloyd, Precision of series - array Josephson voltage standards. Appl. Phys. Lett. 51, 2043 - 2045 (1987).

[16] M. T. Levinson et al. , An inverse AC Josephson effect voltage standard. Appl. Phys. Lett. 31, 776 - 778 (1977).

[17] K. K. Likharev, Superconductors speed up computation. Phys. World 10, 39 (1997).

[18] K. K. Likharev, O. A. Mukhanov, V. K. Semenov, Ultimate performance of RSFQ logic circuits. IEEE Trans. Magn. 23, 759 - 762 (1987).

[19] K. K. Likharev, Superconductor devices for ultrafast computing, in Applications of Superconductivity (Section 5), ed. by H. Weinstock, NATO ASI Series (Kluwer, Dordrecht, 2000), pp. 247 - 293.

[20] D. E. McCumber, Effect of ac impedance on dc - voltage - current characteristics of Josephson junctions. J. Appl. Phys. 39, 3113 - 3118 (1968).

[21] J. Niemayer, L. Grimm, C. A. Hamilton, R. L. Steiner, High - precision measurement of a possible resistive slope of Josephson array voltage steps. IEEE Electron. Dev. Lett. 7, 44 - 46 (1986).

[22] L. Ozyuzer et al., Emission of THz coherent radiation from superconductors. Science 318, 1291 - 1293 (2007).

[23] W. H. Parker et al., Determination of e/h using macroscopic quantum phase coherence in superconductors. Phys. Rev. 177, 639 - 664 (1969).

[24] B. W. Petley, Quantum Metrology and Fundamental Constants, ed. by P. H. Cutler, A. A. Lucas (Plenum, New York, 1983).

[25] T. Quinn, News from the BIPM. Metrologia 39, 115 (2002).

[26] D. Reymann, T. J. Witt, J. Balmisa, P. Castejon, S. Perez, Comparisons of the Josephson voltage standards of the CEM and the BIPM. Metrologia 36, 59 - 62 (1999).

[27] Yu. M. Shukrinov et al., Modelling of Josephson nanostructures and intrinsic Josephson junctions in HTS. Supercond. Sci. Technol. 29, 024006 (2017).

[28] D. Sochocka, W. Nawrocki, Quantum voltage standard at central office of measures. Elektronika 11 (42), 15 - 18 (2001). (in Polish).

[29] The International Roadmap for Semiconductors (2013), Internet resources, http: //public. itrs. net/Files.

[30] T. van Dutzer, G. Lee, Digital signal processing, in Superconducting Devices, ed. by S. T. Ruggiero, D. A. Rudman (AcademicPress, NewYork, 1990).

[31] C. M. Wang, C. A. Hamilton, The fourth interlaboratory comparison of 10 V Josephson voltage standards in North America. Metrologia 35, 33 - 40 (1998).

第5章　SQUID磁通检测器

摘　要　本章介绍超导量子干涉器件（SQUID）的工作原理和设计。RF－SQUID在闭合磁路中具有单个约瑟夫森结并由射频信号偏置，本章讨论RF－SQUID并提供参数。我们用更长的篇幅讨论DC－SQUID，它具有两个约瑟夫森结，并用直流偏置。推导出RF－SQUID和DC－SQUID两种器件的磁通至输出电压转换方程。我们引用DC－SQUID分辨力等于0.5h的最高纪录，来分析SQUID的能量分辨力。本章设置一个单独的一节专门介绍纳米SQUID（在能量和空间都具有高分辨力的检测器）及其应用。本章给出了许多基于SQUID的测量系统示例，包括生物磁研究系统、无损检测（NDE）系统和用于测量极低温的噪声温度计。

5.1　磁通的量子化

1964年首次在有两个约瑟夫森结的超导环中观察到量子干涉效应[16]。也在那时，证明了有两个约瑟夫森结的电路临界电流是穿过回路磁通量的周期函数，其周期等于磁通量子Φ_0。利用这些研究结论开发出了称为SQUID（超导量子干涉器件，为Superconducting Quantum Interference Device的缩写）的磁通敏感器。SQUID是磁通电压转换器。这些超导敏感器包括两种类型，DC－SQUID，采用直流偏置且包含两个约瑟夫森结；RF－SQUID，采用高频信号偏置且包含一个约瑟夫森结。SQUID敏感器的工作是基于超导的两个效应特性：闭合磁路中的磁通量子化和约瑟夫森效应（在约瑟夫森结中表现出超导特性）。在所有物理量的所有已知敏感器中，SQUID的灵敏度最高。举例来说，SQUID的高灵敏度能够检测到距离1 km处的汽车。

SQUID敏感器应用在如下医学、科学和技术领域：

• 在医学上，用于基于磁场测量的人体器官非侵入性诊断（生物磁研究）。由于心脏产生最强的磁场，心磁描记术是这些技术中最先进的一种；

• 用于对材料的无损检测技术中，该技术可以通过测量电流感应磁场的不均匀分布来检测被测材料中的缺陷。在美国陆军的定期管理中，采用SQUID对飞机和航天器的重要部件进行无损检测；

• 在地质学中，通过测量地球表面的不均匀磁场来定位矿床；

• 在电学计量领域中，用于测量微弱的电流和电压信号；

• 在温度计量学中，用于基于热噪声测量绝对温度。噪声温度计是一种原级温度计，它利用基本物理定律，因此不需要校准；

• 在军队中，用于海岸监视以防异物，主要是潜艇。

RF - SQUID 只有一个约瑟夫森结。可能由于这个原因，其制造技术的开发早于 DC - SQUID。1970 年前后对 RF - SQUID 进行改进，使得它可以获得高达 7×10^{-32} J/Hz 的能量分辨力[23]。虽然当时很少关注 DC - SQUID。但是，理论显示 DC - SQUID 应该比 RF - SQUID 具有更高的灵敏度。而且，薄膜技术的发展使得制造两个约瑟夫森结的花费与制造单结相同。到 20 世纪 80 年代末，DC - SQUID 的分辨力提高了几个数量级，达到约 3×10^{-34} J/Hz= 0.5h ![20]，而 RF - SQUID 的灵敏度仅略有提高。

以上数据是在用液氦冷却的铌或其化合物制备的 SQUID 中获得。这些被称为低温（LTS）SQUID。1986 年发现高温超导体（HTS），并很快将其应用于制造 SQUID。目前，HTS SQUID 的能量分辨力（3×10^{-31} J/Hz）比 LTS SQUID 的能量分辨力低约一百倍[19]。因此，到目前为止，计量实验室仅使用 LTS SQUID。

超导体中的电传导是基于束缚成对的电子（称为库珀对）的运动。库珀对形成相干的量子凝聚物，可以用满足薛定谔方程的单波函数来描述。在正常传导相，多个单电子在材料中形成电子气，每个电子用单独的波函数描述。超导体中库珀对的运动用波函数 Ψ 描述[24]

$$\Psi=\Psi_0\exp\left[-\mathrm{j}\left(\omega t-2\pi\frac{x}{\lambda}\right)\right] \tag{5-1}$$

式中，λ 和 ω 分别是波的波长和角频率；x 是沿传播方向的距离。

当电流在超导体中流动时，点 P 和 Q 处的波函数具有如下相位差

$$\varphi_P-\varphi_Q=\frac{4\pi m}{hen_s}\int_P^Q\vec{J}_s\mathrm{d}\vec{l}+\frac{4\pi e}{h}\int_P^Q\vec{A}\mathrm{d}\vec{l} \tag{5-2}$$

式中，m 和 e 分别表示电子质量和电荷；h 是普朗克常数；n_s 是非超导电子浓度；$\vec{J}_s$ 是电流密度；$\vec{A}$ 是磁场矢量势；$\mathrm{d}\vec{l}$ 是 P 和 Q 之间的一无穷小段直线。

矢量势 $\vec{A}$ 和磁感应强度 $\vec{B}$ 有如下关系

$$\mathrm{rot}\vec{A}=\vec{B}$$

从上面的关系和式（5 - 2）可以得到，波函数的相位差与 P 和 Q 之间的电流密度［式（5 - 2）右边第一项所表示］和等式第二项的磁感应强度相关。

在 SQUID 理论中，非常重要的是如图 5 - 1 所示的情况，其中超导体 S 围绕正常（非超导）区域 N，超导电流在 S 的闭合轮廓中流动。置于感应磁场 B 中，超导体部分表现出完美的抗磁性（迈斯纳效应），而在 N 区域，磁感应强度等于 B。N 中的磁感应强度会在 S 中感应出超导电流。

考虑图 5 - 1 中虚线表示的轮廓或闭合路径，该路径任何两点的相位差如式（5 - 2）所述。

对于封闭路径，例如：$P\rightarrow Q\rightarrow P$，相位差为

$$(\varphi_P-\varphi_Q)+(\varphi_Q-\varphi_P)=\frac{4\pi m}{hen_s}\oint\vec{J}_s\mathrm{d}\vec{l}+\frac{4\pi e}{h}\oint\vec{A}\mathrm{d}\vec{l} \tag{5-3}$$

斯托克斯定理指出

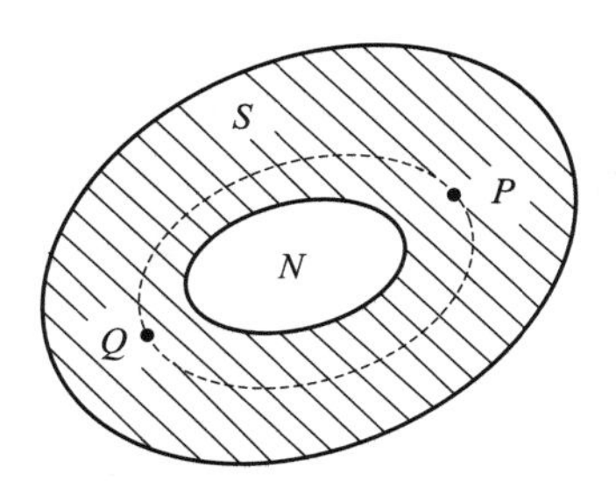

图 5 - 1　正常（非超导）区域 N 周围存在超导体 S

$$\oint \vec{A}\,d\vec{l} = \iint_S \mathrm{rot}\vec{A}\,d\vec{S}$$

式中，$d\vec{S}$ 是由封闭路径界定的面域。

根据斯托克斯定理，$\oint \vec{A}\,d\vec{l}$ 项可以用双积分代替

$$\oint \vec{A}\,d\vec{l} = \iint_S \vec{B}\,d\vec{S}$$

因此，式（5 - 3）变为

$$(\varphi_P - \varphi_Q) + (\varphi_Q - \varphi_P) = \frac{4\pi m}{hen_s}\oint \vec{J}_s d\vec{l} + \frac{4\pi e}{h}\iint_S \vec{B}\,d\vec{S} \tag{5-4}$$

描述电子运动的波函数的相位条件要求其在闭合回路的相位变化必须等于 $2\pi n$，其中 n 是整数

$$\frac{4\pi m}{hen_s}\oint \vec{J}_s d\vec{l} + \frac{4\pi e}{h}\iint_S \vec{B}\,d\vec{S} = 2\pi n$$

$$\frac{m}{n_s e^2}\oint \vec{J}_s d\vec{l} + \iint_S \vec{B}\,d\vec{S} = n\,\frac{h}{2e} \tag{5-5}$$

项 $\frac{h}{2e} = \Phi_0 = 2.07 \times 10^{-15}$ V · s 是磁通量子。

下面的方程式（5 - 6）右侧等于超导体的内部磁通量 Φ_i，代表磁通量子 Φ_0 的整数倍，而在左侧则等效于外部磁通量 Φ_e 以及密度为 J_s 的超导电流感应磁通量的和

$$\Phi_i = n\Phi_0,\ \Phi_e = \iint \vec{B}\,d\vec{S}$$

$$\frac{m}{n_s e^2}\oint \vec{J}_s d\vec{l} + \Phi_e = \Phi_i \tag{5-6}$$

$$\frac{m}{n_s e^2}\oint \vec{J}_s d\vec{l} + \Phi_e = n\Phi_0$$

等式（5 - 6）解释了闭合超导回路中的磁通量子化现象。当作用在超导体上的外部磁通 Φ_e 从零增加到 Φ_0 时，内部磁通 Φ_i 保持为零，Φ_e 由来自回路中感应超导电流 J_s 的磁通量补偿。在 $\Phi_e = \Phi_0$ 时，内部通量 Φ_i 以阶跃方式从零变化到 Φ_0。在台阶状变化之后，Φ_e 的进一步增加再次由超导电流的磁通量补偿，直到 $\Phi_e = 2\Phi_0$，依此类推。因此，$\Phi_i(\Phi_e)$ 是阶跃函数。SQUID 的工作中显然可见超导回路中的磁通量子化，这在许多实验中都可以

观察到。

约瑟夫森效应（在第 4 章中详细讨论）发生在约瑟夫森结中，该结由处于超导相的两个超导体和分开超导体的介电材料薄膜（厚 1～5 nm）组成。除单电子外，库珀对也隧穿通过这种结中的介电层。流过结的电流 I 是两个分量 I_e 和 I_p 的总和，它们分别由单电子和库珀对的流动引起

$$I = I_e + I_p \tag{5-7}$$

库珀对的两个电子隧穿通过介电薄膜，在描述库珀对运动的波函数中它们在相位上相干。

当施加到约瑟夫森结的偏置电压小于 E_G/e 时，$I_e = 0$；E_G 表示带隙宽度，即导带底部和库珀对能级之间的能量差。分量 I_p 不会在表现为超导体的结上产生任何压降。流过结的直流电流密度 j 超过（称为约瑟夫森电流）某个临界电流 I_c 时，约瑟夫森结两端出现电压

$$j = j_c \sin\varphi \tag{5-8}$$

式中，j_c 是一个常数，单位为电流密度；$\varphi = \varphi_2 - \varphi_1$ 是在结的相对侧的库珀对波函数的相位差。

若约瑟夫森结所在的磁场矢量势为 $\vec{A}$，通过矢量势与相位相关，约瑟夫森电流的密度与磁场强度相关

$$j = j_c \sin\left(\varphi - \frac{4\pi e}{h}\int \vec{A}\,\mathrm{d}\vec{l}\right) \tag{5-9}$$

5.2 RF - SQUID

5.2.1 RF - SQUID 等式

超导的应用研究工作带来了一种非常灵敏的测量器件的开发——超导磁通敏感器，称为 RF - SQUID[24]。根据式（5 - 6），在没有约瑟夫森结的超导闭合回路中磁通的量子化可以表示为

$$\Phi_e + L I_i = \Phi_i = n\Phi_0 \tag{5-10}$$

式中，Φ_e 是作用在超导回路上的外部磁通量；Φ_i 是超导体的内部磁通量；L 是磁回路的电感；I_i 是电路中感应的超导电流。

通过在磁路中嵌入一个约瑟夫森结就创建了 RF - SQUID。在这种情况下式（5 - 10）仍然适用，但是电流 I_i 必须满足约瑟夫森关系式（5 - 8）

$$I_i = I_c \sin\varphi \tag{5-11}$$

式中，I_c 是结的临界电流。

此时，式（5 - 11）中的相位差 φ 可以表示为

$$\varphi = \frac{2\pi\Phi_i}{\Phi_0} \tag{5-12}$$

将式（5 - 11）和式（5 - 12）代入式（5 - 10）则有

$$\Phi_i = \Phi_e + LI_c \frac{2\pi\Phi_i}{\Phi_0} \tag{5-13}$$

式中，L 是 SQUID 的自感。

式（5－13）是 RF－SQUID 的基本公式。图 5－2 可见 $\Phi_i = f(\Phi_e)$ 的函数关系表现为围绕直线 $\Phi_i = \Phi_e$ 且周期为 Φ_0 的振荡曲线。该磁化曲线的斜率可以是正、负或无限大。

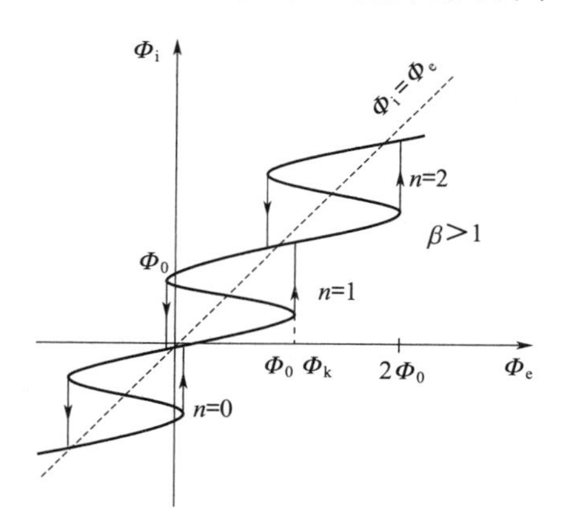

图 5－2　RF－SQUID 中的磁通量子化

内部磁通量 Φ_i 与 McCumber 参数 β_c（约瑟夫森结的回滞系数）

$$\beta_c = \frac{2\pi LI_c}{\Phi_0}$$

相关，是外部通量 Φ_e 的一对一函数或多重函数［参见 4.3 节式（4－19）］。

如果 $\beta_c > 1$，则 SQUID 的工作具有回滞特性。要想制造具有高电感和低临界电流 I_c 的非回滞（$\beta_c < 1$）RF－SQUID 很困难。因为需要将 SQUID 与外部电路耦合，所以需要高电感。因此，使用的 SQUID 为 $\beta_c > 1$，范围通常为 3～5。图 5－2 中 $\Phi_i = f(\Phi_e)$ 特性曲线中的跳变点对应于电流 I_i 达到临界值且 SQUID 回路从超导进入常态相。在可能发生这种转变的状态时，连续的 Φ_i 值之间相差 Φ_0。因此，该过程类似于磁通的量子化，并且 Φ_0 是此量子化过程中的磁通量子。它不应被理解为磁通量的不可分割部分，与电荷量子 e 是电荷不能再分割的部分不同。

当 SQUID 置于外部磁场中，其振幅有高频分量 $\Phi_{er} > \Phi_k$ 和恒定分量 $\Phi_{er} \gg \Phi_0$，则磁化曲线跟随 $n=0$ 直线，可逆且无损耗。对于高频磁通的高值 $\Phi_{er} > \Phi_k$，磁化曲线至少包含一个回滞环。一个回滞环中损失的能量 ΔE 为

$$\Delta E = -\frac{1}{L}(2\Phi_k - \Phi_0) \times (\Phi_0 - \Phi_c) \tag{5-14}$$

对于 $\Phi_{er} \ll \Phi_0$，有：如果 $\Phi_c \ll \Phi_0$，$\Delta E = \frac{\Phi_0^2}{L}$。

5.2.2　RF－SQUID 测量系统

图 5－3 给出了 RF－SQUID 测量系统的框图。输入线圈中的测量信号（电流）在线圈

中生成测量磁通。RF - SQUID 是由超导块或厚壁套管和弱连接磁回路形成的约瑟夫森结制成，在系统中起着磁通敏感器的作用。这种敏感器所用的典型超导材料是铌。最初的 RF - SQUID 称为 Zimmerman SQUID，由铌块（例如棒）制成，自感为 L，有两个孔用于输入线圈 L_i 和谐振回路线圈 L_r [38]。

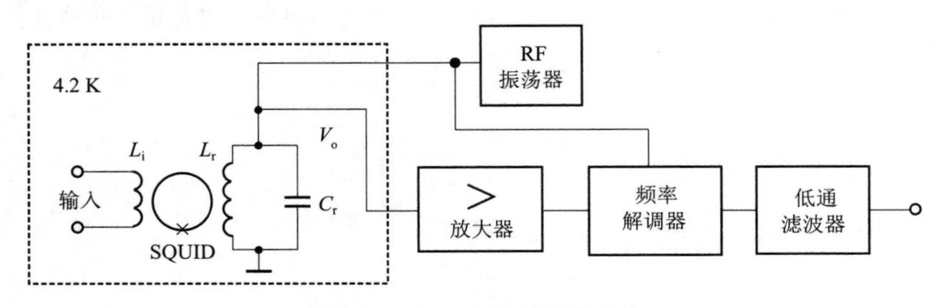

图 5 - 3　RF - SQUID 测量系统

当前的 SQUID 制造为集成电路的形式，它含有一个约瑟夫森结的超导回路和 L_i，L_i 线圈与超导回路耦合。因此，SQUID 的磁路与输入线圈和并联 L_rC_r 谐振回路感应耦合，并联 L_rC_r 谐振回路由高频（射频 RF）振荡器驱动。调节谐振回路中 RF 电流幅度，以使在磁路中此电流感应磁通 Φ_{er} 的幅度略低于 Φ_k。

通过测量谐振回路两端的电压 V_0 可以确定恒定或低频外部磁通 Φ_{e0}。因为敏感器回路是非回滞的，当 $\Phi_{e0}=0$ 时，电压 V_0 最高。如果磁通 Φ_{e0} 增大到总磁通($\Phi_{e0}+\Phi_{er}$) 超过 Φ_k，则磁滞回路会从共振回路吸取能量 ΔE，因此，共振回路的电压将下降 ΔV_0

$$\Delta V_0=\frac{2\pi L f_r \Phi_0}{2M} \tag{5-15}$$

式中，L 是 SQUID 磁路的电感；f_r 是 L_rC_r 回路的谐振频率；M 是 L 和 L_r 之间的互感。

电压 V_0 与 Φ_{e0} 相关，且在 $\Phi_{e0}=\Phi_k/2=\Phi_0/2$ 时为最小。随着 Φ_{e0} 从 $\Phi_0/2$ 增大到 Φ_0，V_0 也增大，但随着 Φ_{e0} 进一步增大 V_0 会再减小，直至 Φ_{e0} 为 $3\Phi_0/2$ 时 V_0 达到最小值。因此，V_0 是外部磁通 Φ_{e0} 的周期函数，周期为 Φ_0。测量 V_0 可以确定外部磁通 Φ_{e0}，范围在 $\pm\Phi_0$ 或更宽 $\Phi_{e0}\gg\Phi_0$。在后一种情况下，量子磁强计是磁通量子计数器。

在测量系统中，磁通 Φ_{e0} 由输入线圈 L_i 中的电流产生。实际中常用的一个参数是输入端磁通灵敏度 S_i，定义为能够引起 SQUID 上磁通变化一个磁通量子（即 $\Delta\Phi=\Phi_0$）的输入线圈电流变化 ΔI_i。S_i 的倒数是输入线圈 L_i 和 SQUID 自感 L 之间的互感 M_i

$$S_i=\frac{\Delta I_i}{\Phi_0},\quad M_i=\frac{1}{S_i}$$

量子磁强计用于测量许多非磁物理量，在这种情况下，通常被称为“SQUID 测量系统”。

5.3　DC－SQUID

5.3.1　DC－SQUID 等式

1964 年，Jaklevic 等人发明了 DC－SQUID[15]。那时，在有两个支路且每个支路中都有一个约瑟夫森结的超导环路中首次观察到量子干涉效应[15]。DC－SQUID 的工作是基于直流约瑟夫森效应。在没有任何外部磁场的情况下，输入电流平均分为两个支路。这个回路含有两个结，它的临界电流是穿过回路的磁通的周期函数，其周期等于磁通量子 Φ_0。该领域的研究很快带来了 DC－SQUID 的发展。

图 5－4 给出了 DC－SQUID 原理图，它由一个包含有两个约瑟夫森结（XY 和 ZW）的超导回路和用于连接到外部电路的两个端子组成。我们假设超导回路放置在磁感应强度为 $\vec{B}$ 的磁场中，且磁力线垂直于回路平面。DC－SQUID 的回路中超导电流由约瑟夫森结参数确定，这些参数代表回路中的弱联结。由于库珀对的运动（请参阅 4.1 节），两个结中每个结的超导电流 I_j 满足以下关系

$$I_j = I_{jc}\sin\varphi \tag{5-16}$$

式中，I_{jc} 是结的临界电流；φ 是跨结库珀对的电子波的相位差。

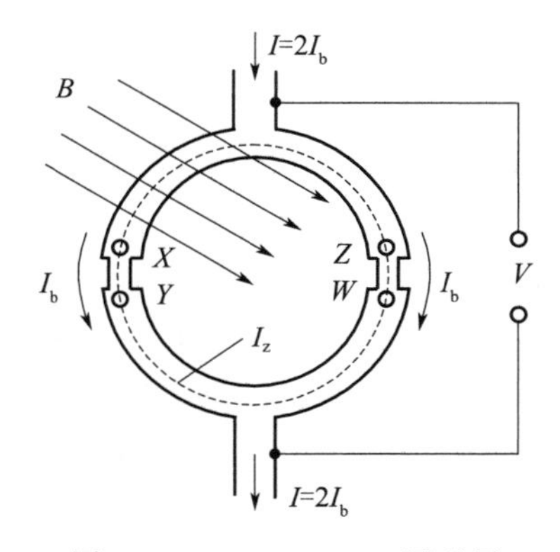

图 5－4　DC－SQUID 原理图

环路中的超导电流会引起电子波在跨结 XY 和 ZW 两端有很大相位差，而且在环路中其他位置（即在环路较粗部分）的相位差可忽略不计。相反，所施加的磁场导致电子波在 X 和 Z 之间以及在 W 和 Y 之间，即在环路较粗部分中，产生相位差。由于结的长度与环路的周长相比微不足道，因此由于磁场而导致的跨结两端相位差可以忽略不计。

假设没有来自外部电路的电流 I 流过 SQUID，并且由磁场 $\vec{B}$ 感应的最大电流 I_{jc} 产生的磁通远小于一个磁通量子 $\Phi = LI_{jc} \ll \Phi_0$，其中 L 是 SQUID 回路的电感。图 5－4 中的虚线是回路中相移的积分线。除约瑟夫森结外，该线超过了磁场的穿透深度。除约瑟夫森结区域外，该线上的电流密度为零。由于磁场和沿 $XYWZX$ 线的电流而引起的总相位变化为

$$\varphi = \varphi_{ZX} + \varphi_{XY} + \varphi_{YW} + \varphi_{WZ} \tag{5-17}$$

令跨结的相位差表示为 α_j 和 β_j，因此有

$$\varphi = \alpha_j + \beta_j + \varphi_{ZX} + \varphi_{YW} \tag{5-18}$$

利用式（5-4），有

$$\varphi = \alpha_j + \beta_j + \frac{4\pi e}{h}\iint_S \vec{B}\,\mathrm{d}\vec{S} \tag{5-19}$$

式（5-19）中的二重积分等于磁感应强度 $\vec{B}$ 作用在 SQUID 上的磁通量 Φ_e

$$\Phi_e = \vec{B} \times \vec{S} + LI_j \tag{5-20}$$

由于已假设 $LI_{jc} \ll \Phi_0$，因此可以忽略式（5-20）中的项 LI_j，积分前面的因子可以转换为

$$\frac{4\pi e}{h} = 2\pi\frac{2e}{h} = \frac{2\pi}{\Phi_0}$$

等式（5-20）变为

$$\varphi = \alpha_j + \beta_j + 2\pi\frac{\Phi_e}{\Phi_0} \tag{5-21}$$

库珀对的波函数必须满足相位条件：闭合回路上相位的总变化必须是全角的整数倍，即 $2\pi n$，其中 $n=1, 2, 3, \cdots$，因此

$$2\pi n = \alpha_j + \beta_j + 2\pi\frac{\Phi_e}{\Phi_0} \tag{5-22}$$

相移 α_j 和 β_j 不是仅仅与流过结的电流相关。当没有电流流过 SQUID 并且两个结相同时，每个结的相位差为

$$\alpha_j = \beta_j = \pi\left(n - \frac{\Phi_e}{\Phi_0}\right) \tag{5-23}$$

现在，让我们放弃先前的假设，假设来自外部电路的电流 $I=2I_b$ 流过图 5-4 所示的 SQUID，并对称地分开至回路的两个分支中。当 SQUID 用直流 I 驱动时，由于流过结的电流不同，结的相移也不同。穿过 XY 结的电流为 $(I_b + I_j)$，穿过 WZ 结的电流为 $(I_b - I_j)$。但是，相位条件必须满足，总相移 $\alpha_j + \beta_j$ 保持不变

$$\alpha_j = \pi\left(n - \frac{\Phi_e}{\Phi_0}\right) - \upsilon \tag{5-24}$$

$$\beta_j = \pi\left(n - \frac{\Phi_e}{\Phi_0}\right) + \upsilon \tag{5-25}$$

式中，υ 是相位差，它和直流电流 I 相关。

利用式（5-16）、式（5-24）和式（5-25），流过两个结的电流可以写成

$$I_j - I_b = I_{jc}\sin\left[\pi\left(n - \frac{\Phi_e}{\Phi_0}\right) - \upsilon\right] \tag{5-26}$$

$$I_j + I_b = I_{jc}\sin\left[\pi\left(n - \frac{\Phi_e}{\Phi_0}\right) + \upsilon\right] \tag{5-27}$$

这两个方程相减，并进一步变换，得到如下流过 DC-SQUID 的直流电流的表达式

$$I = 2I_b = 2I_{jc}\left|\cos\left[\pi\left(n - \frac{\Phi_e}{\Phi_0}\right)\right]\right|\sin\upsilon \tag{5-28}$$

由于 $|\sin\upsilon|$ 不能大于 1，对于电流 I，式（5－28）可以满足

$$I \leqslant 2I_{jc}\left|\cos\left[\pi\left(n - \frac{\Phi_e}{\Phi_0}\right)\right]\right| \tag{5-29}$$

SQUID 的临界电流 I_c，即保持结超导性的最大电流是

$$I_c = 2I_{jc}\left|\cos\left[\pi\left(n - \frac{\Phi_e}{\Phi_0}\right)\right]\right|$$

或

$$I_c = 2I_{jc}\left|\cos\pi\left(n - \frac{\Phi_e}{\Phi_0}\right)\right| \tag{5-30}$$

因此，DC－SQUID 的临界电流 I_c 是作用在 DC－SQUID 上的磁通量 Φ_e 的周期函数，如图 5－5 所示。

图 5－5（a）所描绘的关系［式（5－30）］适用于回路中流动的最大超导电流 I_{jc} 满足假设 $LI_{jc} \ll \Phi_0$ 的情况。对于不满足这个假设的情况，临界电流 I_c 与磁通量 Φ_e 的函数关系如图 5－5（b）所示。

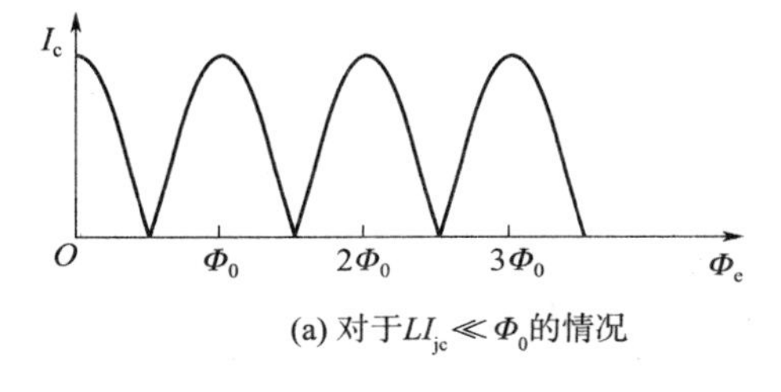

(a) 对于 $LI_{jc} \ll \Phi_0$ 的情况

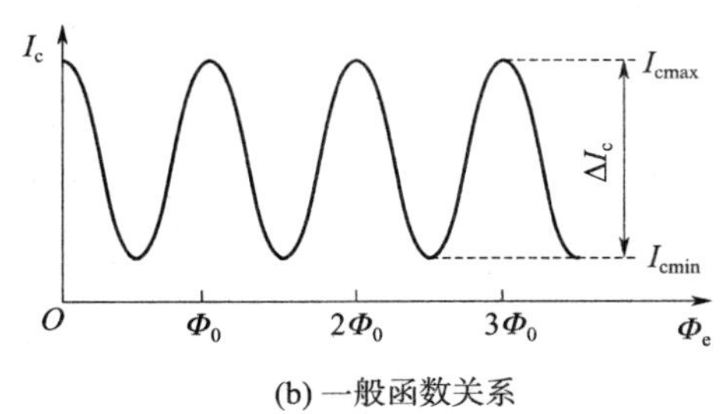

(b) 一般函数关系

图 5－5　DC－SQUID 的临界电流 I_c 与磁通 Φ_e 的关系

DC－SQUID 的 $I-V$ 特性在从 $I=I_{cmax}$ 开始的曲线（磁通量 $\Phi_e=n\Phi_0$）和从 $I=I_{cmin}$ 开始的曲线［对应于 $\Phi_e=(n+1/2)\Phi_0$］之间，见图 5－6。范围在从 0 到 I_c 的电流称为超电流。

偏置一个 DC－SQUID 的方法有如下两种：

• 电流（I_0）偏置并测量敏感器两端的电压；

• 电压（V_0）偏置并测量流过敏感器的电流。

第一种方法更常用，在这种方法中，DC－SQUID 的偏置直流电流 I_0 大于最大临界电

流 I_{cmax}。当 I_0 恒定时，SQUID 两端的电压 V 随作用于 SQUID 的磁通 Φ_e 的增加而产生脉动。SQUID 具有非线性动态电阻 $R_{dyn}=\frac{dV}{dI}$，与偏置电流 I_0 相关。转换系数 k_Φ 是敏感器的一个重要参数，它度量作用于敏感器上的磁通到端电压的转换。转换系数的测量单位为 $\mu V/\Phi_0 = 5\times10^8$ Hz，它等于 ΔV 与 $\Phi_0/2$ 的比值，其值取决于电流偏置点 I_0

$$k_\Phi=\left(\frac{\Delta V}{\Phi_0/2}\right)_{I_0} \tag{5-31}$$

电压偏置 SQUID 用电流灵敏度 M_{dyn} 来表征，它与偏置电压 V_0 相关，测量单位为电感单位

$$M_{dyn}=-\left(\frac{d\Phi}{dI}\right)_{V_0}=\frac{R_{dyn}}{k_\Phi} \tag{5-32}$$

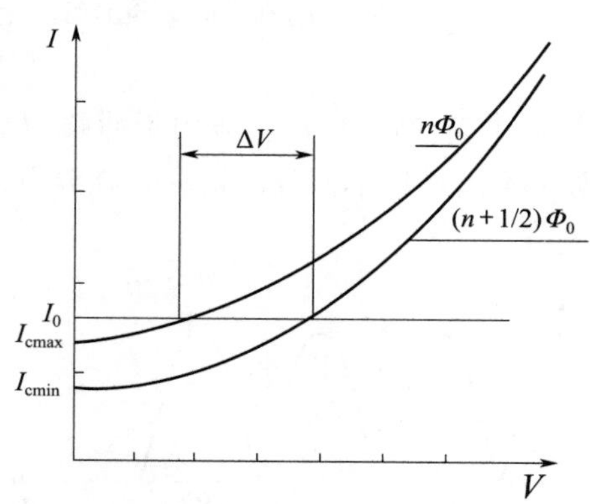

图 5-6　DC-SQUID 的电流-电压特性

在几乎所有的测量系统应用中，DC-SQUID 工作在磁通锁定回路中并担当零磁通敏感器的作用。将 $\Phi(t)=0.5\Phi_0\sin(2\pi f_m t)$（其中频率 f_m 在 100～500 kHz 范围内）的调制磁通施加至 SQUID。当偏置磁通恰好等于 $\Phi=n\Phi_0$ 时，敏感器端电压形式与全波整流后波形相同［见图 5-7（a）］。在这种情况下，敏感器的磁通-电压传递函数是强非线性。然而，当偏置磁通值偏移 $\Phi_0/4$，即等于 $\Phi=(n+1/4)\Phi_0$ 时，DC-SQUID 变成一个线性磁通-电压转换器［见图 5-7（b）］。通常，转换系数范围为（20～100）$\mu V/\Phi_0$。

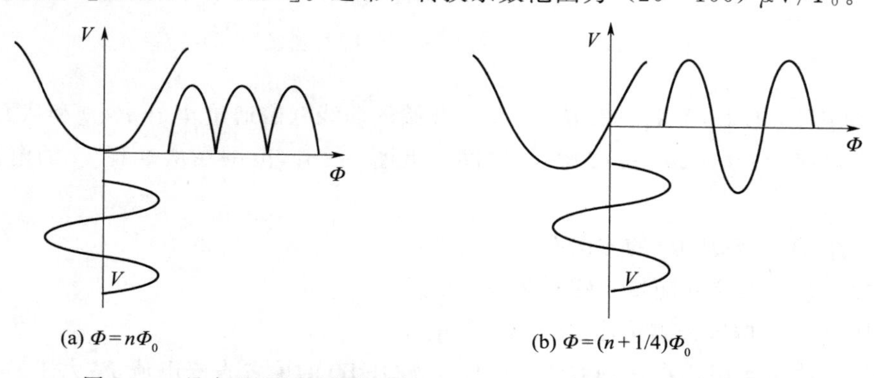

图 5-7　具有磁通调制和偏置的 DC-SQUID 的磁通-电压转换特性

在实际使用的量子磁强计电路中，被测磁场是通过超导磁通转换器再作用于 SQUID 的（见图 5－8）。

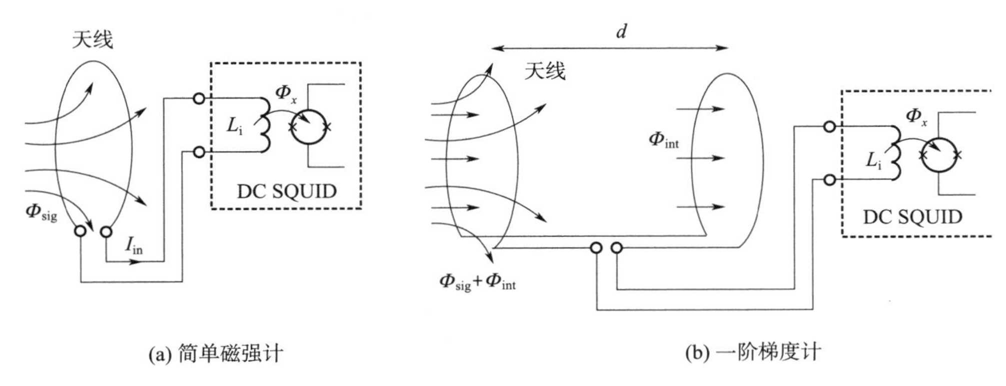

(a) 简单磁强计　(b) 一阶梯度计

图 5－8　SQUID 磁强计中的磁通转换器

在简单磁强计中，磁通转换器由一个感应线圈（也称为天线）、与之连接的一个输入线圈 L_i 和与此线圈感应耦合的 SQUID 组成。测量的磁通量 Φ_{sig} 在感应线圈中感应产生电流 I_i，I_i 产生作用于 SQUID 的磁通量 Φ_x［见图 5－8（a）］。

为减小干扰 Φ_{int} 对测量结果的影响，使用一阶［见图 5－8（b）］或更高阶梯度计。一阶梯度计由两个同轴线圈（一个天线和一个补偿线圈）组成，它们相隔距离 d。天线和补偿线圈的绕线方向相反。干扰磁通作用在两个线圈上，在线圈中产生相反的电流。如果两个线圈的面积完全相等，则输入电路中的电流不受干扰磁通的影响，仅与只作用于天线的测量磁通 Φ_{sig} 相关。

现代集成 SQUID 敏感器在单个集成电路中包含 DC－SQUID 和调制线圈（反馈线圈）（见图 5－9）。直流－SQUID 和输入线圈由超导材料制成，调制线圈通常是用铜箔制成条状。为确保在 DC－SQUID 输入线圈端子上产生的信号足够强，输入线圈（电感 L_i）和 DC－SQUID（电感 L）之间必须进行强磁耦合。这种耦合的度量是输入线圈 L_i 与

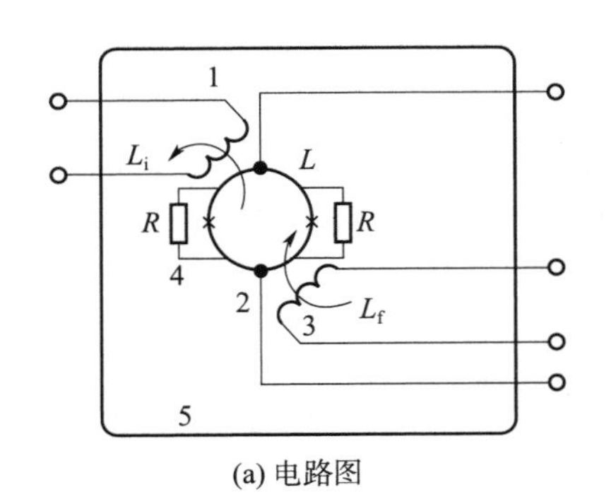

(a) 电路图

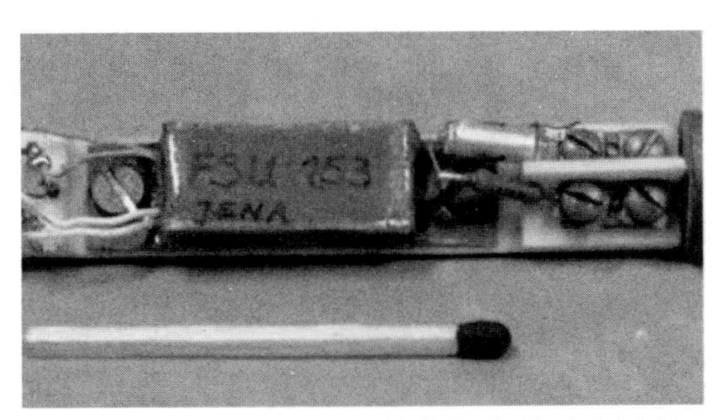

(b) 带有铅屏蔽的SQUID敏感器，铌端子（右侧）可以将输入线圈连接到外部测量电路

图 5－9　集成 DC－SQUID 敏感器

1—输入线圈；2—DC－SQUID；3—调制线圈；4—每个约瑟夫森结的并联电阻 R；5—超导屏蔽

SQUID 回路自感 L 之间的互感 M_i：$M_i = k_i\sqrt{L_iL}$。其他重要参数包括调制线圈 L_f 与 SQUID 回路之间的互感 M_f：$M_f = k_f\sqrt{L_fL}$，和 L_i 与 L_f 之间的互感 M_t：$M_t = k_t\sqrt{L_iL_f}$。每个约瑟夫森结都用一个外部并联电阻，或者在集成敏感器中用基底电阻并联。

5.3.2 DC-SQUID 的能量分辨力和噪声

通常优化 SQUID 是为了达到噪声最小。能量分辨力 $\varepsilon(f)$ 和输入线圈能量分辨力 $\varepsilon_c(f)$ 是常用的两个噪声判据，分别是普通 SQUID 和有输入线圈的 SQUID 能测到的每个频带单元的最小磁能。换句话描述，能量分辨力 $\varepsilon(f)$ 是最小可检测的能量变化。必须仔细区分这两个参数，以避免造成有关普通 SQUID 能量分辨力 ε（ε 已达到 $0.5h$ 水平[19]，其中 h 是普朗克常数）和要差很多的输入线圈处能量分辨力 ε_c 的文献数据之间混淆。能量分辨力 $\varepsilon(f)$ 和输入线圈处能量分辨力 $\varepsilon_c(f)$ 满足以下关系

$$\varepsilon(f) = \frac{\Phi_r^2}{2L}, \quad \varepsilon_c(f) = \frac{\varepsilon(f)}{k_i^2}$$

式中，Φ_r 是磁通噪声的谱密度；L 是 SQUID 的电感；k_i 是输入线圈和 SQUID 之间的耦合系数。

磁强计可检测到的输入线圈电流最小变化 ΔI_i 是其噪声水平 Φ_r 的函数

$$\Delta I_i = \frac{\Phi_r}{M_i} = \frac{\Phi_r}{k_i\sqrt{L_iL}} \tag{5-33}$$

式中，ΔI_i 是输入线圈中可检测到的最小电流变化；Φ_r 是 DC-SQUID 的噪声水平，单位为每$\sqrt{\text{Hz}}$的磁通量；M_i 是输入线圈 L_i 和 SQUID 回路（自感 L）之间的互感；k_i 是耦合系数。DC-SQUID 的能量分辨力 ε 为

$$\varepsilon_c = \frac{1}{2}L_i(\Delta I_i)^2 = \frac{L_i\Phi_r^2}{2M_i^2} = \frac{\Phi_r^2}{2k_i^2L} \tag{5-34}$$

参数 ε_c 表征带有输入线圈的 SQUID。噪声水平越低，SQUID 与输入线圈的耦合系数 k_i 越高，SQUID 的分辨力越高。

对于范围在高于 $1/f$ 噪声转折频率（从 1 Hz 到几十 kHz）和低于约瑟夫森振荡之间的频率，SQUID 的噪声等级为最小值。在这个频率范围内，SQUID 的噪声是一种白噪声，主要来源是约瑟夫森结的并联电阻的热噪声。与每个约瑟夫森结并联一个电阻 R，是为获得无滞回 $I-V$ 特性。在由高温超导体制成的 DC-SQUID 敏感器中，并联电阻包含在材料的结构中。理想 $I-V$ 特性由下式给出

$$V = R\sqrt{(I_b^2 - I_{jc}^2)} \tag{5-35}$$

式中，V 是 SQUID 两端的电压；I_b 和 I_{jc} 表示单个结的电流及其临界电流；R 是单个并联电阻的阻值。

当 McCumber 参数 β_c 不超过 1 时

$$\beta_c = \frac{2\pi R^2 I_{jc} C}{\Phi_0} \leqslant 1 \tag{5-36}$$

式中，β_c 是 McCumber 参数；C 是结电容。$I-V$ 曲线具有非回滞特性。

李哈雷夫（Likharev）和谢苗诺夫（Semenov）[22] 推导出 DC-SQUID 终端电压信号白噪声功率谱密度 S_ν 的分析公式

$$S_\nu = 4k_B TR \frac{1+\frac{1}{2}\left(\frac{I_{jc}}{I_b}\right)^2}{1+\left(\frac{I_{jc}}{I_b}\right)^2} \tag{5-37}$$

通常采用整个敏感器的参数 I_c、I_0 和整个 SQUID 的并联电阻 $R_s=R/2$ 来代替单结参数 I_{jc}、I_b 和 R。在工作点 $I=I_0$ 处的功率谱密度为

$$S_\nu = 8k_B TR_s \frac{1+\frac{1}{2}\left(\frac{I_c}{I_0}\right)^2}{1+\left(\frac{I_c}{I_0}\right)^2} \tag{5-38}$$

电压信号的功率谱密度 S_ν 可以转换成式（5-34）中的磁通噪声的功率谱密度 Φ_r^2。式（5-39）给出电压变化和作用于 SQUID 的磁通变化之间的最佳低噪声关系[7]

$$\frac{dV}{d\Phi} = \frac{R_s}{L} \tag{5-39}$$

依据式（5-38）和式（5-39），磁通的功率谱密度，即 DC-SQUID 的噪声水平，可以写成

$$\Phi_r^2 = \frac{S_\nu}{\left(\frac{dV}{d\Phi}\right)^2} = \frac{S_\nu}{k_\Phi^2} = \frac{8k_B T L^2}{R_s} \frac{1+\frac{1}{2}\left(\frac{I_c}{I_0}\right)^2}{1+\left(\frac{I_c}{I_0}\right)^2} \tag{5-40}$$

由式（5-34），能量分辨力 ε 也可以表达为

$$\varepsilon = \frac{\Phi_r^2}{2k_i^2 L} = \frac{4k_B TL}{k_i^2 R_s} \frac{1+\frac{1}{2}\left(\frac{I_c}{I_0}\right)^2}{1+\left(\frac{I_c}{I_0}\right)^2} \tag{5-41}$$

式（5-41）给出了为获得 DC-SQUID 良好分辨力所需要满足的条件。SQUID 的工作温度通常是固定的，低温 SQUID 的典型值是 4.2 K（液氦温度），高温 SQUID 的典型值是 77 K（液氮温度）。SQUID 要想有优良的能量分辨力（ε 值小）要求自感系数 L 低、SQUID 环路电感 L 和输入线圈电感 L_i 之间的耦合系数 k_i 高，以及约瑟夫森结的并联电阻 R_s 大。通过测量噪声水平 Φ_r 和电流灵敏度 $\Delta I_i/\Phi_0$ 可以间接确定 DC-SQUID 的能量分辨力

$$\varepsilon = \frac{1}{2}L_i\Phi_r^2\left(\frac{\Delta I_i}{\Phi_0}\right)^2 \tag{5-42}$$

由式（5-42）确定的能量分辨力 ε 在很大程度上与频带和测量噪声水平 Φ_r 时的外部干扰水平等环境条件相关。

5.3.3 DC - SQUID 的参数

与高温 SQUID 相比，低温 SQUID 在计量学中扮演着更重要的角色。这是由于 LTS 敏感器的噪声水平较低（温度是决定噪声的一个重要因素，且希望温度值低）以及其耐用性好。高温超导体在使用几个月后，由于与环境的相互化学作用，其化学成分会发生变化，最终失去超导性能。因此，高温超导 DC - SQUID 的电参数会随着时间的变化而最终完全退化。

最佳 DC - SQUID 的噪声水平是：$22\times10^{-7}\Phi_0/\sqrt{\text{Hz}}$（温度为 4.2 K 的 Nb/Al - AlO_x 敏感器[11]）以及 $42\times10^{-5}\Phi_0/\sqrt{\text{Hz}}$（温度为 77 K 的 $YBa_2Cu_3O_{7-x}$ HTS SQUID）[37]。对于噪声水平 $6\times10^{-7}\Phi_0/\sqrt{\text{Hz}}$，频率 $f=1$ kHz，带有输入线圈的 DC - SQUID 所获得的低温敏感器最佳能量分辨力为 $\varepsilon=2.1\times10^{-32}$ J/Hz$=32h$[4]。由于 $1/f$ 噪声，在频域上的 $f=10$ Hz 点处，该敏感器的噪声水平和能量分辨力要差三倍，分别为 $2\times10^{-6}\Phi_0/\sqrt{\text{Hz}}$ 和 $\varepsilon=100h$。最佳 HTS DC - SQUID 能量分辨力为 $\varepsilon=3\times10^{-31}$ J/Hz$=450h$，这是在温度为 77 K 和频率为 70 kHz 时测得的[19]。对于频率 $f=1$ Hz，高温超导敏感器的分辨力 ε 要差三个数量级。让我们回顾一下，在高于 500 Hz 的频率范围和 290 mK 的温度，普通 DC - SQUID 的能量分辨力最高纪录可达 $\varepsilon=0.5h$[20]。例如，德国杰纳的弗里德里希 · 席勒大学生产的集成 UJ111 DC - SQUID [见图 5 - 9（b）]，其参数为：

- SQUID 最大临界电流：$I_{\text{cmax}}=14$ μA。
- SQUID 最大和最小临界电流之间的差：$\Delta I_c=11$ μA。
- SQUID 回路自感：$L=50$ pH。
- 最佳工作点输出电压（见图 5 - 6）：$\Delta V=16$ μV，或换算系数 $k_\Phi=32$ μV/Φ_0。
- 铌输入线圈的电感：$L_i=770$ nH。
- 输入线圈和 SQUID 之间的互感：$M_i=4.6$ nH。
- 互感 M_i 的倒数，输入线圈的电流灵敏度：$\Delta I_x/\Phi_0=1/M_i=0.45$ μA/Φ_0。
- 调制线圈和 SQUID 之间的互感：$M_f=110$ pH。
- 互感 M_f 的倒数，调制线圈的电流灵敏度：$\Delta I_f/\Phi_0=1/M_f=19.5$ μA/Φ_0。
- 约瑟夫森结的并联电阻：$R_s=1.2$ Ω。
- 噪声水平：$\Phi_n=2\times10^{-5}\Phi_0/\sqrt{\text{Hz}}$（最佳 UJ111 敏感器的噪声水平要低 10 倍）。
- 额定工作温度：$T=4.2$ K。

在波兹南理工大学的测量系统中有上述 DC - SQUID 在运行。值得注意的是，目前制造的商用 DC - SQUID 的噪声水平比给出的 UJ111 敏感器低 10 倍。目前商用液氦冷却 DC - SQUID 的噪声水平约为 $\Phi_n\approx10^{-6}\Phi_0/\sqrt{\text{Hz}}$。

5.4　DC－SQUID 测量系统

5.4.1　测量系统的运行

图 5－10 给出了 DC－SQUID 测量系统的框图。由于测量的是输入线圈端子处电流，对于可转换为输入线圈电流的任何物理量，都可以利用此系统进行高灵敏度测量。DC－SQUID 是磁通敏感器，采用普通 DC－SQUID（无输入线圈）的测量系统是量子磁强计。

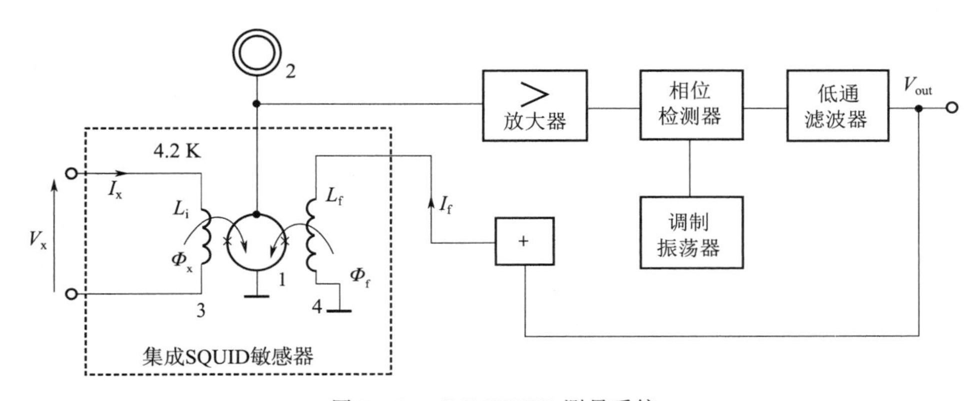

图 5－10　DC SQUID 测量系统

1—DC－SQUID；2—直流源；3—输入线圈；4—调制线圈

在实际的测量系统中，需要非常小心地屏蔽 SQUID 外部磁场，即使是地球磁场，对非屏蔽 SQUID 来说也是非常强的干扰源。由于干扰水平高，要想使用非屏蔽 SQUID 进行测量非常困难，实际上有时不可能实现。

减少干扰用的是铅或铌（两者都是超导金属）屏蔽。超导屏蔽起到一层屏蔽的作用，由于其完美的抗磁性而将外部磁场排斥在超导体之外。施加至 DC－SQUID 的磁通仅由输入线圈（与 SQUID 回路集成在一起）中电流 I_x 产生（见图 5－10）。系统对输入线圈端子处信号 I_x 进行测量。测量系统工作在零磁通反馈的闭环状态，进行磁通调制[10]。直流电源（2）向 DC－SQUID（1）提供偏置电流。作用在磁场敏感器上的总磁通包括：

• 来自输入线圈（3）（电感 L_i）的磁通量 Φ_x，测量信号由此输入。

• 负反馈磁通 Φ_f，由调制线圈（4）感应导入，它与调制信号振荡器产生的调制信号成正比。

信号经幅值调制处理。调制发生在 SQUID 中。敏感器终端产生的交流电压由前置放大器放大。测量信号在相位检测器中进行相位检测后，通过低通滤波器进行滤波。调制线圈中的电流与低通滤波器输出端的电压 V_{out} 成正比。所测得的磁通 Φ_x 由反馈磁通 Φ_f 自动补偿。输入信号 I_x 越强，产生反馈磁通的调制线圈中的电流 I_f 越大。电流 I_f 是由电压 V_{out} 引起，而且 V_{out} 也随着输入信号的增大而增大。低通滤波器输出端电压 V_{out} 是测量系统的输出电压。

该系统可以测量输入线圈中的电流 I_x 或任何可以转换成此电流的物理量。SQUID 测量系统的主要参数是噪声水平和动态特性，如通带或斜率。其他重要参数包括线性度（谐波失真）、反馈范围和多通道系统的窜扰。通常 DC－SQUID 的内部噪声决定了系统的总噪声，其动态特性受到磁反馈中电子单元的限制。

5.4.2 输入回路

输入回路的信号分析对于 DC－SQUID 测量系统的参数估计具有重要意义。输入回路的等效电路图如图 5－11 所示，包括一个电动势源 E_x，其内阻为 R_{int}。E_x 与 DC－SQUID 输入线圈的端子相连。输入线圈自感为 L_i，DC－SQUID 自感为 L，敏感器自感 L 与输入线圈 L_i 之间的互感 M_i，敏感器与反馈线圈（电感 L_f）之间的互感 M_f。L_i 和 L_f 之间的互感为 M_t。

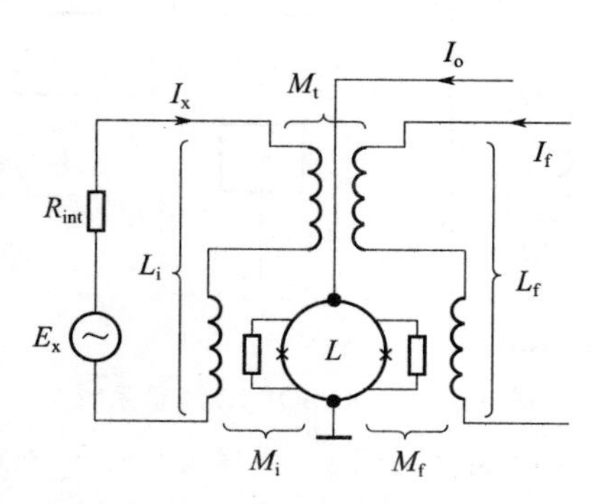

图 5－11 DC－SQUID 测量系统的输入回路（等效电路图）

电动势 E_x 产生电流 I_x 流过输入线圈；反馈电流 I_f 流过反馈线圈。由于负磁反馈，由输入电流 I_x 产生并作用于 DC－SQUID 的磁通 $\Phi_x = M_i I_x$，由调制线圈中反馈电流 I_f 产生的磁通 $\Phi_f = M_f I_f$ 进行补偿。假设与 Φ_x 和 Φ_f 相比，DC－SQUID 内部噪声产生的磁通 Φ_r 可以忽略不计

$$M_i I_x + M_f I_f = 0 \tag{5-43}$$

根据基尔霍夫电压定律，输入回路满足以下等式

$$E_x(t) = R_{int} I_x + \mathrm{j}2\pi f L_i I_x + \mathrm{j}2\pi f M_t I_f \tag{5-44}$$

基于式（5－43）和式（5－44），输入回路中的电流 I_x 可以写成

$$I_x^2 = \frac{E_x^2}{R_{int}^2 + (2\pi f)^2 \left[L_i\left(1 - \frac{M_i M_t}{L_i M_f}\right)\right]^2} \tag{5-45}$$

式（5－45）表示，对于输入电流 I_x，输入回路起着低通滤波器的作用，其截止频率 f_c 为

$$f_c = \frac{R_{int}}{2\pi L_i\left(1 - \frac{M_i M_t}{L_i M_f}\right)} = \frac{R_{int}}{2\pi L_{ie}} \tag{5-46}$$

式中，L_{ie} 是输入线圈的有效电感。

由于测量系统中的负反馈降低了输入线圈自感 L_i 的有效值，Clarke[5] 引入了 SQUID 输入线圈的有效电感 L_{ie}

$$L_{ie}=L_i\left(1-\frac{M_iM_t}{L_iM_f}\right) \tag{5-47}$$

由于引入输入回路的截止频率 f_c，可以将输入电流 I_x 与频率的函数关系式（5-45）简化为

$$I_x=\frac{E_x}{R_{int}\sqrt{1+(f/f_c)^2}} \tag{5-48}$$

集成 DC-SQUID 的参数 L_i，M_i，M_f 在一个运行的系统中很容易测量（L_i 可以直接测量，通过测量输入和调制线圈的电流灵敏度可以测得 M_i 和 M_f，单位为 $\mu A/\Phi_0$）。然而，基于式（5-47）很难确定输入线圈的有效电感 L_{ie}，原因是很难直接测量计算中涉及的互感 M_t 的低值[5]。评估测量系统动态特性所必需的是有效电感 L_{ie}，特别是输入回路（低通滤波器）的滤波特性。

文献［26］提出了一种测量有效电感 L_{ie} 的新方法。在报道的研究中，通过测量连接到测量系统中 SQUID 敏感器输入线圈端子的电阻热噪声电流来确定 L_{ie}，其方框图如图 5-12 所示。输入线圈绕组由超导材料制成，其绕组电阻为零。电阻 R_x 在温度 T 下的热噪声电动势 E_t 的均方由奈奎斯特公式给出

$$\mathrm{d}\langle E_t^2\rangle=4k_BTR_x\mathrm{d}f \tag{5-49}$$

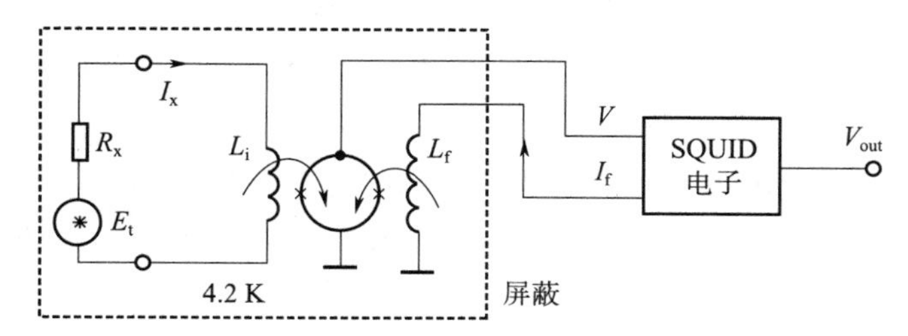

图 5-12 电阻热噪声测量和输入线圈有效电感测定装置
（电阻和 DC-SQUID 放置在相同的 4.2 K 环境温度中）

电阻产生的热噪声都是白噪声，即功率谱密度恒定，宽频率范围高达 GHz。输入回路中热噪声电流的均方为

$$\begin{gathered}\mathrm{d}\langle I_n^2\rangle=\frac{4k_BTR_x\mathrm{d}f}{R_x^2+(2\pi fL_{ie})^2}=\frac{4k_BT}{R_x}\times\frac{\mathrm{d}f}{(f/f_c)^2}\\ L_{ie}=\frac{R_x}{2\pi f_c}\end{gathered} \tag{5-50}$$

图 5-13 给出了不同电阻的测量系统输出电压和频率关系图。而 SQUID 测量系统的频带范围为 0～2 kHz。因此，图中所示测量信号的低通滤波仅是敏感器输入回路的滤波。

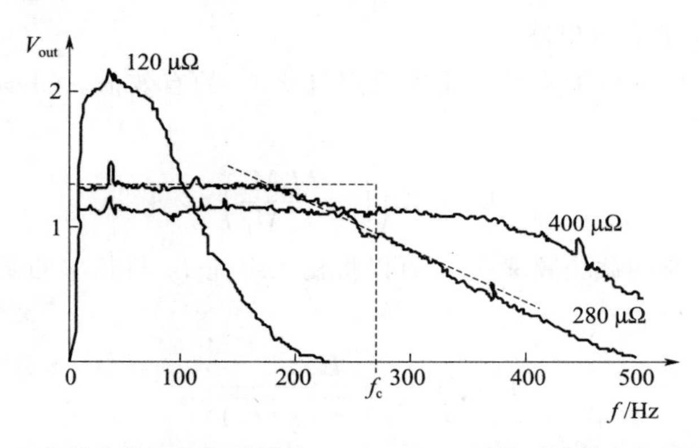

图 5-13　电阻连接至输入线圈的 DC-SQUID 测量系统输出电压频谱特性

利用频谱特性曲线可以用图形方式确定截止频率 f_c，从而计算 SQUID 输入线圈的有效电感。对于此种情况，负反馈将输入线圈电感从 $L_i = 770$ nH 减小到有效值 $L_{ie} = 170$ nH[26]。

5.4.3　双 SQUID 测量系统

SQUID 测量系统具有非常高的灵敏度，灵敏度是用输出电压与作用在 SQUID 上的磁通之比 $k_p = V_{out}/\Phi_x$ 来描述。如图 5-14 所示，加入另一个 SQUID 作为系统的前置放大器，可以进一步提高灵敏度[7]。测量系统两个 SQUID 敏感器 SQUID1 和 SQUID2 分别用直流 I_{p1} 和 I_{p2} 偏置。SQUID1 的端电压 V_1 串联连接有电阻 R_2 和另一个敏感器输入线圈。流过线圈 L_{i2} 的电流 I_2 产生磁通量 Φ_2，并作用于 SQUID2。由于负磁反馈涉及系统中的两个 SQUID，因此 SQUID1 调制线圈中的电流与系统输出电压 V_{out} 成正比。设 $k_{\Phi 1} = V_1/\Phi_x$ 和 $k_{\Phi 2} = V_2/\Phi_2$ 分别为 SQUID1 和 SQUID2 的转换系数，M_{i2} 为输入线圈 L_{i2} 和 SQUID2 自感之间的互感。作用在 SQUID2 上的磁通为 $\Phi_2 = M_{i2} I_2$（见图 5-14）。

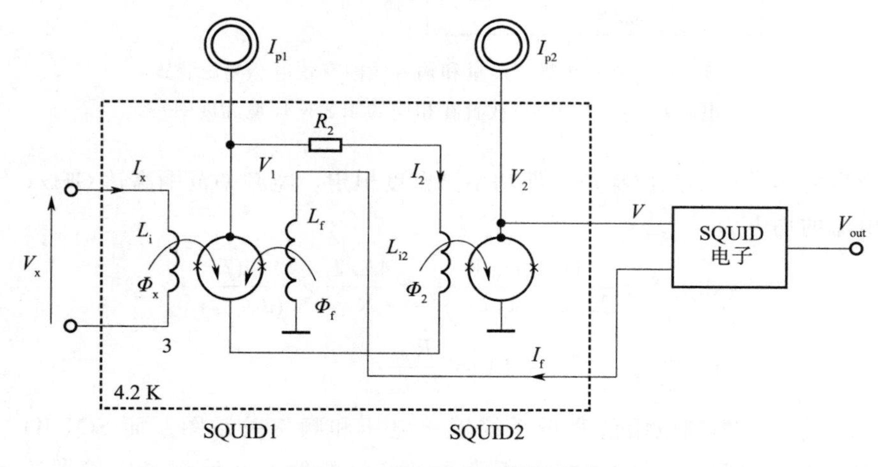

图 5-14　双 SQUID 测量系统

经过变换，双 SQUID 系统的转换系数公式为

$$k_{\Phi}=\frac{V_2}{\Phi_x}=\frac{k_{\Phi1}V_2}{V_1}=\frac{k_{\Phi1}V_2}{\sqrt{R_2^2+(2\pi fL_{i2})^2}I_2}=\frac{k_{\Phi1}M_{i2}V_2}{\sqrt{R_2^2+(2\pi fL_{i2})^2}\Phi_2}$$

$$k_{\Phi}=k_{\Phi1}k_{\Phi2}\frac{M_{i2}}{\sqrt{R_2^2+(2\pi fL_{i2})^2}} \tag{5-51}$$

因此，双 SQUID 系统的转换系数是两个 SQUID 的转换系数乘积。它也与互感 M_{i2} 成正比，与(R_2+L_{i2}) 串联的阻抗模数成反比。

设 $k_{\Phi1}=k_{\Phi2}=100\mu V/\Phi_0\cong 5\times10^{10}$ Hz 为此系统中每个敏感器的转换系数，互感 $M_{i2}=5$ nH，电阻 $R_2=10\ \Omega$。对于这些参数，双 SQUID 系统的直流分量转换系数为 $k_{\Phi}=2\ 500\ \mu V/\Phi_0\cong 12\times10^{11}$ Hz，此值比单个敏感器的转换系数高十倍。整个测量系统的另一个优点是，敏感器(其端子) 的低电阻输出和低电阻(R_2+L_{i2}) 串联之间的阻抗匹配比敏感器和前置放大器之间的阻抗匹配好。

两个或两个以上 SQUID 系统的灵敏度提高带来回路信号的频带较窄。这是由于附加 (R_2+L_{i2}) 串联，它表示附加低通滤波器，截止频率由 $f_{c2}=R_2/(2\pi L_{i2})$ 给定。

5.4.4　附加正反馈的 SQUID 测量系统

柏林 PTB 的 Drung 首次提出并实现的一个有趣想法是，通过引入附加正反馈（APF）来提高 SQUID 转换系数 k_{Φ}[7-8]。前述 $k_{\Phi}=V_S/\Phi_x$，其中 V_S 是 SQUID 终端的电压，Φ_x 是测量信号，即作用在 SQUID 上的磁通。图 5 - 15 给出了这种 DC - SQUID 的电路，增添了 $R_{ad}L_{ad}$ 串联电路连接到 SQUID 终端。

假设敏感器通过磁通偏置，使其工作点 W 位于 $V-\Phi$ 特性的正斜率上，如图 5 - 15 (b) 所示。磁通量增大 $\delta\Phi$ 会带来终端电压增大 δV_S。因此引起 APF 线圈电流的增加，从而互感 M_{ad} 会在 SQUID 上产生一个附加正磁通 Φ_{ad}。这种附加磁通将进一步增加敏感器两端的电压 V_S，从而增加其转换系数 k_{Φ}。同样，如果工作点 W 位于 $V-\Phi$ 特性的负斜率上，k_{Φ} 也会减小。因此，由于引入 APF 电路，$V-\Phi$ 特性变得不对称。由于 $R_{ad}L_{ad}$ 串联回路起到了低通滤波器的作用，附加正反馈稍微减小了峰峰电压 V_{pp} 范围。

用低频等效电路可以解释带有 APF 的 SQUID 特性。图 5 - 15（c）所示的等效电路描述在工作点 W 附近磁通小变化时的系统特性。带有 APF 的 SQUID 的输出和没有 APF 电路的 SQUID 一样，但连接到增益为 G_{APF} 的电压放大器

$$G_{APF}=\frac{1}{1-\beta_{APF}} \tag{5-52}$$

$$\beta_{APF}=\frac{k_{\Phi}(M_{ad}-M_{dyn})}{R_{dyn}}\leqslant 1 \tag{5-53}$$

式中，G_{APF} 是磁通-电压转换系数的增大；对于 $\beta_{APF}\cong 1$，G_{APF} 是无穷大；β_{APF} 表示正反馈系数；k_{Φ} 是没有 APF 时 SQUID 的转换系数；$R_{dyn}=dV/dI$ 是 SQUID 的动态电阻；$M_{dyn}=R_{dyn}/k_{\Phi}$ 是由式（5 - 32）定义的电流灵敏度。

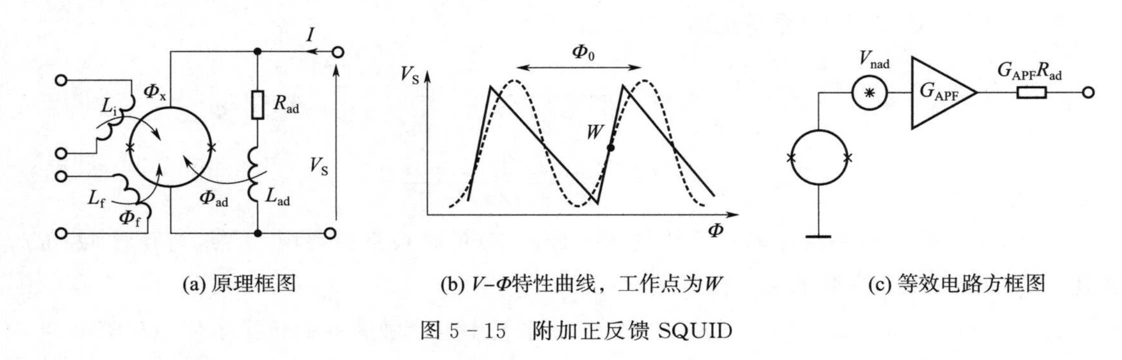

(a) 原理框图　　(b) V-Φ特性曲线，工作点为W　　(c) 等效电路方框图

图 5 - 15　附加正反馈 SQUID

图 5 - 15（c）中放大器的输出电阻$G_{APF}R_{dyn}$是带有 APF 的 SQUID 的动态电阻。动态电阻和转换系数同步增大。电阻R_{ad}对总噪声的贡献V_{nad}由放大器输入端的噪声电压源表示，其谱密度为

$$S_{APF}=\frac{V_{nad}^2}{\Delta f}=4k_BTR_{ad}\beta_{APF}^2\approx 8k_BTR \tag{5-54}$$

式中，R 是 SQUID 在正常（非超导）状态下的电阻。

为使得噪声最小，R_{ad} 值应尽可能小。然而，高峰峰值电压 V_{pp} 需要有 $R_{ad}\gg R/2$。因此，R_{ad} 不能太小。用 $G_{APF}=10$ 和 $R_{ad}=2.5R$（这是实际的 APF 参数）获得等式（5 - 54）右边的近似值。对于低温 SQUID，APF 电路引起的噪声约 $8k_BTR$ [8]，明显低于 SQUID 终端噪声（约 $16k_BTR$）[5]。

根据 Drung 的分析，与没有 APF 的 SQUID 系统相比，带有 APF 的 SQUID 系统具有更好的信噪比[7]。

5.4.5　数字 SQUID 测量系统

传统 SQUID 测量系统输出模拟信号。然而，在许多应用中，SQUID 的输出信号在数字系统中需要进一步处理（滤波、平均或算术运算）。这需要前述的高分辨力模数转换。如果系统包含许多 SQUID（如用于生物医学研究的多通道 SQUID 系统），对数字信号的需求则会增加。如果在 SQUID 系统电子电路的输入端而不是输出端进行模数转换，则对模数转换器的要求较低。在输入端经过模数转换后，数字信号由数字信号处理器平均、由数模转换器转换为模拟信号、通过反馈施加给 SQUID。数模转换器输入端的数字信号是 SQUID 系统测量的数字结果[8-9]。在这种模式下，SQUID 敏感器的工作仍然是模拟的。

Drung[9] 提出并实现了一种基于 DC - SQUID 敏感器的 SQUID 数字运行系统。数字 SQUID 系统的运转是基于临界电流的高频检测。单个回滞约瑟夫森结可用作闭锁电流比较仪。在此情况，高频时钟电流信号 I_{clock} 和输入电流信号 I_{sig} 流过结，结在两种状态之间切换：

- 当通过结的总电流大于其临界电流（$I_{clock}+I_{sig}\geq I_c$）时，正常态（结电压 $V_J>0$）。
- 如果总电流降低到小于临界电流值（$I_{clock}+I_{sig}<I_c$）时，超导态($V_J=0$)。

因此，约瑟夫森结在超导态和正常态之间切换时产生一系列电压脉冲。为了提高系统的灵敏度，用回滞 DC－SQUID 代替了单约瑟夫森结。DC－SQUID 以给定的概率将输入线圈中的电流或外加磁场产生的磁通 Φ_x 转换成一系列的脉冲。SQUID 的磁通 Φ_x 越大，脉冲频率越高。

图 5－16 给出了一个带数字磁通锁定回路的数字 SQUID 系统，SQUID 工作有如一个比较仪。高频时钟发生器的电流通过 SQUID。敏感器端子处产生的电压脉冲（振幅为几毫伏）接到保持在室温下的加/减计数器的输入端。计数器发挥数字积分器的作用。当 SQUID 的状态从超导变为正常时，它的读数增加，反之则减小。计数器读数是测量的数字结果，通过数模转换器转换为反馈线圈中的电流。

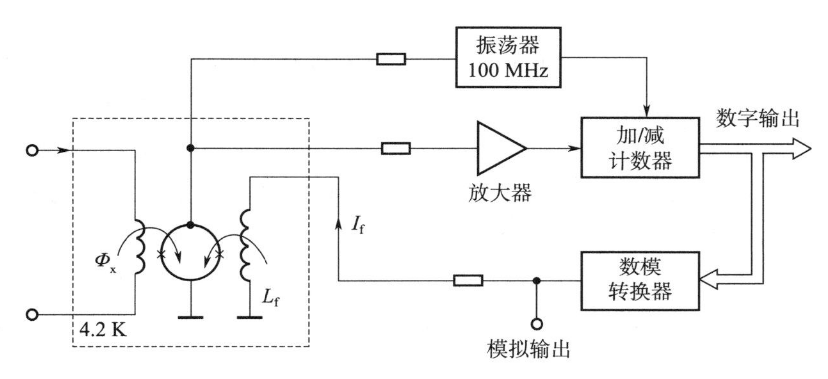

图 5－16　数字 SQUID 测量系统

如果时钟脉冲的振幅介于 SQUID 的最大和最小临界电流（见图 5－5）之间，则反馈回路自动假定切换概率 $p=50\%$。放大器噪声电压的影响被消除，因为系统只检测和记录脉冲，而不考虑其振幅或相位。然而，放大器噪声电流是很重要的，因为电流流过 SQUID 并影响其偏置。SQUID 的能量分辨力 ε 及其磁通噪声随时钟频率 f_{clock} 的提高而降低。仿真和测量表明，在 1～700 MHz 的频率范围内，SQUID 的能量分辨力 ε 与其开关频率 f_{clock} 服从以下关系

$$\frac{\varepsilon}{h}=\frac{20\ \text{GHz}}{f_{\text{clock}}} \tag{5-55}$$

Drung 构建的第一个数字测量系统中的 DC－SQUID 由 Nb－Nb_2O_5－PbInAu 制成。测得该系统中运行的敏感器的噪声水平为 $\Phi_n=4.5\times10^{-6}\Phi_0/\sqrt{\text{Hz}}$，在时钟发生器最佳频率 20 MHz 时其能量分辨力 $\varepsilon=4\ 300h$。在一个双 SQUID 数字系统中，用一个线圈作为梯度计并与敏感器集成在一个结构中，获得了更好的参数：噪声水平为 $\Phi_n\leqslant10^{-6}\Phi_0/\sqrt{\text{Hz}}$，能量分辨力 $\varepsilon\leqslant70\ h$。该数字系统的最佳动态参数为 $2\times10^6\Phi_0/\text{s}$[9]。

5.5　纳米 SQUID

纳米 SQUID 检测器（即尺寸为纳米尺度的检测器）的发展创造了新的测量可能性。

根据 5.3.2 节的讨论，SQUID 的极限能量分辨力 ε 由式（5 - 56）描述

$$\varepsilon = \frac{\Phi_r^2}{2L} = 16k_B T\ (LC)^{1/2} \tag{5-56}$$

式中，Φ_r 是磁通噪声的谱密度；L 和 C 分别是 SQUID 的电感和电容。

传统的 DC - SQUID 是一个由两个三层约瑟夫森结（超导体-绝缘体或者正常导体-超导体）组成的超导回路，受技术（光刻技术）限制超导回路尺寸超过 10 μm。为了获得更好的分辨力，即较小的 ε 值，建议使用低 L 和 C 值的 SQUID，并确保 SQUID 工作温度 T 很低，见式（5 - 56）。因此，纳米 SQUID 得以开发。用单层约瑟夫森结（JJ）和 1～5 μm 大小的超导回路制备 DC - SQUID 检测器，然后制备 200～1 μm 大小超导回路的纳米 SQUID 检测器。

在文献［31］中，德国杰纳的莱布尼茨光子技术研究所的 Schmelz 等人给出了 SQUID 检测器的数据，其超导回路的尺寸大大减小（杰纳是 40 年来世界领先的低温电子学中心之一）。文献介绍了基于过零型 $Nb/AlO_x/Nb$ 约瑟夫森结（SIS）的微型 SQUID 制备技术和测量结果。高灵敏度 DC - SQUID 检测器的回路尺寸从 10 μm 减小到 500 nm，并显示出低磁通噪声 $\Phi_r < 100n\Phi_0/\sqrt{\text{Hz}}$，见表 5 - 1。

表 5 - 1　微型 DC SQUID 器件参数[31]

回路直径 a /μm	反有效面积 ($\mu T/\Phi_0$)	SQUID 电压 V_{pp} /μV	SQUID 回路电感 L /pH	测量白磁通噪声 ($n\Phi_0/\sqrt{\text{Hz}}$)
5	47.5	345	17.1	150
3	104	340	10.7	70
1	430	320	5.00	45

对于文献［31］所述的器件，临界电流密度约为 2.5 kA/cm²，对于结尺寸为（1.5 μm×1.5 μm）的 SQUID，临界电流 $I_{c\,SQUID}$ 约为 110 μA。回路尺寸为 1 μm 的器件具有低至 45 $n\Phi_0/\sqrt{\text{Hz}}$ 的白磁通噪声，对应能量分辨力 ε 约为 1 h（4.2 K），其中 h 为普朗克常数。DC - SQUID 中约瑟夫森结的参数为：临界电流 $I_{c\,JJ} = 0.5 I_{c\,SQUID}$ 约为 55 μA，分流电阻 $R_s = 6.6\ \Omega$，总电容估计为 $C_{JJ} \approx 140$ fF。

纳米 DC - SQUID 检测器具有纳米级的约瑟夫森结、低 C 和高密度 J_c。DC - SQUID 是一个线性磁通-电压转换器［见图 5 - 7（b）］。通常传统 SQUID 的转换系数在 20～100 $\mu V/\Phi_0$ 之间，但纳米 SQUID 的转换系数要高得多，约为 2 mV/Φ_0[13]。纳米 SQUID 的磁通噪声谱也很好。在频率为 1 kHz 的白噪声区，磁通噪声低至 $1.5\times10^{-7}\ \Phi_0/\sqrt{\text{Hz}}$（在7 K 时），纳米 SQUID 的电子自旋灵敏度 S_n 用式（5 - 57）表示[13]

$$S_n = a\ \frac{\Phi_r^{1/2}}{2\pi\,\mu_B\,\mu_0} \tag{5-57}$$

式中，a 是 SQUID 环路的尺寸；Φ_r 是磁通噪声的谱密度；μ_B 是玻尔磁子；μ_0 是真空磁导率。

在 NPL，在 7 K 温度测得两个电子每 $Hz^{1/2}$ 的自旋灵敏度[28]。由于纳米 SQUID 具有非常小的尺寸和高能量灵敏度，因此可以应用于一些独特的任务：

• 磁性粒子的测量和探测，特别是电子的自旋探测，灵敏度可低至单自旋。

• 单光子探测和测量（例如，在医疗领域，使用纳米 SQUID 进行质子束或离子束强度测量的微测热辐射计[13]）。

• 纳米机电（NEMS）谐振器的灵敏读数。NEMS 谐振器有望能够非常灵敏地测量飞米位移、单电荷、皮牛力和阿克质量。

一个有趣 SQUID 变体是磁回路中加入具有石墨烯势垒的约瑟夫森结，见图 5－17。通过栅极电压可以控制石墨烯约瑟夫森结中的超电流。利用此特性可以控制约瑟夫森结的 $I-V$ 特性（见第 4 章中图 4－8）和 DC－SQUID 的 $I-V$ 特性（见图 5－6）。这样，也可以控制 DC－SQUID 的转换系数 k_{Φ}［见式（5－31）］。此外，用电场 E 代替磁场 B 控制石墨烯 SQUID，可以使其开关速度更快。最初的纳米 SQUID 由于自加热和滞回 $I-V$ 特性，其工作极限较低约为 1 K，而石墨烯纳米 SQUID 可以在低至 320 mK 的温度工作[13]。

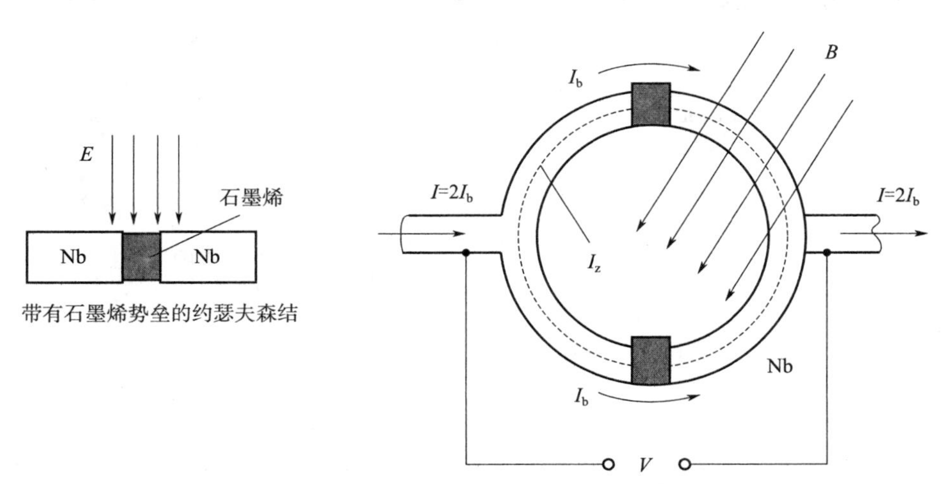

(a) 带有石墨烯势垒的约瑟夫森结　　(b) 由两个带有石墨烯势垒的JJ构成的纳米SQUID

图 5－17　带有石墨烯势垒的约瑟夫森结及纳米 SQUID

5.5.1　磁信号和干扰

SQUID 磁通敏感器用于测量磁学量：磁通量、磁感应强度和磁场。由于其卓越的能量分辨力（灵敏度）优于任何物理量的任何敏感器，SQUID 测量系统可以测量其他方法不可能完成的一些量。SQUID 测量系统为技术和医学领域中开发和改进新的测试和诊断方法扫清了道路。图 5－18 给出了生物和技术过程相关的磁感应强度等级，以及与之相比较的 SQUID 测量能力[1]。数据表明，SQUID 需要非常有效地屏蔽地球和各种技术设备产生的磁场。商用 SQUID 大多安装在生物磁测量系统中。用于生物磁研究的灵敏 SQUID 测量系统很容易受到干扰。

减少干扰的方法有两种：在屏蔽室内进行测量，或在测量系统中对干扰进行补偿。尤其是生物磁研究需要一个法拉第笼形式的屏蔽室，以确保对频率在 0.1 Hz 至约 100 Hz 范围内的干扰进行非常有效的屏蔽。量子电压标准也必须安装在屏蔽室。屏蔽层通常由几层 μ 金属（一种 77%Ni+15%Fe+5%Cu+3%Mo 的合金，具有高磁导率）和用于屏蔽电场的一层良好导电体（铜或铝）组成。

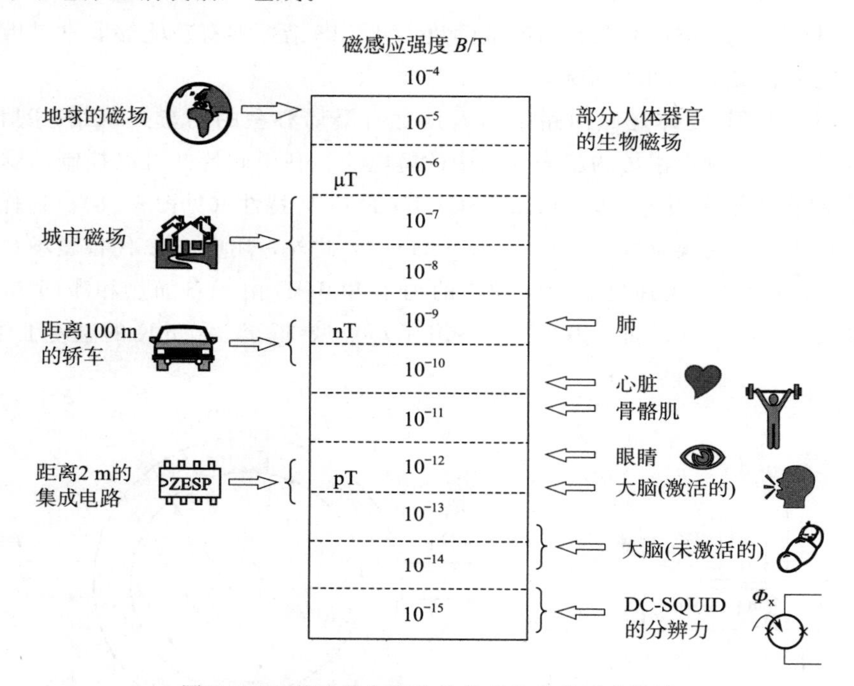

图 5-18 技术设备和生物体产生的磁感应强度

在柏林的 PTB 建造的多个屏蔽室可能是最好的。其中一个屏蔽室有 6 层 μ 金属和一层铜板。另一个体积为 $(2.9\ \mathrm{m})^3$ 的新房间被称为磁超屏蔽室（MSSR），它用 7 层 μ 金属和 1 层 10 mm 厚铝层进行屏蔽[3]。该多层屏蔽还额外安装有源屏蔽，在屏蔽室的外墙上安装有线圈。线圈起到天线的作用，同时接收干扰和发射抗干扰信号。抗干扰信号由有源屏蔽的电子控制电路产生。图 5-19 中的曲线借鉴了文献 [3]，比较了不同屏蔽室屏蔽系数与频率的函数关系。屏蔽系数定义为屏蔽室外磁场 H_{out} 与屏蔽室内磁场 H_{in} 的比值。屏蔽系数与频率 f 相关；在 PTB 的 MSSR 测量中，其值范围为：$f=0.03$ Hz 时为 10^7，$f=5$ Hz 时为 2×10^8。一个两层 μ 金属/Al 屏蔽的参数，$f=0.01$ Hz 时屏蔽系数为 20，$f=1$ kHz 时屏蔽系数为 15×10^3[1-2]。

5.5.2 生物磁研究

医学生物磁研究是 SQUID 磁测量的一个很好示例，已经发展出基于测量人体器官产生磁场的一种新诊断方法。在哪些器官中磁场发生扭曲，根据磁场分布图可以得出相关器官的结论并找出扭曲的原因。

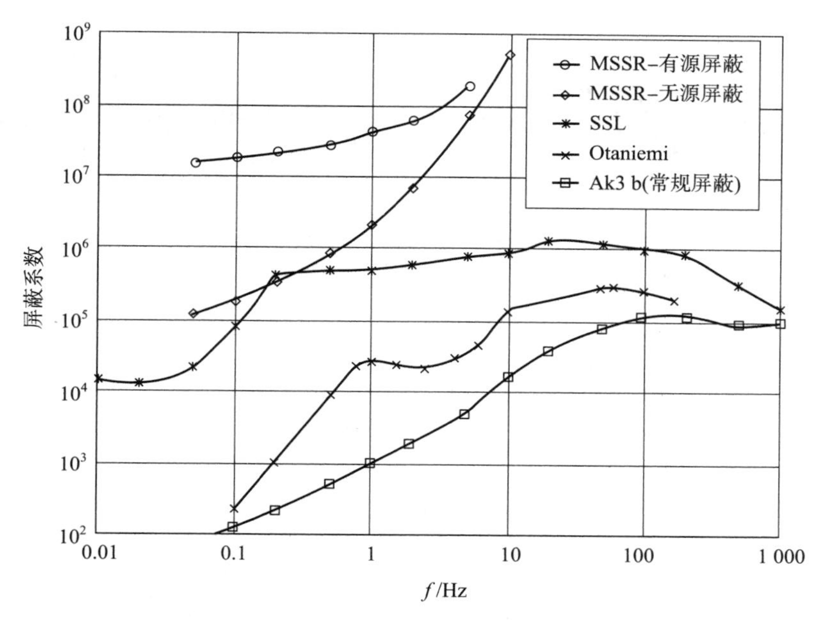

图 5-19　一些屏蔽室的屏蔽系数（借用文献 [3]，由 M. Burghoff 博士提供）

要想通过非侵入方法获得一个器官内部结构和功能的最完整图像，必须研究这个器官的电信号、磁场分布和组织密度。例如，这种对心脏进行研究的无创方法包括心电描记术（ECG 或 EKG）、心磁描记术（MCG）和磁共振成像（MRI）断层扫描（这是一种使用核磁共振的技术）。医学生物磁研究主要用于五个领域：

• 心磁描记术（MCG），是心电描记术 ECG 的补充（见图 5-20）。

• 胎儿心磁图描记术（FMCG），在无法进行 ECG 的情况时可能采用。

• 脑磁图描记术（MEG），用于诊断目的（如癫痫诊断）的脑磁场研究。

• 磁神经描记术（MNG），用于识别大脑中负责协调不同功能（如视觉、听觉或肢体运动）的区域。

• 磁标记，用于识别引入到消化道、呼吸道或血液循环系统的微磁的路径和速度，以便于诊断。

在生物磁学研究中使用的多通道 SQUID 测量系统最多有 250 个通道，每个通道有一个敏感器，可以同时测量整个区域磁场。在测量通道中使用低噪声放大器、有源低通滤波器（衰减高达 96 dB/oct）和分辨力从 12 位到 16 位的模数转换器。虽然人体中的过程相对较慢（例如，呼吸频率约为 0.2 Hz，心率范围为 1～2 Hz），但是系统需要同时处理数百个信号，还对单个通道的动态特性提出了很高的要求。

由于最强的磁场是由心脏产生的，所以用 SQUID 系统对心脏进行磁测量是许多 MCG 技术中发展最成熟的。只有利用 SQUID 敏感器才能使得 MCG 研究有助于临床诊断，活体器官的其他磁场测量方法不够灵敏。胎儿心磁图描记术具有特殊的实用价值，如文献 [29] 所述，迄今为止许多测量母亲子宫内胎儿心脏磁场的尝试已经成功。

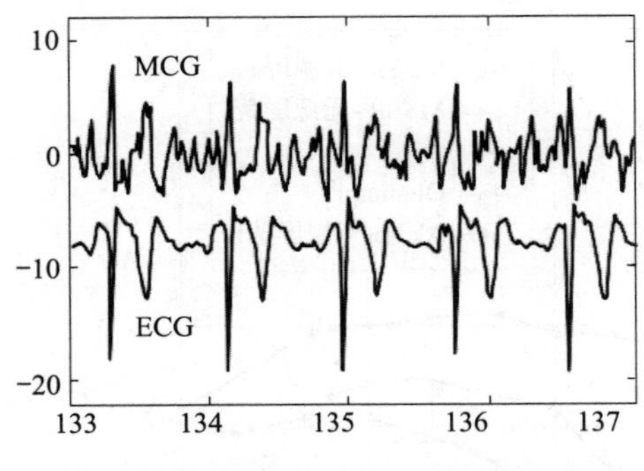

(a) 用高温超导DC-SQUID测量的MCG信号与ECG信号对比[36]

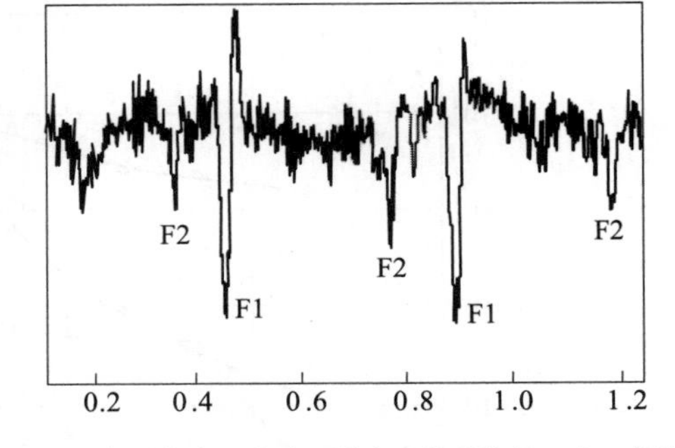

(b) 母亲子宫内双胞胎心脏产生的磁信号F1和F2[29]

图 5 - 20　心磁描记术信号曲线。两幅图在横坐标轴上的单位都是时间秒。

在医学上比 MCG 更重要的是，脑磁图描记术（MEG，它对大脑磁场进行研究），既激发了人们对其背后先进技术的钦佩，也带来了对可能被滥用的恐惧。MEG 可以确定大脑中导致癫痫等疾病的区域。图 5 - 21 给出了多通道 SQUID 系统的示意图，在 MEG 研究中用于测量大脑磁场。

图 5 - 21 所示的系统工作包括补偿干扰。SQUID 被置于一个头盔中，它是一个充有液氦的无磁杜瓦瓶形式，做成适合人头部的形状。所有干扰都既对 SQUID、也对参考信号接收器中敏感器产生作用。在 SQUID 电子电路中，SQUID 既检测测量信号也检测干扰信号，因此从 SQUID 的输出信号 $V_{\text{meas}}+V_{\text{int}}$ 中减去干扰信号 V_{int}。对最弱磁信号的测量（例如 MEG 测量）需要同时使用两种干扰屏蔽技术。

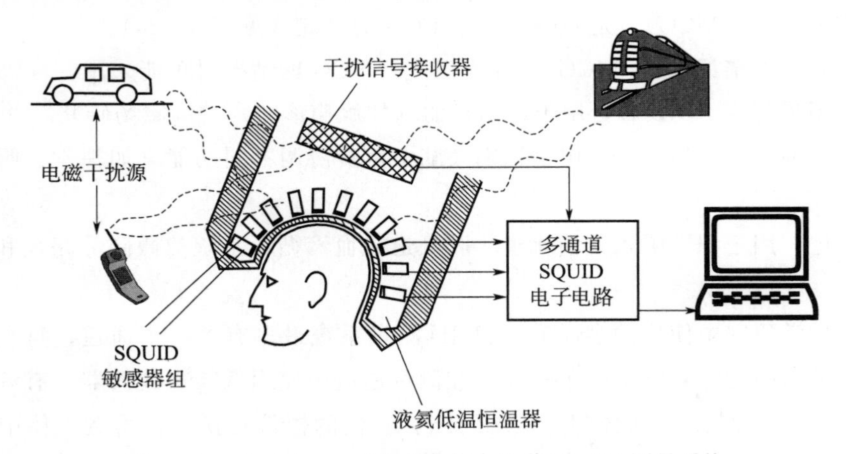

图 5 - 21　用于 MEG 脑磁研究的多通道 SQUID 测量系统

磁神经描记术用于精确定位大脑中负责协调不同功能（如视觉、听觉或肢体运动）的区域。大脑的磁场是在其视觉、听觉、触觉或其他活动之后进行测量。在脑外科手术前磁神经描记术研究是有帮助的，因为它们给外科医生指明为保持病人术后身体重要功能而需要避开的大脑区域。

对大脑的生物磁研究还包括测量大脑磁场及其在各种情绪状态下的变化。不过，这一研究方向引起了伦理上的关注。如果能测量出大脑磁场的分布，就能产生同样的磁场分布，从而可以产生电子情感甚至操控行为。

生物磁学测量的发展方向包括：

- 建造更灵敏的（SQUID＋梯度计）敏感器和低噪声放大电路。
- 建立测量通道越来越多的系统。
- 寻找新的、更有效的屏蔽干扰方法。
- 开发系统软件，特别是开发磁场图像处理软件。

在许多国家的临床实践中已经构建和实施用于生物医学研究的多通道 SQUID 系统。最先进的技术是：

- 日本电工实验室 ETL 和超导敏感器实验室的 256 通道系统[17]（国家项目）。
- 加拿大 143 个通道系统（加上 26 个参考通道）[35]，由 Coquitlam 港的 CTF Systems Inc. 公司设计和建造。
- 意大利 162 通道系统，罗马的 IESS－CNR 公司制造[30]。
- 芬兰的 122 通道系统，赫尔辛基的 Neuromag 有限公司制造[21]。
- 柏林 PTB 的 83 通道系统[10]；一个 304 通道的系统即将完工。
- 德国杰纳大学 Biomagnetisches Zentrum 中的 64 通道系统，飞利浦公司制造[1]。

大多数商用 SQUID 被安装在用于生物磁学研究的测量系统中。

5.5.3　材料的无损检测

无损检测（NDE）用于机械结构元件的诊断，是在不造成损伤的情况下，对材料结构中的不均匀进行检测和定位（探伤法）。检测到的不均匀包括结构内部的裂缝、气泡和杂质，以及表面的裂缝、凹口和裂纹（有时覆盖一层保护漆涂层）。主要的探伤方法包括 X 射线检测、超声波检测和测量物体内部电流产生的磁场等。然而，金属是最重要的一类被测材料，却不能用 X 射线进行检测，且多层（例如由几层金属板组成）材料也不适合进行超声波检测。金属机械零件的表面研究可以通过使用各种磁场敏感器（如普通线圈或传统测量系统）扫描其磁场来进行，但这些方法有其局限性。在金属机器零件中感应电流时，必须考虑集肤效应：交流电只在表面流动，无法定位集肤深度以下的材料缺陷。表 5－2 给出了不同电流频率下的集肤深度 $d(f)$ [6]。

表 5－2　不同材料的集肤深度[6]

频率	集肤深度 d /mm			
	材料			
	铝	不锈钢	普通钢	石墨
1 Hz	83	330	5.6	4 000
100 Hz	8.3	33	0.56	400
10 kHz	0.83	3.3	0.056	40

续表

频率	集肤深度 d /mm			
	材料			
	铝	不锈钢	普通钢	石墨
1 MHz	0.083	0.33	0.005 6	4
电导率 ρ /($\times 10^{-8}$ Ω · m)	2.7	43	10	6 200
相对磁导率 μ	1	1	800	1

表 5－2 中的数据表明，在主要建筑材料（普通钢和铝）中，施加频率高于 100 Hz 的交变电流将在金属表面流动，最大穿透深度为几毫米。但是，施加低频电流需要的线圈较大而且扫描分辨力会降低。

在一些已开发的 NDE 系统中，在待检测的材料中流过电流，以便测量表面磁场分布，如图 5－22（a）所示。用置于低温恒温器中的 SQUID 敏感器扫描被测表面。其他无损检测系统包括一个带有 SQUID 的测量探头和感应待测表面涡流的线圈，如图 5－22（b）所示。在此类系统中使用液氮冷却的 HTS DC－SQUID 敏感器，获得了令人满意的灵敏度[6，32]。

与其他 NDE 检测无关，利用 SQUID 可以对机器和设备的关键部件进行无损检测，如核反应堆部件、飞机的升降部件（美军定期操纵）或航天器的升降部件和覆盖物。2003 年哥伦比亚号航天飞机的灾难表明，这种试验非但不是过度的预防，甚至是不够的。

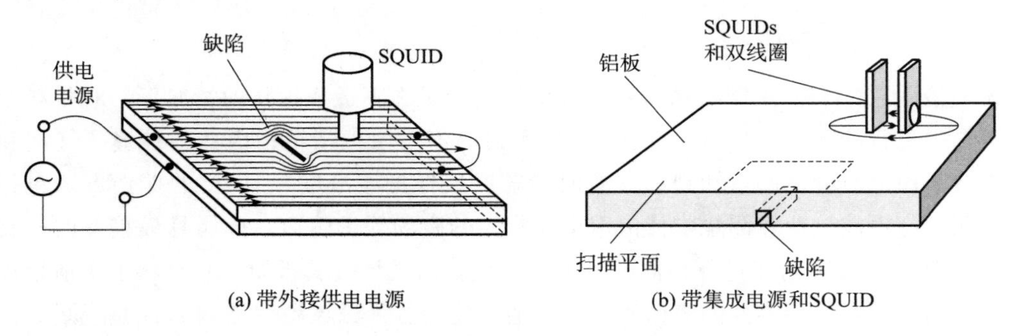

图 5－22　采用 SQUID 的机械零件无损检测系统

5.6　SQUID 噪声测温

5.6.1　R－SQUID 噪声温度计

在噪声温度计中，用一个电阻作为温度敏感器；测量信号是电阻上的热噪声电压（或电动势）或其热噪声电流。利用 R－SQUID 或 DC－SQUID 的噪声温度计在低温物理和计量学中有应用。

阻性 SQUID，或称 R－SQUID，是一种高频 RF－SQUID，其约瑟夫森结有并联电阻。直流电流可以流过并联电阻，并在电阻上产生直流电压 V_0。如果将直流电压 V_0 和交

流电压 $V_n \sin\omega t$（测量信号）施加到约瑟夫森结上，则由于交流约瑟夫森效应，结上将出现频率为 f 的信号

$$f = \frac{2e}{h}(V_0 + V_n \sin\omega t) \tag{5-58}$$

该周期性频率信号将高频偏置信号的幅值进行调制。调制信号被放大然后解调。幅值解调器输出处的信号变化频率 f 与施加到结的总电压成正比。频率 f 的变化范围 Δf 与测量信号的峰峰电压 V_{pp} 成正比。因此，弱电压信号 V_n 被转换为频率信号 Δf 。

在噪声测温中，R-SQUID 中的并联电阻 R 作为温度敏感器，与 RF-SQUID 一起放置在被测介质中。需要优化敏感器的电阻 R，以满足相互矛盾的要求。一方面，R 应尽可能高，因为热噪声电压随 R 增加而增高。另一方面，电阻与约瑟夫森结并联，要想让约瑟夫森结正常工作就要求并联电阻比正常（非超导）态下的结电阻低很多倍。

图 5-23 给出了 R. Kamper 和 J. Zimmerman 在美国国家标准局（目前为 NIST）实验室建造的第一台 R-SQUID 噪声温度计的方框图[18]。

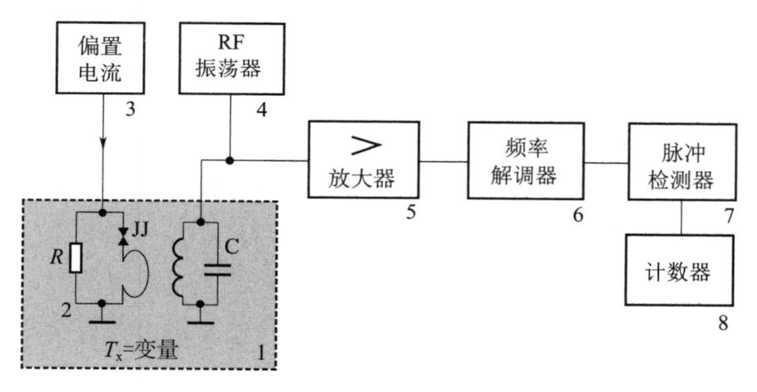

图 5-23　R-SQUID 噪声温度计

1—被测介质；2—敏感器；3—直流源；4—高频发生器；5—放大器；6—频率解调器；7—脉冲检测器；8—脉冲计数器

该系统使用一个 RF-SQUID，其偏置频率为 30 MHz。噪声温度计中的约瑟夫森结并联一个 10 μΩ 电阻。1 μA 的直流电流在此电阻上产生 10 pV 的电压降；根据式（5-58），此电压在结中引起频率为 5 kHz 的振荡。约瑟夫森结起到电压-频率转换器的作用。由于电阻热噪声电动势 E_t 的波动，基频在 5 kHz±$\Delta f/2$ 范围内变化，由奈奎斯特公式描述

$$\mathrm{d}\langle E_t^2 \rangle = 4k_B T_x R \mathrm{d}f \tag{5-59}$$

测量信号频率的这些变化可以用频谱分析仪或频率计数器来测量。频谱分析仪能够确定波动带宽 Δf，从而可以计算温度。频率计数器能够测量输出频率 f ，根据一系列测量中的频率变化可以计算温度。

奈奎斯特公式可以转换为如下公式

$$\delta f = \frac{4\pi k_B R T_X}{\Phi_0^2} = 4.06 \times 10^7 R T_X \tag{5-60}$$

$$\sigma^2 = \frac{1}{N}\sum_{i}^{N}(f_i - f_m)^2 = \frac{2k_B R T_X}{\Phi_0^2 \tau} \tag{5-61}$$

式中，δf 是 SQUID 输出信号的带宽；σ^2 是一系列测量的频率方差；N 是频率测量的次数；f_i 是第 i 次测量中获得的频率值；f_m 是该系列测量中频率的平均值；τ 是频率计数器的闸门时间。

式（5-60）和式（5-61）中只有基本物理常数和易于测量的量，因此为绝对温度的测量提供了依据。R-SQUID 噪声温度计是一种原级温度计。敏感器在测量温度下的电阻 R 可以通过一系列频率测量来确定

$$R = \frac{h f_m}{2eI_0} \tag{5-62}$$

式中，I_0 是流过电阻 R 的直流电流。

用这种方法测量温度的统计误差与频率测量次数 N 相关，并由下式给出

$$\delta_S = \sqrt{2/N} \tag{5-63}$$

位于华盛顿的 NBS（现为 NIST）的 Soulen 使用 R-SQUID 噪声温度计测量 10～50 mK范围内的温度[33]。其温度计敏感器由硅铜制成。其 RF-SQUID 的偏置频率为 22 MHz。将噪声温度计的读数与核取向温度计的读数进行比较，核取向温度计以钴同位素^{60}Co 为辐射源，两个辐射检测器为 NaI、Ge（Li）。在 10～50 mK 范围内，这两个温度计的读数一致，误差小于 0.5%。Soulen 校准了在 10～520 mK 温度范围内的噪声温度计敏感器电阻。在温度范围的两端，敏感器电阻为 17.2 μΩ。

NIST 的 Soulen 和 Fogle 开发了一种改进的噪声温度计，其量程为 6～740 mK[34]。该系统采用 350 MHz 高频信号，使得 f 的测量具有较高的分辨力和较小的不确定度。这种噪声温度计用于测量超导金属的转变温度。在其十年的运行期间（1982—1992 年），此温度计在标尺不同点上的不确定度范围为 0.08%～0.27%。

柏林 PTB 的 A. Hoffmann 建造了一个温度范围从 0.005～4.2 K 的 R-SQUID 噪声温度计[14]。在这个系统中，SQUID 用 320 MHz 的高频信号偏置。通过消除频率计数器的死区时间，改进了频率测量。对被测脉冲进行计数的时间间隔从第一个脉冲开始到最后一个脉冲通过闸门结束。系统采用 PdPtAu 合金电阻，在温度计的测量范围内，电阻值范围为 10～20 μΩ。测量两次，每次持续 400 h，噪声温度计的读数与铟的临界温度 T_c 一致，不确定度为 0.01%[13]。

十多年后，PTB 的 S. Menkel 开发了一种带有 DC-R-SQUID 的新型噪声温度计系统[24]。DC-R-SQUID 电路包括直流偏置（与 DC-SQUID 中相同）的两个约瑟夫森结和一只连接到两个结的电阻 R。电阻上也用一个不同的电源提供的直流电流进行偏置。电阻 R 上的恒定电压由热噪声电压调制，见图 5-24。每个结两端信号 V_{out} 的频率与电阻两端的电压相关。根据关系式(5-58)，V_{out} 振荡频率和频率变化 δf 与电阻敏感器的温度成正比。

先进电子技术可以将超导约瑟夫森结和起温度敏感器作用的电阻集成在一个芯片中。电阻敏感器由 99.999 9%高纯银制成 18 μΩ 的条状。该噪声温度计在 0.04～8.4 K 范围内

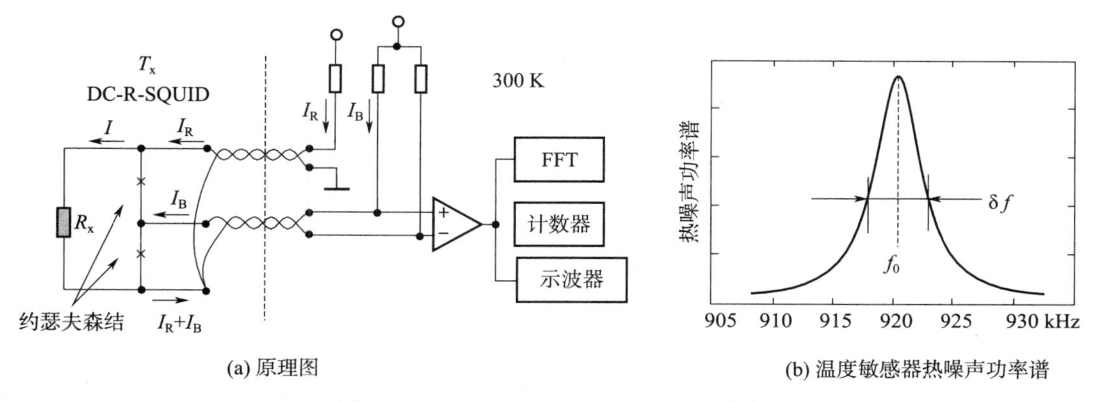

(a) 原理图　　(b) 温度敏感器热噪声功率谱

图 5－24　DC R－SQUID 噪声温度计[24]

工作良好，但仅在 0.14～5.9 K 的较窄温度范围内获得了小于 1％的不确定度。在后一范围内的最佳实验中，相对不确定度为 0.53％，绝对不确定度为 1.1 mK[25]。R－SQUID 噪声温度计的缺点是，因为电阻敏感器与 SQUID 有机械和电气连接，必须将电阻敏感器和 SQUID 一起放在被测介质中（温度为 T_x）。温度 T_x 变化会影响 SQUID 的物理性能。

5.6.2　DC－SQUID 噪声温度计

在 DC－SQUID 噪声温度计中，SQUID 被用作高灵敏度低温电子放大器。由于 DC－SQUID 的潜在高灵敏度，DC－SQUID 噪声温度计比 RF—SQUID 噪声温度计具有更好的分辨力。在 DC－SQUID 噪声温度计中，温度敏感器和 SQUID 可以在空间上分开。DC－SQUID 噪声温度计的框图如图 5－25 所示。温度敏感器 R_x 中的热噪声产生电动势 E_t

$$d\langle E_t^2\rangle = 4k_B T_x R_x df \tag{5-64}$$

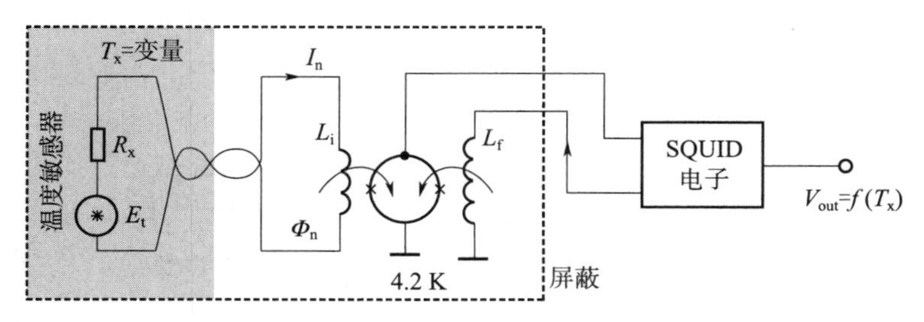

图 5－25　DC－SQUID 噪声温度计

在图 5－25 所示的噪声温度计系统中，温度敏感器 R_x 通过超导线（通常为铌线）连接到输入线圈 L_i。输入线圈也由铌制成。输入回路中的热噪声电流 I_n 是绝对温度 T_x 的函数。因此，磁通 Φ_n 和输出电压 V_{out} 也是 T_x 的函数[27]。

在对输出电压进行一系列测量后，如果 SQUID 系统的频带 f_{max} 远大于输入回路的截止频率 f_c，$f_m \gg f_c$［见式(5－50)］，则根据以下关系可以确定测量温度 T_x

$$T_x = \frac{L_{ie}}{k_B k_p^2 M_i^2}\langle V_{out}^2\rangle \tag{5-65}$$

式中，V_{out}^2 为系统输出电压的均方；k_p 为其转换系数，$k_p = V_{out}/\Phi_n$。

在给出的噪声温度计中，SQUID 内部噪声 Φ_r 引起的测量误差 ΔT_x 由下式给出

$$\Delta T_x = \frac{R_x \Phi_r^2}{4k_B M_i^2} \tag{5-66}$$

噪声温度计参数为：敏感器电阻 $R_x = 1\ \text{m}\Omega$，直流 SQUID 的噪声水平为 $2\times10^{-6}\Phi_0/\sqrt{\text{Hz}}$ 、互感 $M_i = 5.2\ \text{nH}$，测量误差为 $\Delta T_x = 12\ \mu\text{K}$[27]。显然，在噪声温度计系统中还存在其他测量误差来源，主要是输入回路中感应的干扰。

前面所讨论的噪声温度计系统的一个主要优点是它们能够在低温条件下工作。在低温范围内工作的原级温度计比测量室温的温度计要有用得多。LTS DC - SQUID 噪声温度计的测量范围为 $T_x < 5$ K。但是，超导敏感器在临界温度 T_c 以上不能工作，这给测量范围设置了上限。使用高温 HTS SQUID（ $T_c > 80$ K）可以将噪声温度计的测量范围扩展到更高的温度[12]。

图 5 - 26 给出的另一种解决方案是将温度敏感器与 SQUID 输入回路进行电隔离[15]。

文献［27］报道了用带有输入线圈的 RF－SQUID 电路的噪声温度计或带有输入线圈并与温度敏感器 R_x 电隔离的 DC - SQUID 的噪声温度计的实验。在温度 T_x 的被测介质中放置螺线管形式的温度敏感器（电感 L_x），在噪声温度计中，敏感器的热噪声信号被转换至 RF - SQUID 输入回路，系统输出信号 V_{out} 与被测温度成正比。图 5 - 26 所示的噪声温度计与商用 SHE 330 RF - SQUID 系统一起工作[14]。

在 1.5～90 K 的温度测量中，系统不确定度为 0.2%～1%。在 4～290 K 的温度范围内，使用带有温度敏感器并与 DC - SQUID 感应耦合的噪声温度计进行温度测量[27]。测量不确定度只有百分之几，主要因素是干扰。伴随温度敏感器的热噪声信号，SQUID 输入回路中的感应线圈 L_p 也接收干扰。因为干扰的影响增加显著，不建议在非屏蔽房间中使用带有感应耦合的噪声温度计。

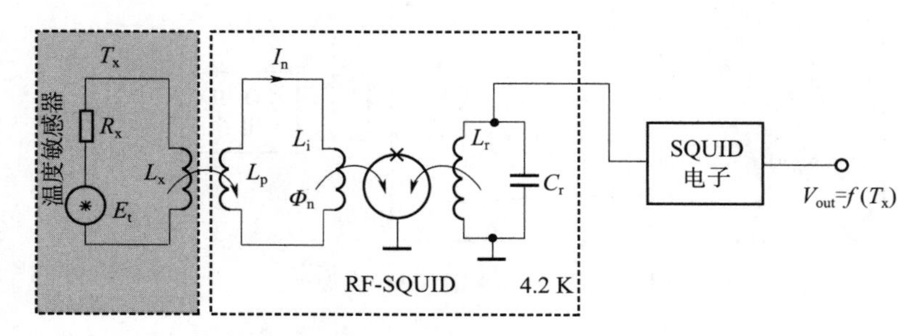

图 5 - 26　带温度敏感器并与 SQUID 输入回路感应耦合的噪声温度计

5.6.3　SQUID 的其他应用

除上述应用外，SQUID 测量系统也在以下科学技术领域中应用：

1）在美国进行的地质研究中，通过测量地球表面磁场的不均匀性来确定矿床的位置。高灵敏度 SQUID 系统可以探测地球表面磁场梯度，从而推断地壳结构的变化。也可以尝

试用这种方法来定位和表征海底或海洋下的矿床。

2）在电学计量中，特别是在低温系统中，用于测量微弱电流和电压信号。例如，在第 6 章中讨论的低温电流比较仪（CCC）中，使用 SQUID 作为零检测器。

3）在地球和太空实验中用于探测引力波。

4）在军队中，用于海岸监视外来物体（主要是潜艇），以及从配备有 SQUID 系统的飞机上探测隐藏的金属物体（例如地雷）。

参考文献

[1] W. Andrä, H. Nowak, Magnetism in Medicine (Wiley - VCH, Londyn, 1998).

[2] J. Bork, H. - D. Hahlbohm, R. Klein, A. Schnabel, The 8 - layer magnetically shielded room of the PTB, in Proceedings of 12th International Conference on Biomagnetism, ed. by J. Nenonen, R. Ilmoniemi, T. Katila (2000), pp. 970 - 973.

[3] M. Burghoff, Noise reduction in biomagnetic recordings, in Referat na 13th International Conference on Biomagnetism (Jena (Niemcy), 2002).

[4] R. Cantor, T. Ryhänen, H. Seppä, A compact very low noise DC - SQUID magnetometer, in Superconducting Devices and Their Applications, ed. by H. Koch, H. Lübbig (Springer, Heidelberg, 1992), pp. 276 - 280.

[5] J. Clarke, W. M. Goubau, M. B. Ketchen, Tunnel junction DC - SQUID: fabrication, operation and performance. J. Low Temp. Phys. 25, 99 - 144 (1976).

[6] G. B. Donaldson, A. Cochran, D. McA. McKirdy, The use of SQUIDs for Nondestructive Evaluation (Chap. 15), ed. by H. Weinstock. NATO ASI Series. SQUID Sensors (Kluwer, New York, 1996), pp. 599 - 628.

[7] D. Drung, Advanced SQUID Read - Out Electronics, [ibid 6] (Chap. 2), pp. 63 - 116.

[8] D. Drung, M. Mück, SQUID Electronics (Chap. 4), ed. by J. Clarke, A. Braginski. SQUID Handbook (Wiley, New York, 2003).

[9] D. Drung, Digital feedback loops for DC - SQUIDs. Cryogenics 26, 623 - 627 (1986).

[10] D. Drung, The PTB 83 - SQUID system for biomagnetic applications in a clinic. IEEE Trans. Appl. Supercond. 5, 2112 - 2117 (1995).

[11] L. Grönberg, et al. , A Low Noise DC - SQUID Based on Nb/Al - AlO_x/Nb Josephson Junctions, ibid [3], pp. 281 - 285.

[12] L. Hao, et al. , Simulations and experiments on HTS resistive SQUIDs, in Proceedings of the 4th European Conference on Applied Superconductivity, Sitges (Hiszpania) Institute of Physics Conference Series, No 167 (1999), pp. 469 - 472.

[13] L. Hao, Nano SQUIDs for Quantum Metrology. BIPM Workshop "The Quantum Revolution in Metrology", Sevres (2017).

[14] A. Hoffmann, B. Buchholz, UHF resistive SQUID noise thermometer at temperatures between 0.005 and 4.2 K. J. Phys. E: Sci. Instrum. 17, 1035 - 1037 (1984).

[15] M. Itoh et al. , Measurements of Nyquist noise spectra in passive electric circuits by using a SQUID. Japan. J. Appl. Phys. 25, 1097 - 1105 (1986).

[16] R. C. Jaklevic, J. Lambe, A. H. Silver, J. E. Mercereau, Quantum interference effects in Josephson tunneling. Phys. Rev. Lett. 12, 159 - 160 (1964).

[17] K. Kado, G. Uehara, Multichannel SQUIID system. FED J. 5, 12 - 19 (1994).

[18] R. A. Kamper, J. E. Ziemmerman, Noise thermometry with the Josephson effect. J. Appl. Phys. 42, 132 - 136 (1971).

[19] M. Kawasaki, P. Chaudhari, T. Newman, A. Gupta, Sub - micron YBaCuO Grain Boundary Junction DC - SQUID, ibid [5], pp. 150 - 154.

[20] M. B. Ketchen, Design and Fabrication Considerations for Extending Integrated DC - SQUIDs to the Deep Sub - micron Regime, ibid [5], pp. 256 - 264.

[21] J. Knuutila et al., A 122 - channel whole - cortex SQUID system for measuring brain's magnetic fields. IEEE Trans. Magn. 29, 3315 - 3320 (1993).

[22] K. Likharev, V. Semenov, Fluctuation spectrum in superconducting point junctions. Pisma Zhurnal Eksperim. i Teoret. Fizyki 15, 625 - 629 (1972).

[23] A. P. Long, T. D. Clark, R. J. Prance, M. G. Richards, High performance UHF SQUID magnetometer. Rev. Sci. Instrum. 50, 1376 - 1381 (1979).

[24] O. V. Lounasmaa, Experimental Principles and Methods Below 1 K (Academic Press, New York, 1973).

[25] S. Menkel, Integrierte Dünnschicht - DC - RSQUIDs für die Rauschthermometrie. Ph. D. thesis, Faculty of Physics (Jena University, Germany, 2001).

[26] W. Nawrocki, K. - H. Berthel, T. Döhler, H. Koch, Measurements of thermal noise by DC - SQUID. Cryogenics 28, 394 - 397 (1988).

[27] W. Nawrocki, Noise Thermometry (in Polish) (Publishing House of Poznan University of Technology, Poznan, 1995).

[28] T. Patel et al. Investigating the intrinsic noise limit of Dayem bridge nano - SQUIDs. IEEE Trans. Appl. Supercon. 25, article No 1602105 (2015).

[29] H. W. P. Quartero, J. G. Stinstra, H. J. G. Krooshoop, M. J. Peters, in Abstracts of Fetal Biomagnetism Satellite Symposium of 4th Hans Berger Conference. Clinical applications for fetal magnetocardiography (Jena 1999) pp. 14 - 20.

[30] G. L. Romani, C. Del Gratta, V. Pizzella, Neuromagnetism and Its Clinical Applications, ibid [7], pp. 445 - 490.

[31] M. Schmelz, et al., Nearly quantum limited nanoSQUIDs based on cross - type Nb/AlOx/Nb junctions (2017). https://arxiv.org/ftp/arxiv/papers/1705/1705.06166.pdf.

[32] T. Schurig, et al., NDE of semiconductor samples and photovoltaic devices with high resolution utilizing SQUID photoscanning. IEICE Trans. Electron. (Japan), E85 - C, 665 - 669 (2002).

[33] R. J. Soulen, H. Marshak, The establishment of a temperature scale from 0.01 to 0.05 K using noise and gamma - ray anisotropy thermometers. Cryogenics 20, 408 - 411 (1980).

[34] R. J. Soulen, W. E. Fogle, J. H. Colwell, Measurements of absolute temperature below 0.75 K using a Josephson - junction noise thermometer. J. Low Temp. Phys. 94, 385 - 487 (1994).

[35] J. Vrba et al., Whole cortex, 64 channel SQUID biomagnetometer sensor. IEEE Trans. Appl. Supercond. 3, 1878 - 1882 (1993).

[36] R. Weidl, Realisierung eines biomagnetischen Meßsystems fürdie Intensiv - Kardiologie auf Basis von Hochtemperatursupraleitersensoren. Ph. D. thesis, Faculty Physics, Jena University (Germany) (Shaker Verlag, Aachen, 2000).

[37] V. Zakosarenko，F. Schmidl，L. Dörrer，P. Seidel，Thin - film DC - SQUID gradiometer using single YBaCuO layer. Appl. Phys. Lett. 65，779 - 780 (1994).

[38] J. E. Zimmerman，A. H. Silver，Macroscopic quantum interference effects through superconducting point contacts. Phys. Rev. 141，367 - 375 (1966).

第 6 章　量子霍尔效应和电阻基准

摘　要　本章介绍量子霍尔效应及其在计量学中的应用。QHE 发生在低温（约几开的温度）和非常强的磁场（磁感应强度为 1 T 或更高）环境下。QHE 是霍尔电阻作为磁感应函数的量子化，其中电阻量子值（h/e^2）取决于两个基本物理常数：普朗克常数和电子电荷。QHE 是在有二维电子气（2 - DEG）的样品中出现的现象。本章介绍 QHE 的简要理论，描述发生该现象的样品。其次，介绍了复现经典电阻标准和 QHE 标准的测量装置。本章还提到了分数量子霍尔效应。

6.1　霍尔效应

在 1879 年，时为美国巴尔的摩大学学生的埃德温·霍尔（Edwin Hall）发现了霍尔效应。霍尔研究流过电流的矩形金箔中的电势分布，如图 6 - 1 所示，他发现，金箔位于磁感应强度 B 的磁场中，流过的电流为 I，在沿样品（V_x 连接）方向和沿垂直样品方向都存在电势差。

横向电压 V_H 的值与电流密度 j 和所施加磁场的磁感应强度 B 成正比。这种现象称为经典霍尔效应，电势差 V_H 称为霍尔电压。

霍尔电压的产生与磁场对沿样品（宽度为 a，厚度为 b）方向流动的电子电荷的影响有关。电子受到洛伦兹力 F 的作用，运动轨迹向与电流密度矢量 $\boldsymbol{J}$ 和磁感应矢量 $\boldsymbol{B}$ 垂直的方向弯曲

$$\boldsymbol{F}=e\upsilon\boldsymbol{B} \tag{6-1}$$

其中，F 是作用在电子上的力；e 是电子电荷；υ 是电子的速度（与电流密度矢量的方向相反）；B 是磁感应强度。

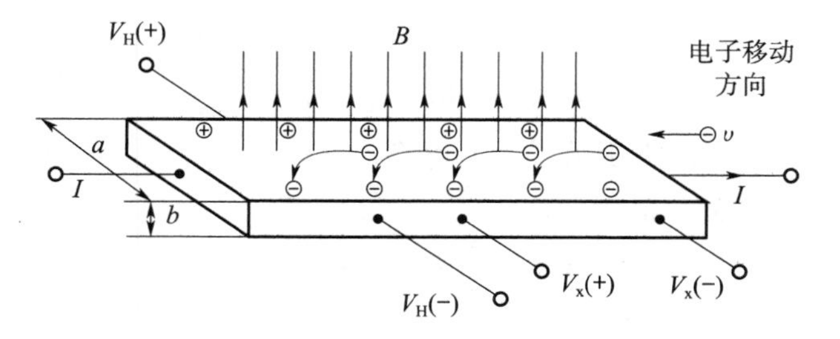

图 6 - 1　导电样品中的电势分布和霍尔电压的产生

样品中一侧的电子多于另一侧的电子。如图 6 - 1 所示，负电荷聚集在样品的一侧，正电荷（带正电的离子）聚集在另一侧。电荷在样品上产生一个大小为 $\boldsymbol{E}_p$ 的电场。该电

场施加在电子上的力与洛伦兹力相抵消

$$e\boldsymbol{E}_{\mathrm{p}} = ev\boldsymbol{B}$$

$$\boldsymbol{E}_{\mathrm{p}} = v\boldsymbol{B} \tag{6-2}$$

样品两侧的电势差即霍尔电压 V_{H} 与电场的大小和样品宽度 a 有关

$$V_{\mathrm{H}} = a\boldsymbol{E}_{\mathrm{p}} = av\boldsymbol{B} \tag{6-3}$$

导体中的电流密度 j 与自由电子浓度 N（在金属中：$10^{22}\ \mathrm{cm}^{-3} < N < 10^{23}\ \mathrm{cm}^{-3}$）和电子速度 v 相关

$$j = \frac{I}{ab} = Nev$$

式中，j 是电流密度；b 是样品的厚度；N 是样品材料中自由电子浓度（单位：m^{-3}）。

根据以上关系，可以得到

$$v = \frac{j}{Ne} \tag{6-4}$$

$$V_{\mathrm{H}} = \frac{a}{Ne}jB = \frac{a}{Ne}\frac{I}{ab}B = \frac{B}{Neb}I = R_{\mathrm{H}}I \tag{6-5}$$

系数 R_{H} 称为霍尔电阻。有时，自由电子的浓度定义为导体单位表面积上的个数，也就是表面电子浓度 $N_{\mathrm{S}} = Nb$，测量单位为 m^{-2}。霍尔电阻公式用表面电子浓度表示为

$$R_{\mathrm{H}} = \frac{B}{Neb} = \frac{B}{N_{\mathrm{S}}e} \tag{6-6}$$

等式（6-6）表明霍尔电阻仅与磁感应强度和两个常数相关：电子电荷 e 和自由电子表面浓度 N_{S}（这是材料常数）。霍尔电阻 R_{H} 表示霍尔电压 V_{H} 与沿样品方向的电流 I 的比率，它既不能用电导理论来描述，也不能用欧姆计来测量。

6.2 量子霍尔效应

6.2.1 二维电子气电子器件

在几开尔文或更低的温度，量子霍尔效应（QHE）是观察到的样品电阻值呈量子化（台阶式）变化的现象，它是所施加磁感应强度的函数。冯·克利青（von Klitzing）在 1980 年发现量子霍尔效应[11]，他在 1943 年出生于波兰的斯罗达。因此，冯·克利青于 1985 年获得了诺贝尔奖。QHE 是在二维电子气（2-DEG）样品中观察到的现象。图 6-2 是电子运动自由度递减的样品示意图。

• 宏观样品，电子在三维空间方向上自由移动，形成三维电子气（3-DEG）。3-DEG 样本中没有与尺寸相关的量子化。

• 电子只能在两个维度上运动的样品。因此，样品中的电子形成二维电子气（2-DEG）。2-DEG 样品中，仅在一个方向上发生量子化。

• 只可能在一个维度上输运电子的样品。此样品中的电子形成一维电子气（1-DEG）。1-DEG 样品的两个示例是纳米线（见第 7 章讨论）或原子链。1-DEG 样品中，

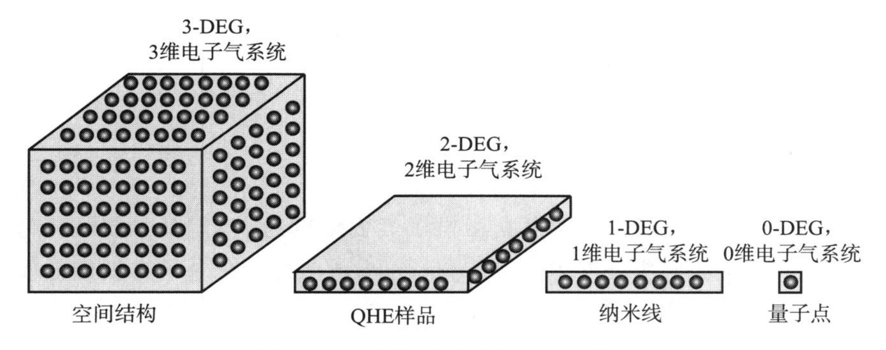

图 6 - 2　电子运动自由度递减的样品

在两个方向上发生量子化。

• 量子点，它是零维系统（0 - DEG 样品）。量子点是在三个维度上由势垒界定的一个空间。波长近似于量子点尺寸的粒子被锁定在此空间内。锁定在量子点中的粒子的状态可通过量子力学的形式进行描述。在三个方向中的每个方向，粒子只可能是离散状态（根据薛定谔方程确定）。

常常将 2 - DEG 电子气中的电子比作台球桌上的台球。在重力的作用下，台球被压在球桌的表面，只能在球桌表面的平面上运动。在 2 - DEG 样品中电子的行为与此类似，电子的运动应仅受电子间相互作用和所施加磁场的影响。特别不希望的是电子在热振荡中被施主、杂质和离子散射。通过冷却样品可以减少离子散射。

6.2.2　量子霍尔效应的物理基础

在与样品异质结表面垂直的方向上施加几特斯拉的强磁场时，会发生霍尔电阻的量子化。在低温 T 和低载流子表面浓度 N_S 情况下，导电电子仅存在于结的表面附近。电子无法在与结表面垂直的方向上运动。根据经典物理学定律，由于洛伦兹力，磁场中的自由电子沿圆形路径移动。另一方面，根据量子力学的规则，电子只能在一些轨迹（轨道）上运动，这就和围绕原子核的圆形轨道上移动的电子只有一些轨迹可用一样。自由电子运动可用的能级称为朗道能级。在整个能带中，朗道能级之间的间隔 ΔE_L 相等，并与磁感应强度 B 相关

$$\Delta E_L = \frac{heB}{4\pi m} \tag{6-7}$$

式中，ΔE_L 是朗道能级之间的间隔；e 表示电子电荷；m 是电子质量。

如果磁感应强度 B_z 低，则电子以连续方式占据各态直至费米能级，并在 xy 平面中自由移动，如图 6 - 3 所示。在这些条件下，式（6 - 8）给出的霍尔电阻 R_H 与样品的大小无关

$$R_H = \frac{V_{y1} - V_{y2}}{I_{SD}} = \frac{B_z}{N_S e} \tag{6-8}$$

式中，R_H 是霍尔电阻；B_z 是磁感应强度；N_S 是电子表面浓度。

简并度 d 是二维电子气器件的特征参数，它是每个朗道能级可以填充的最大电子数。简并度与磁感应强度 B 和物理常数 e 和 h 相关

$$d=\frac{eB}{h} \tag{6-9}$$

式中，d 是二维电子气器件（样品）的简并度。

让我们考虑一个 2 - DEG 样品，其自由电子表面浓度为 N_S。基本粒子努力占据最低的可用能级状态。如果磁感应强度 $B_1=hN_S/e$ 足够高，则所有电子占据最低能级。这种状态下的霍尔电阻与关系式（6 - 6）和磁感应强度 B_1 的等式相关

$$R_H=\frac{B_1}{N_S e}=\frac{hN_S}{e}\frac{1}{N_S e}=\frac{h}{e^2}=R_K \tag{6-10}$$

式中，$R_K=25\ 812.807\times(1\pm2\times10^{-7})\ \Omega$，是在计量大会上电学咨询委员会建议的冯·克利青常数值。

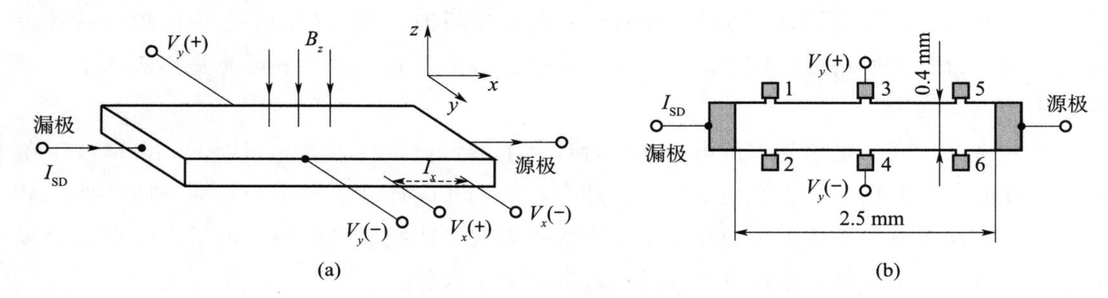

图 6 - 3　产生量子霍尔效应的二维电子气（2 - DEG）样品

如果将磁感应强度减小到 $B_2<B_1$，由式（6 - 8）可知，简并度 d 也将减小。因此，在每个能级（包括最低能级），电子可用的状态数将减少。一部分电子将不得不占据邻近的高能级。磁感应强度的进一步降低将导致简并度 d 的进一步减小；因此，几个连续的朗道能级将变得对自由电子可用。对于与电子可用 i 个能级相对应的磁感应强度，霍尔电阻为

$$R_H(i)=\frac{h}{ie^2}=\frac{R_K}{i} \tag{6-11}$$

图 6 - 4（a）绘制了在量子霍尔效应中霍尔电阻与磁感应强度的关系曲线。在实际系统中，由于磁场的分裂，朗道能级展宽。但是，在 $\mu B_z \gg 1$(其中 μ 是电子迁移率）的条件下，它们仍能保持良好的分开状态。例如，电子迁移率 $\mu\approx 25\ T^{-1}$ 的半导体 GaAs 样品中，在温度 $T=1$ K 时，当 $B_z\geqslant 10$ T 时，朗道能级就被分开。在朗道能级分开的条件下，由独立分开各朗道能级的各状态组成了态分布，每个能级的单位面积上有 $N_S=eB_z/h$ 个电子。

当磁感应强度增加到远超过霍尔电阻第一量子化台阶（$i=1$）对应的量值，在冷却至低于 1 K 温度的样品中量子霍尔效应的研究中获得了令人惊讶的结果。在这些条件下发现了分数量子霍尔效应[6,10]，如图 6 - 4（b）所示。分数量子霍尔效应的解释是基于新相的

形成，该相称为量子液体。量子液体是由于电子和磁场涡旋之间相互作用而形成的。量子液体中表现为一个电荷的相关电子表示分数个基本电荷 e，例如：$e/3$ 或 $e/5$。由于发现了这种现象，劳夫林（Robert B. Laughlin），施特默（Horst L. Störmer）和崔琦（Daniel C. Tsui）于 1998 年获得了诺贝尔奖。关于分数霍尔效应的详细描述超出本书的范围，但在施特默撰写的优秀文献［10］中可以找到相关的详细描述。

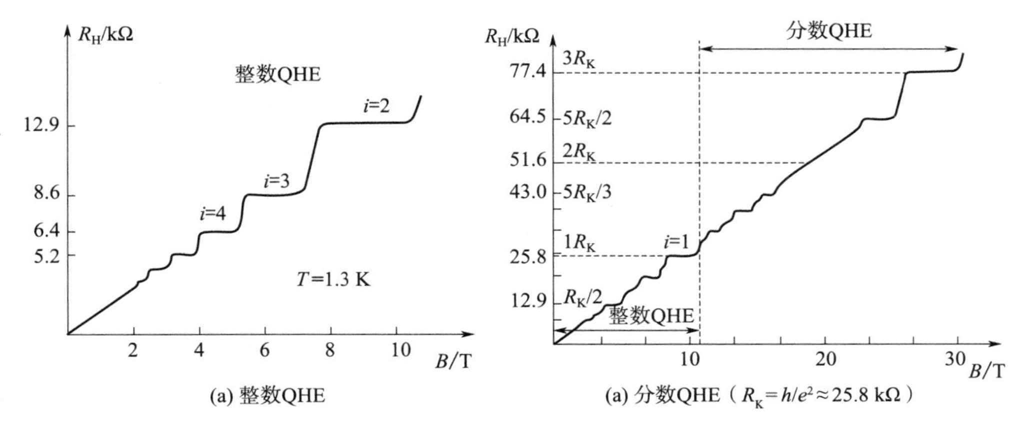

图 6-4　两种类型的量子霍尔效应

对整数量子霍尔效应和分数量子霍尔效应中的霍尔电阻，劳夫林提出了有趣的物理解释[10]。他的解释是从发生量子霍尔效应所需的物理条件推断出来的，特别是自由电子与磁场（呈涡旋形式）的相互作用。劳夫林转换关系式 $R_H=h/ie^2$ 获得如下等式

$$R_H=\frac{h}{ie^2}=\frac{2(h/2e)}{ie}=\frac{2\Phi_0}{ie}$$

式中，h 是普朗克常数；e 是电子电荷；$\Phi_0=h/2e\approx2.07\times10^{-15}$ V · s 是磁通量子。

劳夫林指出，系数 R_H 表示磁通量子 $\Phi_0=h/2e$ 与电子电荷 e 的比率。这种解释可以接受，至少作为电导理论的替代，但该理论不能解释量子霍尔电阻。霍尔电阻只是表示样品的横向电压与纵向电流之比的系数，仅出于这个原因，其数值用欧姆来表示。在量子霍尔效应中，磁通量与分数基本电荷相互作用，例如，$R_H=3h/ie^2=\Phi_0/(e/3)\approx77.4$ kΩ。

6.2.3　QHE 样品

二维电子气电子元件包括金属氧化物半导体场效应晶体管（MOSFET）和异质结构。二维电子气也存在于称为石墨烯的单原子厚的碳片中。表现出量子霍尔效应的系统称为 QHE 样品。在硅 MOSFET 晶体管中，电子气在与二氧化硅（SiO_2）绝缘层交界处的硅中形成。如图 6-5（a）所示，电子被施加到晶体管金属栅极的正电压 V_{GS} 所吸引，积聚在硅/绝缘体结的界面。电压 V_{GS} 产生一个电场，该电场作用在电子上，使它们保持在硅/绝缘体结的平面内。冯·克利青就是用 MOSFET 样品首次测到量子霍尔效应。

另外一种可以获得质量更好的二维电子气样品的方法是采用多层半导体，在各层中为一种类型电荷载流子，可以是主要为电子的 n 型半导体或者是主要为空穴的 p 型半导体。

这种半导体结构被称为异质结。异质结的一个重要技术参数是电子迁移率 μ，其单位用 m^2/（V·s）表示。电子迁移率越高，异质结越好。电子迁移率定义为电荷的漂移速度 v 与电场强度E 的比值：$\mu=v/E$。形象地讲，电子迁移率是电子运动自由度的度量。图 6－5（b）示出了异质结的截面图。在这种异质结中，至关重要的是 500 μm 厚砷化镓（GaAs）层与 0.5 μm 厚无掺杂砷化铝镓（AlGaAs）层之间的结。由于这两种半导体材料具有相同的晶格常数（晶格中原子之间的间距），因此两层间的界面（结）没有应力。两种半导体的电子亲和势略有不同。在上面 AlGaAs 层中添加硅原子作为施主掺杂剂［见图 6－5（b）］，每个硅原子释放一个电子。自由电子扩散至 GaAs 层，它们所占据导带中状态的能级低于 AlGaAs 层可用能级。电子被带正电的硅原子吸引到结的平面，因此只能在两个维度移动。因此，满足了形成 2－DEG 的条件：电子只能在一个平面中移动，并且其运动不会受到与硅原子（电子的起源之处）碰撞的干扰。

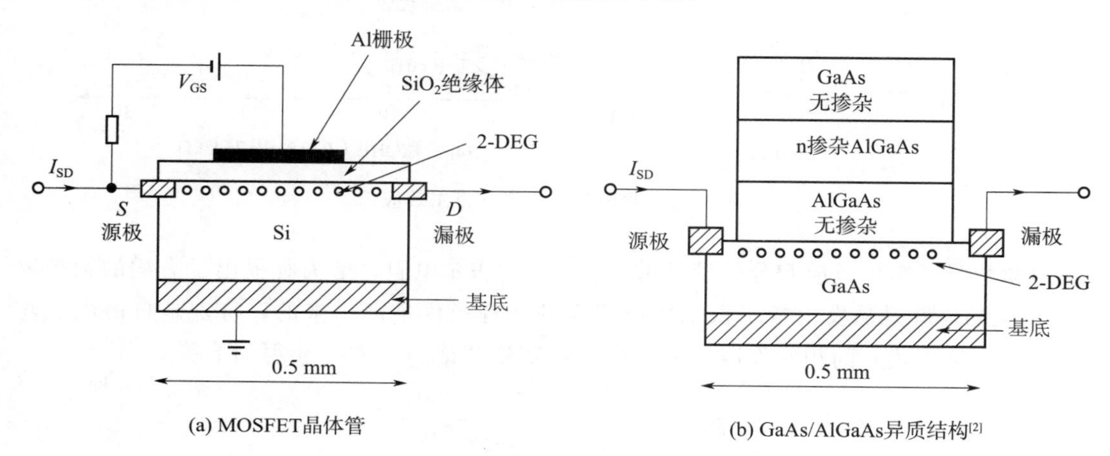

(a) MOSFET晶体管　　(b) GaAs/AlGaAs异质结构[2]

图 6－5　量子霍尔效应样品

图 6－6（a）解释了异质结构中二维电子气的形成。

第 1 层中的 n 型半导体是未掺杂或轻微掺杂的。第 1 层中的带隙或禁带是在该层中导带的底部 E_{C1} 与价带的顶部 E_{V1} 之间的能隙 $E_{S1}=E_{C1}-E_{V1}$。第 2 层的带隙 $E_{S2}=E_{C2}-E_{V2}$ 比 E_{S1} 宽，这是因为第 2 层半导体（AlGaAs，也是 n 型半导体）被重掺杂。在两层之间的界面处，带隙必须会合，因此带隙出现弯曲，如图 6－6（b）所示。在结区域中的自由电子是那些离开第 2 层半导体材料中的掺杂原子并移动到第 1 层的电子，因为，在这两种半导体结合之前，第 1 层的费米能级低于第 2 层的费米能级，$E_{F1}<E_{F2}$。但是，在层结合后，费米能级相等，在图 6－6（b）中，该费米能级表示为 E_F。由于在两层之间的结合处带隙出现弯曲，于是在 z 方向上形成了一个窄的势能阱（在图中，代表导带底部 E_C 的线构成的三角形区域）。结区域中的自由电子只能在平行于结的平面（xy 平面）中移动。因此，这些电子形成二维电子气。

通常，用作量子霍尔效应样品的异质结是由 GaAs/（$Al_{0.33}$/$Ga_{0.67}$）As [4,10]制成尺寸为 2.5 mm×0.5 mm 的样品。n 掺杂的 AlGaAs 层促进了在基本的 GaAs/AlGaAs 结上产

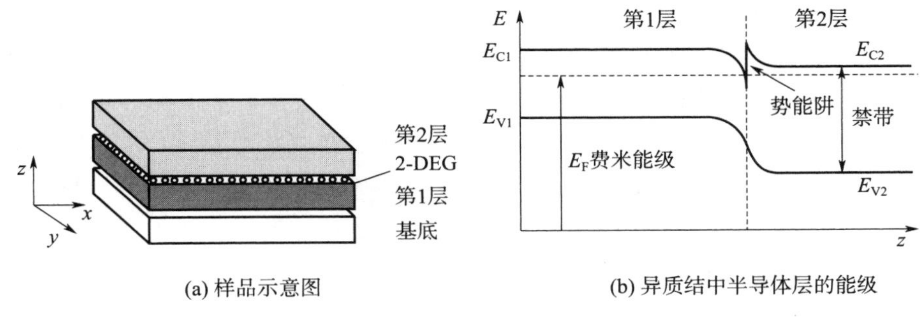

(a) 样品示意图　　(b) 异质结中半导体层的能级

图 6-6　在 GaAs/AlGaAs 异质结形成 2-DEG

生电子气，而上方的 GaAs 层则保护其下方 AlGaAs 层免受氧化。以下是量子霍尔效应标准中使用的一些 QHE 样品示例及其参数：

• 位于 Sèvres 的 BIPM 实验室的电阻标准：GaAs 异质结，载流子迁移率 $\mu = 30\ T^{-1}$，表面载流子浓度 $N_S = 5.1 \times 10^{15}\ m^{-2}$，参数 $i = 2$，工作温度 $T = 1.3\ K$，磁感应强度 $B = 10.5\ T$，测量电流为 40 μA[1]。

• 瑞士联邦计量局（METAS）的电阻标准：GaAs 异质结，电荷载流子迁移率 $\mu = 42\ T^{-1}$，表面载流子浓度 $N_S = 4.8 \times 10^{15}\ m^{-2}$，参数 $i = 2$，工作温度 $T = 0.3\ K$，磁感应强度 $B = 9.9\ T$，测量电流为 40 μA[1]［见图 6-7（b）］。

• 美国国家标准与技术研究院（NIST）的电阻标准：GaAs 异质结，电荷载流子迁移率 $\mu = 11\ T^{-1}$，表面载流子浓度 $N_S = 5.6 \times 10^{15}\ m^{-2}$，参数 $i = 2$，工作温度 $T = 0.3\ K$，磁感应强度 $B = 10.5\ T$，测量电流为 40 μA[2]。

• 华沙中央计量局（GUM）的电阻标准：GaAs 异质结，电荷载流子迁移率 $\mu = 40\ T^{-1}$，表面载流子浓度 $N_S = 3.9 \times 10^{15}\ m^{-2}$，参数 $i = 2$，工作温度 $T = 0.3\ K$，磁感应强度 $B = 8.35\ T$，测量电流为 10 μA 或 100 μA。

为获得 R_K 或 $R_K/2$ 的量子电阻值以外的 $N \times R_K$ 阻值（不利用分数量子霍尔效应），计量学家将多个 QHE 样品组合构成阵列进行测试[9]。

6.2.4　石墨烯中的量子霍尔效应

2004 年，曼彻斯特大学的盖姆（Andre Geim）和诺奥肖洛夫（Konstantin Novoselov）首次制备出石墨烯新材料[7]，石墨烯具有优异的物理性能。石墨烯是一种新型碳同素异形体（碳的其他同素异形体包括石墨、金刚石和富勒烯），它具有令人新奇的特性。石墨烯为碳原子结构，并呈单原子厚度的扁平片状。如图 6-7（a）所示，石墨烯中的原子形成六角形晶格，晶格常数为 1.42 Å。盖姆和诺奥肖洛夫因发现石墨烯而获得 2010 年诺贝尔奖。

盖姆和诺奥肖洛夫[8]也是最早研究石墨烯物理性质的人，并在室温下观察到石墨烯样品的量子霍尔效应。由于石墨烯的二维结构，石墨烯样品中的电子运动也是二维的。由于石墨烯中的电子形成二维电子气，因此石墨烯薄片是 2—DEG 样品。无须额外施加电场即可用作 QHE 样品。

石墨烯的物理性质包括如下：

• 电子迁移率非常高，假设存在声子散射，在 300 K 的温度时 $\mu = 25\ T^{-1}$，在 4 K 的温度时 $\mu = 100\ T^{-1}$；相比较而言，在 300 K 时，硅电子迁移率（在 MOSFET QHE 样品中）为 $\mu = 0.15\ T^{-1}$，砷化镓（用作 QHE 样品的异质结中）为 $\mu = 0.85\ T^{-1}$。

• 热导率非常高，大约为 5 000 W/(m · K)。相比较而言，非常好的导热体金刚石的热导率在 900～2 300 W/(m · K) 的范围之间，而银的热导率为 429 W/(m · K)。

• 约为 10^{-8} Ω · m 的低电阻率；（比铜的电阻率 1.72×10^{-8} Ω · m 还要低）。

• 极高的机械强度和稳定性。

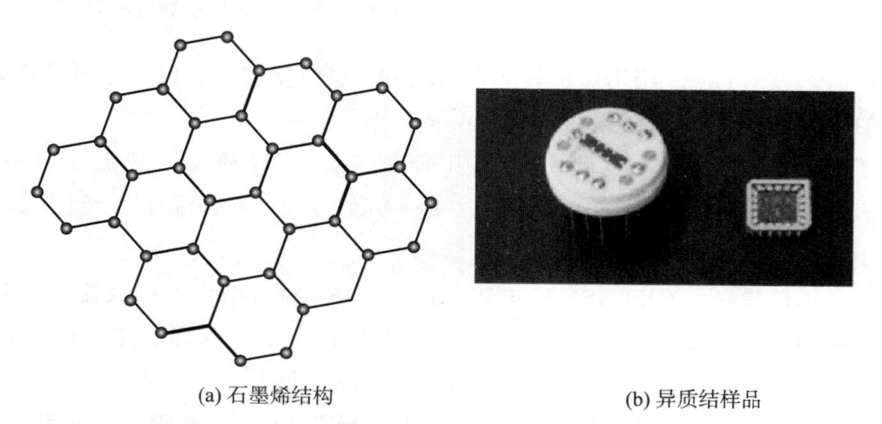

(a) 石墨烯结构　　(b) 异质结样品

图 6－7　德国 PTB 实验室中的石墨烯（单原子厚的碳原子二维晶格）和 QHE 样品

在 300 K 的温度和非常强的磁场（磁感应强度为 45 T）实验条件下已经证实石墨烯样品中的 QHE[8]。但是，要将石墨烯用于电阻量子标准，还有很远的距离。通过微机械方法制备石墨烯样品的技术非常昂贵，这使得石墨烯成为世界上最昂贵的材料：直径为 100 μm，厚度为 0.154 nm（碳原子的直径）的材料价格在 500 美元至 1 000 美元之间。在计量学领域，开始使用石墨烯薄片用作 QHE 样品。尽管在室温下的石墨烯中可以观察到量子霍尔效应，但是要观察这种现象需要极高的磁感应强度。

石墨烯替代半导体在电子器件中潜在应用的相关研究正在进行中。在数字电路的应用中，需要在导电和不导电两种状态之间进行受控切换。这两种状态对应于数字系统的两个逻辑状态。如上所述，石墨烯是良好的电导体，然而，当氢化处理后，它就变成了绝缘体[3]。氢化石墨烯被称为石墨烷。在发现石墨烯的两年后，第一批有关石墨烯在电子领域的潜在应用的论文发表了。美国马萨诸塞州的麻省理工学院（MIT）的研究人员已经用石墨烯场效应晶体管（G－FET）建立一个倍频器[12]。此倍频器以及其他基于石墨烯的数字电路的潜在最高工作频率可以高达 1 000 GHz。

6.3　华沙中央计量局（GUM）的传统电阻标准的测量装置

本节将讨论存放在华沙中央计量局（GUM）的国家电阻标准，这也是传统电阻单位标准。GUM 的电阻单位国家标准是由六只校准过的电阻（每只电阻标称阻值为 1 Ω）组成的一组标准。1980 年 12 月，GUM 依法引入此标准。每只校准过的电阻器的电阻部分均为锰铜带的形式。每只电阻器都封闭在一个金属外壳中，顶部有四个接线端子，其中两个为电流端子，另外两个为电压端子。

构成国家标准的电阻器中，三只由高联公司制造，另外三只是由苏联的 ZIP 工厂制造。通过电流比较仪电桥将每只电阻器的阻值与标准组中其他电阻器的阻值进行比较。通过六只电阻器的电阻平均值来确定比较的结果。这些电阻器的平均阻值是国家标准的准确电阻值。定期将构成国家标准的六只电阻器中的四只（一直是相同的四只）与 BIPM 的国际标准进行比对。在 BIPM 校准所有电阻器的测量中，都考虑了与长期稳定性（漂移）相关的修正以及对温度和压力所造成影响的修正（见图 6－8）。

图 6－8　波兰国家电阻标准的实验室电阻器：高联公司制造的 9330 电阻器（左）和 ZIP 制造的 P321 电阻器（右）

表 6－1 给出了波兰国家电阻标准组件的技术参数和厂家型号信息。

表 6－1　波兰国家电阻标准组件的基本数据

	组件	技术特性	型号	生产厂商
1	标准电阻	标称电阻值 1 Ω	P321	ZIP
2	标准电阻	标称电阻值 1 Ω	P321	ZIP
3	标准电阻	标称电阻值 1 Ω	P321	ZIP
4	标准电阻	标称电阻值 1 Ω	9330	高联
5	标准电阻	标称电阻值 1 Ω	9330	高联
6	标准电阻	标称电阻值 1 Ω	9330	高联
7	电流比较仪	直流比较仪电桥	9975	高联
8	油槽	油温为（23.0±0.1）℃	9730 CR	高联
9	电阻电桥	用于测量油温	8640	Tinsley
10	铂金温度计	用于测量油温	5187 SA	Tinsley

由于电阻标准的温度系数相对较大，根据 BIPM 的建议，将电阻器放置在温度稳定在 23 ℃的油槽中，以确保在稳定的温度条件下存储和测量电阻器。温度引起的测量不确定度和测量过程中的温度变化不应超过 0.01 ℃。标准电阻器的电阻对气压的变化也很敏感。为考虑气压影响，测量气压并利用已知的压力系数来修正标准电阻器的测量电阻值。GUM 的电阻国家标准中的一个关键部分是阻值精确测量系统。该系统是由库斯特（N. L. Kusters）提出并由加拿大高联公司制造的直流比较仪电桥。库斯特直流比较仪的工作原理如图 6-9（a）所示。

比较仪是一个环形变压器，在其初级绕组和次级绕组中流过直流电流。通过检测绕组和调制绕组来检测比较仪磁芯中的磁通量。电阻 R_x 的测量过程包括将检流计 G 和零磁通检测器 D 的两个仪器的读数调整为零。如图 6-9（a）所示，通过手动调节比较仪电路中的电流 I_s 和 I_x，使得被测电阻器 R_x 两端的电压 V_x 与标准电阻 R_s 两端的电压 V_s 相等。

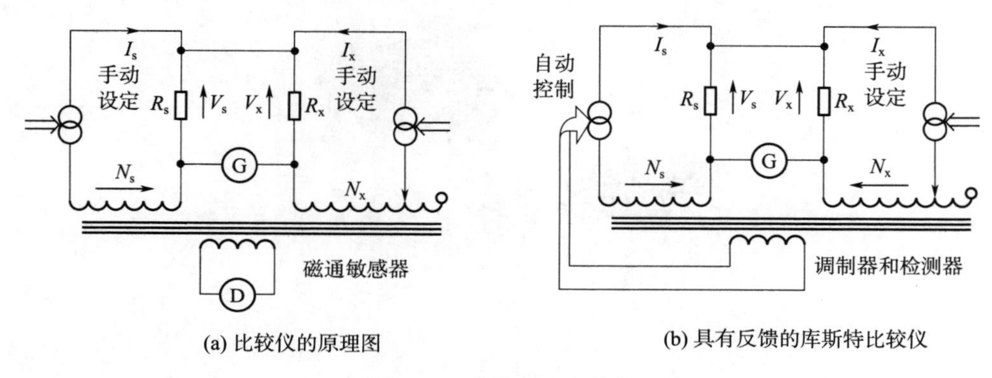

(a) 比较仪的原理图　　(b) 具有反馈的库斯特比较仪

图 6-9　直流电流比较仪

检流计 G 给出 V_x 和 V_s 相等的状态

$$V_x = V_s$$

$$R_x I_x = R_s I_s$$

$$\frac{R_x}{R_s} = \frac{I_s}{I_x} \tag{6-12}$$

通过改变 I_x 回路中的匝数 N_x，应该可以使得安匝数的数值相等、方向相反：$N_x I_x = N_s I_s$。在这种情况下，变压器铁芯中的合成磁通为零。零磁通检测器 D 给出磁通为零的状态

$$N_x I_x = N_s I_s$$

$$\frac{N_x}{N_s} = \frac{I_s}{I_x} \tag{6-13}$$

根据式（6-12）和式（6-13），可以推出

$$\frac{R_x}{R_s} = \frac{I_s}{I_x} = \frac{N_x}{N_s}$$

$$R_x = \frac{N_x}{N_s} R_s \tag{6-14}$$

因此，电阻器 R_x 的阻值可由固定的参考电阻值 R_s、参考回路中的匝数 N_s 和可调匝数 N_x 确定。图 6－9（a）中的比较仪的一个缺点在于，它同时需要电压平衡 $V_x = V_s$ 和安匝数平衡 $N_s I_s = N_x I_x$。实际上，安匝数的平衡意味着零磁通。由于必须同时平衡电压和安匝数，因此系统中的直流电源应具有很高的稳定性。式（6－14）给出电阻的测量值。

图 6－9（b）给出了库斯特比较仪的改进设计。在该系统中，将手动控制的电流源 I_s 替换为自动控制的电流源。自动控制是基于磁通检测器的读数实现。在库斯特比较仪中，电流 I_s 的自动控制系统确保电压和安匝数的同时平衡。图 6－10 为在华沙中央计量局使用的库斯特直流比较仪，由高联公司生产，型号为 9975。比较仪可以进行比例为 1∶10 的电阻比较，电阻测量范围为 0.1 Ω～1 MΩ。在比较 1 Ω 电阻器时，库斯特比较仪电桥的极限相对不确定度不超过 $\pm 2\times 10^{-7}$。

图 6－10　华沙中央计量局的库斯特比较仪电桥和 1 Ω 标准电阻器组中的一只

构成波兰国家标准的六只电阻的平均电阻值是波兰电阻单位国家标准的准确电阻值。通过六只电阻器之间的比较确定平均电阻，并在 BIPM 对选定的四只电阻器定期校准以进行修正。这四只电阻器构成了波兰国家标准和 BIPM 基于量子霍尔效应的电阻单位原级标准之间的传递参考。

GUM 的电阻标准系统保存在恒温实验室中。温度稳定在油槽温度，即（23.0±0.3）℃。为免受无线电干扰，房间设有屏蔽，它可提供的衰减优于 80 dB。这样的实验室条件可以大大减少测量过程中由温度不稳定和电磁干扰带来的 B 类不确定度分量。

2005 年，在华沙中央计量局的电压和电阻标准实验室中安装了一套基于量子霍尔效应的电阻单位量子标准。该标准系统由 Cryogenics 制造，复现的电阻单位可以达到约 10^{-9} 的相对不确定度（估计值）。量子标准所使用的 QHE 样品的参数为：载流子迁移率 $\mu = 40\ \mathrm{T}^{-1}$，表面载流子浓度 $N_s = 3.9\times 10^{15}\ \mathrm{m}^{-2}$，工作温度 $T = 0.3\ \mathrm{K}$。

QHE 样品具有两个电阻平台：$i = 4$ 和 $B = 3.74\ \mathrm{T}$ 时，$R = R_K/i \approx 6\,453\ \Omega$；$i = 2$ 和 $B = 7.88\ \mathrm{T}$ 时，$R = R_K/i \approx 12\,906\ \Omega$[5]。系统中的低温比较仪采用一个 SQUID 敏感器作

为零通量检测器。GUM 的电阻单位量子标准可能达到约 10^{-9} 的相对不确定度。该系统处于备用状态，尚未参与国际比对，其预期的良好不确定度仍有待实验验证。

6.4 量子标准测量系统

采用两种不同的测量系统来进行 QHE 样品电阻值 $R_H(i)$ 与室温标准电阻器的电阻值的比较：电位计电桥或低温电流比较仪（CCC）。电位计方法的优点是系统简单和容易搭建，但是 CCC 电桥在许多方面都有优势，包括 A 类不确定度（随机不确定度分量）小，和在与低阻值的参考电阻器进行比较时 B 类不确定度（系统性分量）小。

图 6-11 给出电位计电桥测量系统的简化图。电流源 S_1 产生的电流 I_1 流过 QHE 样品的源极－漏极端子，并流过温度受控的参考电阻 R_S。电阻 R_S 的标称阻值等于 $R_H(i)$。将霍尔电压 V_H 与由一个独立电流源 S_2 产生的数值近似的电压 V_P 进行比较。S_2 产生的电流流过电位计内阻，其阻值要小得多。

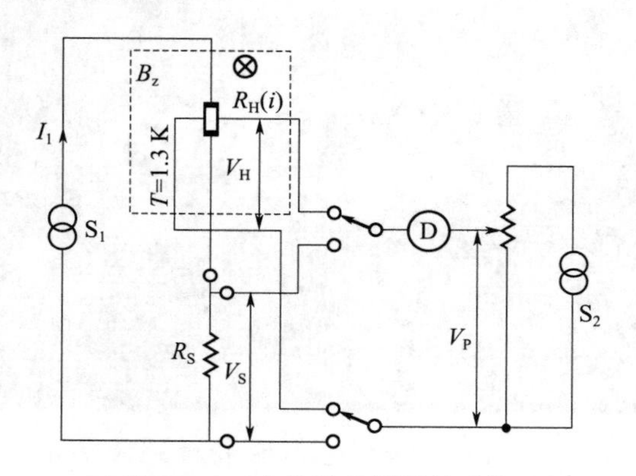

图 6-11　电位计电桥测量系统

电压差 $\Delta V_{HP}=V_H-V_P$ 由指零仪 D 检测，并由一个仪用运放放大(图 6-11 中未显示)。利用机械开关切换电压 V_P 和放大器，以进行放大和测量电压差 ΔV_{SP}

$$\Delta V_{SP}=V_S-V_P \tag{6-15}$$

式中，$V_S=I_1R_S$ 是参考电阻两端的电压

$$V_{HP}=V_H-V_P,V_{SP}=V_S-V_P \tag{6-16}$$

为了消除热电功率（TEP）及其随时间的漂移和电流 I_1 的时间漂移，必须使用一种切换电流 I_1 方向的测量技术。如果对于 I_1 的一个方向，测得的电压为 $\Delta V_{HP}(+)$，而对于方向相反的 I_1 测得的电压为 $\Delta V_{HP}(-)$。V_{HP} 的准确值是这两个值的平均值

$$V_{HP}=0.5[\Delta V_{HP}(+)+\Delta V_{HP}(-)]$$

通过用另一个阻值已知且足够大的电阻器短接电阻器 R_S 来校准电位计。因为短接，回路中的 R_S 被电阻器 R_{S1} 替代。因此，我们首先获得电阻器 R_S 两端的电压差 V_{SP}，然后获得电阻器 R_{S1} 两端的电压差 V_{SP1}。切换操作（短接）由计算机来控制。电压 ΔV_{HP} 用连接到放大器输出端的数字电压表测量。

对于 R_S

$$\Delta V = V_{HP} - V_{SP} = (R_H - R_S) I_1 \tag{6-17}$$

对于 R_{S1}

$$\Delta V_1 = V_{HP} - V_{SP1} = (R_H - R_{S1}) I_1 \tag{6-18}$$

$$\frac{V_{HP} - V_{SP}}{V_{HP} - V_{SP1}} = \frac{\Delta V}{\Delta V_1} = \frac{R_H - R_S}{R_H - R_{S1}} \tag{6-19}$$

由等式（6－19）得到计算 QHE 样品阻值的公式如下

$$R_H = \frac{R_S \Delta V - R_{S1} \Delta V_1}{V_{SP} - V_{SP1}} = \frac{(R_S - R_{S1}) V_{HP} - R_S V_{SP1} + R_{S1} V_{SP}}{V_{SP} - V_{SP1}} \tag{6-20}$$

由于电压值 V_{SP} 和 V_{SP1} 能在从毫伏量级到伏的宽范围内变化，因此测量系统中使用的放大器必须具有良好的线性度。电流 I_1（例如 $I_1 \approx 50\ \mu A$）的测量会持续几个小时，这几个小时是利用平均的方法将 A 类不确定度（1σ）减少到 10^{-9} 量级所需要的时间。

广泛用于 QHE 电阻标准比对的另一种测量系统是 CCC，其原理如图 6－12 所示。

直流源 S_1 的电流 I_1 流经 CCC 比较仪初级绕组和与之串联的 QHE 样品。初级绕组有 N_1 匝。受控源 S_2 产生电流 $I_2 \approx (N_1/N_2) I_1$，该电流流过参考电阻 R_S 和 CCC 的次级绕组。次级绕组的匝数为 N_2。电流 I_2 的大小取决于电阻 R 两端的电压 V：$V = RI_1$。匝数分别为 N_1 和 N_2 的两个绕组产生的合成磁通应接近于零。该系统中使用的零磁通检测器是 RF－SQUID 磁通敏感器（有关 SQUID 敏感器的详细讨论，请参见第 5 章）。

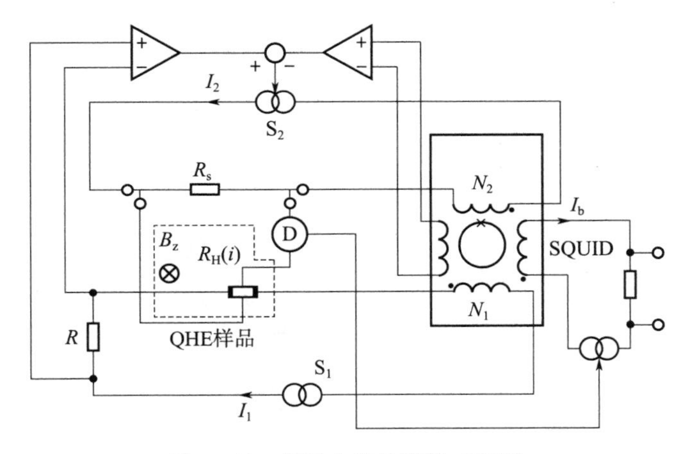

图 6－12　低温电流比较仪（CCC）

RF－SQUID 通过一个磁通变换器强耦合到 CCC。匝数比 N_1/N_2 的相对准确度可以优于 10^{-10}[4]。电流比 I_1/I_2 与匝数比 N_1/N_2 之间的任何偏差都可以利用通过 SQUID 的反馈和电流源 S_2 进行修正。基于指零仪 D 的读数可以确定 $R_H(i)/R$ 比。也可以利用指零仪 D 的电压输出在 CCC 比较仪次级绕组 N_2 中产生一个平衡电流 I_b。用电流 I_b 来平衡 RF－SQUID。因此，RF－SQUID 的增益稳定性和线性度并不重要。根据两个等式组合：指零仪平衡，$R_H(i) I_1 - R_S I_2 = 0$，与比较仪平衡

$$(N_1/N_2) I_1 + I_b - I_2 = 0 \tag{6-21}$$

当 I_b 很小时，可以得到

$$\frac{R_H(i)}{R_S}=\frac{N_1}{N_2}[1+\frac{I_b}{I_2}] \tag{6-22}$$

用数字电压表和一个电阻来测量电流 I_b。校准用一个 100 MΩ 的分流电阻 R_S。只有仔细消除那些不希望存在的漏电流后，CCC 电桥的最高准确度才能实现。尤其重要的是，流过 $R_H(i)$ 的电流也应流过绕组 N_1，流过 R_S 的电流也必须流过绕组 N_2。同样重要的是隔离放大器（必须具有高阻抗）中偏置电流要小。CCC 电桥可以连接到计算机，来控制切换电流 I_1 和 I_2 的方向，并记录数字电压表的读数。光纤是实现 CCC 与计算机之间连接的良好解决方案。如果电阻 R_S 损耗功率 1 mW，在大约 5 min 的测量时间内，可将随机不确定度降低为 2×10^{-9}。

6.5　SI 电阻的量子标准

在国际单位制中，每个单位都关联到基本单位。图 6-13 所示的汤普森-兰帕德交叉电容器，是 SI 单位中的阻抗标准，根据其尺寸可以提供一个计算值。它是唯一一个足够精确到可以与冯·克利青常数 R_K（或与另一阻抗）进行比较的标准。静电汤普森一兰帕德定理指出，真空中无限长的系统中单位长度 L 的交叉电容 C_1 和 C_2 满足以下公式

$$\exp\left(-\frac{\pi C_1}{\varepsilon_0}\right)+\exp\left(-\frac{\pi C_2}{\varepsilon_0}\right)=1 \tag{6-23}$$

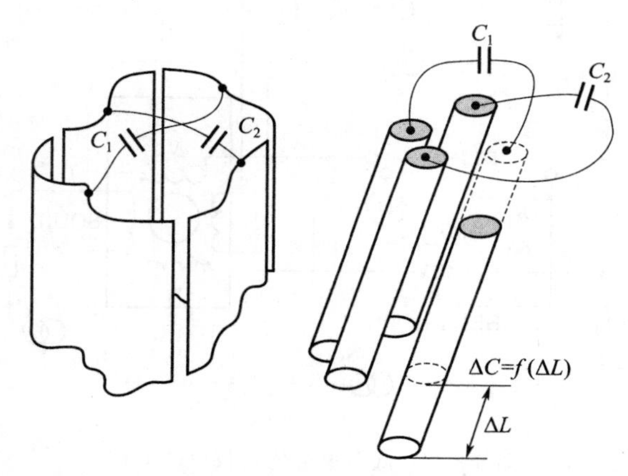

图 6-13　交叉电容 C_1 和 C_2 构成的可计算汤普森一兰帕德电容器

在许多可计算电容器中，电极被做成圆柱体形式，并使它们尽可能对称，以实现

$$\frac{C_1-C_2}{C_1}<10^{-4} \tag{6-24}$$

在这样的条件下，电容 C_1 和 C_2 平均值的变化与位移 ΔL 具有如下函数关系，并具有 1×10^{-9} 的准确度

$$\frac{\Delta C}{\Delta L}=\left(\frac{\varepsilon_0\ln2}{\pi}\right)\frac{\mathrm{F}}{\mathrm{m}}=1.953\ 549\ 043\ \frac{\mathrm{pF}}{\mathrm{m}} \tag{6-25}$$

真空磁导率的定义值 $\mu_0 = 4\pi \times 10^{-7}$ H/m，光速为 $c = 299\ 792\ 458$ m/s 。

通过改变同轴管状屏的位置 l 来改变电容 C_1 和 C_2，可以有效消除电容器尺寸有限的影响。用类似的方式，电极系统的移动终端用插入一根实心圆柱体来实现。当中心圆柱体移动 0.2 m（对应于 2 pF/m）时，电容 C 的“精确”预期变化为 0.4 pF；移动用激光干涉仪进行测量。然而，要达到 1×10^{-8}的预期准确度，需要对电容器的建造进行许多改进。NPL 的标准系统中，使用一系列交流电桥来测量 R_K/C 比。如图 6 - 14 所示，交流电桥后面有双重直流 CCC 比较仪环节。实验已经表明，在实验不确定度（其最优为 3.5×10^{-10}）内，R_H 值不受实验条件影响，也和器件参数无关。通过在他们实验室测量 R_K ，计量机构能够以约 $10^{-8}\sim10^{-9}$/a 的分辨率确定电阻标准的时间漂移。

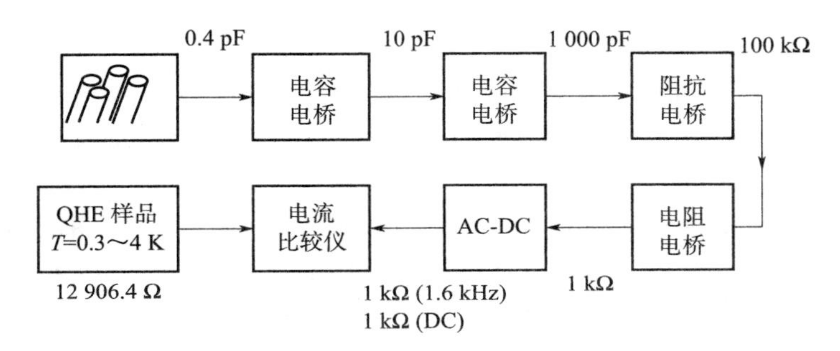

图 6 - 14　电容标准与电阻量子标准的比较

与约瑟夫森效应的情况一样，那些拥有量子电阻标准的国家实验室不再依赖参考电阻来检定电阻标准。因此，电阻的量子标准可以避免运输带来的负面影响，运输降低与参考电阻比较的准确度。

BIPM 已经建立了一个便携式 QHE 基准，并运输它到各国家实验室。使用 BIPM 和 OFMET 的量子标准对 100 Ω 参考电阻进行比对测量，得到一致的结果，不确定度为 $(9\pm17)\times10^{-10}$[1]。

参考文献

[1] F. Delahaye, T. J. Witt, B. Jeckelmann, B. Jeanneret, Comparison of quantum Hall effect resistance standards of the OFMET and BIPM. Metrologia 32, 385 - 388 (1996).

[2] F. Delahaye, T. J. Witt, R. E. Elmquist, R. F. Dziuba, Comparison of quantum Hall effect resistance standards of the NIST and the BIPM. Metrologia 37, 173 - 176 (2000).

[3] D. C. Elias et al. , Control of grapheme's properties by reversible hydrogenation. Science 323, 610 - 613 (2009).

[4] A. Hartland, The quantum Hall effect and resistance standards. Metrologia 29, 175 - 190 (1992).

[5] H. Ibach, H. Lüth, Solid — State Physics. An Introduction to Principles of Materials Science (Springer, Heidelberg, 1995).

[6] R. B. Laughlin, Fractional quantization. Nobel lecture. Rev. Mod. Phys. 71, 863 - 874 (1999).

[7] K. S. Novoselov et al. , Electric field effect in atomically thin carbon films. Science 306, 666 - 669 (2004).

[8] K. S. Novoselov, Z. Jiang, Y. Zhang, S. V. Morozov, H. L. Stormer, U. Zeitler, J. C. Maan, G. S. Boebinger, P. Kim, A. K. Geim, Room - temperature quantum Hall effect in graphene. Science 315, 1379 (2007).

[9] T. Oe et al. , Fabrication of the 10 kΩ QHR array device. Elektronika (6), 47 - 49 (2011).

[10] H. L. Störmer, The fractional quantum Hall effect. Nobel Lecture. Rev. Mod. Phys. 71, 875 - 889 (1999).

[11] K. von Klitzing, G. Dorda, M. Pepper, New method for high — accuracy determination of fine structure contact based on quantized Hall resistance. Phys. Rev. Lett. 45, 494 - 497 (1980).

[12] H. Wang, D. Nezich, J. Kong, T. Palacios, Graphene frequency multipliers. IEEE Electron Dev. Lett. 30, 547 - 549 (2009).

第 7 章　纳米结构中电导和热导的量子化

摘　要　本章以经典德鲁德（Drude）电导理论和兰道尔（Landauer）提出的理论作为开篇。兰道尔理论基于的假设是电导可以用两个电子池之间电子转移来建模，该理论证明可以很好地描述纳米级导体（即纳米结构）中的电阻。出乎意料的是，该理论表明纳米结构的电导（和电阻）与材料和温度无关，仅与样品尺寸有关，并且以步进的方式变化，其步长 $h/2e^2$ 代表电导量子。纳米结构中电导和热导的量子化已被实验所验证。纳米结构中的电导量子化用于分析大规模集成电路，这是当前所使用的 14 nm 技术和未来技术的需要。

7.1　电导理论

在纳米（原子）尺寸的金属或半导体样品中，电导 $G(G=1/R)$ 的量子化效应对于理解导电过程和导电理论应用具有重要意义。电导量子化取决于纳米大小的样品的尺寸。纳米结构中，在室温下就可以发生量子效应，不需要施加强磁场。因此，纳米结构中电导量子化所需的物理条件比量子霍尔效应所需的物理条件要容易创建得多。事实上，诸如室温、大气压和低磁场等条件是自然存在的，不需要额外的努力。

在 1900 年，德鲁德（Drude）提出了第一个金属中的电和热传导理论。该理论假设导体中电子形成理想电子气。根据德鲁德理论，金属中的所有自由电子都参与形成电流。在样品施加静电场 E_p 时，电流密度 j_p 由以下公式描述

$$j_p = en\mu E_p = e^2 n\tau E_p/m \tag{7-1}$$

式中，E_p 为外加电场；n 为载流子浓度；μ 为载流子迁移率；τ 为弛豫时间；m 为电子质量。

在德鲁德模型中，材料的电导率 σ 由以下公式给出

$$\sigma = j_p/E_p = e^2 n\tau \tag{7-2}$$

德鲁德理论采用对电子运动的统计方法，很好地描述了宏观样品中的电导，宏观样品中原子和自由电子的数量足够大，可以对它们的运动进行统计描述。从金属（通常是导体）的能带结构模型可以得出结论，只有那些位于费米能级附近的电子才能参与电流的流动。相反，远低于费米能级的电子不受电场的影响[9]。德鲁德理论没有描述超导现象。

德鲁德提出的电导模型与 30 年后在量子力学框架下提出的泡利不相容原理背道而驰。泡利不相容原理禁止占据远低于费米能级 E_F 的能态的电子在电场的影响下转移到稍高的能级，因为附近的所有能态都已被占据。1928 年的费利克斯·布洛赫（Felix Bloch）在莱比锡海森堡的团队工作，他为电导理论提供了量子力学形式。

而 IBM（美国新泽西州）的罗尔夫·兰道尔（Rolf Landauer）提出的模型更好地描述了纳米级样品的电导。他的电导理论首次于 1957 年提出，该理论也适用于纳米结构并可以预测电导量子化[11]。30 年后，兰道尔发表了该理论的升级版[12]。在 20 世纪 80 年代发表了纳米结构中电导量子化研究的第一批成果[6,20]。马库斯·布提克（Markus Büttiker）进一步发展该理论，现在被普遍使用，被称为兰道尔-布提克形式。

考虑两个宽金属终端（在兰道尔理论中称为电子池[11]），它们中间有一个长度 L 和宽度 W 的狭窄区域［见图 7-1（a）］。设导体中的平均自由程表示为 Λ，费米能级表示为 E_F。在两端施加一个电势差 V，则电子流过狭窄区域。如果狭窄区域的长度短于电子的平均自由程，$L < \Lambda$，则电子的输运是弹道输运，即没有碰撞。在这种情况下，电子的散射可以忽略不计。电子散射是由于存在杂质、施主以及表面的不规则性引起的。

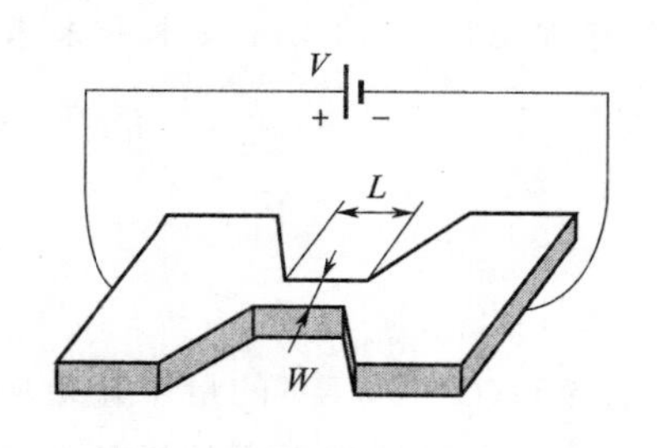

(a) 纳米线的示意图（不考虑第三维）

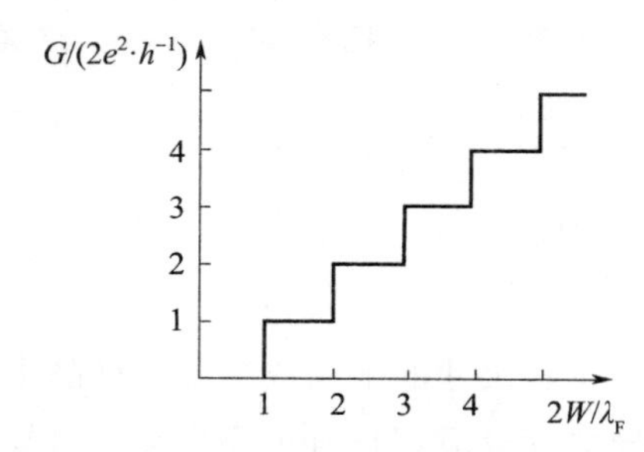

(b) 电导G的量子化与纳米线宽度W的函数曲线

图 7-1　纳米线（长度 $L < \Lambda$ 且宽度 W 与费米波长 λ_F 相当的导体）中的电导量子化

兰道尔理论的以下五个假设可以综合呈现以上描述：

- 电子在两个化学势不同的电子池之间转移。
- 电荷载流子的输运（电导）是由电子池之间存在电荷载流子浓度梯度而引起的。
- 在理想导体中只存在电子弹性散射，是由势垒和导体边缘反射引起。
- 所观察到的电导与散射形成的电导通道中的传输概率有关。
- 电子池中的电子在传输时需要消耗能量，但在理想波导内传输不消耗能量。

系统的另一个特征参数是费米波长 $\lambda_F = 2\pi/k_F$，其中 k_F 是费米波矢量。铜或金等金属的费米波长 $\lambda_F \approx 0.5$ nm，远短于电子平均自由程 $\Lambda(\Lambda_{Au} = 14$ nm)。如果系统的尺寸小于电子平均自由程，则由于存在杂质而引起的散射可以忽略，因此电子的输运可以看作是弹道输运。外径 W 与费米波长 λ_F 相当、长度 L 小于 Λ 的金属线可以被视为一维（1D）波导，电子被视为波，可以预期会发生量子效应。宽度与费米波长 λ_F 相当的物体可被视为准一维波导。同样，在这种情况下，电子被视为波，可以预期它们将显示出其量子性质。

考虑一个直径 W、长度 L 的理想导体（见图 7-1）连接两个宽触点（电子池），触点之间形成电导。假设电子池无限大，电子处于费米-狄拉克统计描述的热力学平衡。当电子进入一维导体时，会出现同时存在正、负速度的非平衡态。如果合成电流流过导体，则正速度的状态具有更高的能量。根据布提克模型[9]，理想导体的哈密顿量可以表示为

$$H=\frac{1}{2m^{*}}(\hbar^{2}k_{x}^{2}+\hbar^{2}k_{y}^{2})+V(x) \tag{7-3}$$

式中，y 是沿导线的坐标；x 是横向坐标；m^{*} 是有效质量；$V(x)$ 表示宽度 W 的势阱；k_y 是沿 y 轴的波矢分量；k_x 是 x 方向的波矢分量。由于势阱 $V(x)$ 狭窄，横向传播的能量被量子化

$$E_{Tj}=\frac{\hbar^{2}k_{x}^{2}}{2m^{*}}=\frac{\hbar^{2}}{2m^{*}}\left(\frac{j\pi}{W}\right)^{2} \tag{7-4}$$

如果量子阱边界处的势能趋于无穷大，则式（7-4）成立。对于费米能级 $E_F=E_j$，在费米能级以下有 $N\sim 2W/\lambda_F$ 态 E_{Tj}。假设热能 k_BT 远低于能级间的能隙，宽触点具有化学势 μ_1 和 μ_2，$\mu_1>\mu_2$。那么，第 j 态的电子电流是

$$I_j=ev_j\left(\frac{dn}{dE}\right)_j\Delta\mu \tag{7-5}$$

式中，v_j 是沿 y 轴的速度；$(dn/dE)_j$ 是第 j 状态在费米能级处的态密度。在一维导体中，态密度为

$$\frac{dn}{dk}=\frac{1}{2\pi}\text{ 和 }\left(\frac{dn}{dE}\right)_j=\left(\frac{dn}{dk}\frac{dk}{dE}\right)_j=\frac{2}{hv_j} \tag{7-6}$$

式（7-6）中的因子 2 是自旋简并的结果。因此，第 j 状态的电流 $I_j=(2e^2/h)V$（其中电压差 $V=\Delta\mu/e$），与 j 无关。总电流是 $I=\sum_{j=1}^{N}I_j$。因此，电导率可以表示为

$$G=\frac{2e^2}{h}N \tag{7-7}$$

其中，N 取决于线宽（见图 7-1）。

然而，缺陷、杂质和导体形状不规则都会导致散射，这在兰道尔公式中进行了如下考虑

$$G=\frac{2e^2}{h}\sum_{i,j=1}^{N}t_{ij} \tag{7-8}$$

式中，t_{ij} 表示从 j 态跃迁到 i 态的概率。在没有散射的情况下，$t_{ij}=\delta_{ij}$，式（7-8）简化为式（7-7）。

对样品尺寸接近 Λ（介观范围）的电阻（或电导）的测量表明，兰道尔理论比德鲁德模型更好地描述了这些样品的电导。当 $T_j=1$ 时，单个通道的电导 G_0 为

$$G_0=\frac{2e^2}{h}\cong 77.2\times 10^{-6}\,\text{A/V}=(12.9\ \text{k}\Omega)^{-1}$$

要在电导特性中观察到 $2e^2/h$ 台阶，概率 T_j 应等于 1，这意味着没有由于晶体中杂质或表面不规则而引起的电子散射，因为散射会导致电导台阶的减少。电子波的模式总数（即电导通道数），在一维狭窄区域中等于 $2W/\lambda_F$，在二维狭窄区域（例如动态形成的纳米线）中近似等于 $(2W/\lambda_F)^2$。假设传输 $T_j=1$，狭窄区域（样品）的电导是其宽度 W 的函数。在实际系统中，第一个传输通道的传输系数通常接近 1。对于其他通道，T_j 值较小，甚至可以降到 0.5 以下。

一维系统（意味着原子链）的电导等于电导量子 G_0，$G_0=e^2/h=77.2\times10^{-6}$ A/V 。

对于二维系统（2D），厚度 $H\leqslant\lambda_F$，N 取决于线宽

$$N=\mathrm{Int}(2W/\lambda_F) \tag{7-9}$$

式中，Int(D) 表示数 D 的实部的整数。

因此，二维系统（狭窄区域）的电导由式（7-10）给出

$$G=\frac{2W}{\lambda_F}\frac{e^2}{h}=N\,G_0 \tag{7-10}$$

沙文（Sharvin）所发表的二维纳米结构中 G 和 N 的公式也与此类似[18]。沙文还分析了三维纳米系统的电导。根据沙文理论，三维纳米系统的横截面积为 A，厚度为 H 和宽度为 W，$A=H\times W$，$H\geqslant\lambda_F$ 和 $W\geqslant\lambda_F$ ，其电导 G 用式（7-11）表示

$$G=\frac{2e^2}{h}\frac{k_F^2A}{4\pi} \tag{7-11}$$

式中，$k_F=2\pi/\lambda_F$ 是费米波矢量；A 是纳米结构最窄处的横截面积。

因此，三维纳米系统中的传输通道数是

$$N=\mathrm{Int}\,\frac{\pi A}{\lambda_F^2} \tag{7-12}$$

当狭窄区域的宽度改变时，每次能量超过所允许的费米能级（相当于新模式进入或退出波导）时，电导增加一个或两个量子，与简并度相关。如图 7-1（b）所示，因此电导与样品宽度 W 呈近似台阶的函数关系。

值得注意的是，兰道尔模型并不是纳米结构的唯一电导理论。Kamenec 和 Kohn 在没有兰道尔前两个假设的情况下获得了相同的电导公式[10]，Das 和 Green 在没有任何兰道尔假设的情况下获得了相同的电导公式[4]。

7.2　宏观和纳米尺度结构

正在进行的研究和潜在应用的课题包括金属纳米接触、半导体纳米接触（包括异质结构）、纳米线、纳米管（特别是碳纳米管）、纳米棒、量子点和其他纳米结构。

根据兰道尔理论，纳米结构的电导 G（其电阻 $R=1/G$ ）既与样品导电材料的类型无关，也与温度或任何材料常数无关。根据式（7-8），电导仅与一维样品的尺寸有关。这是纳米结构的一个全新且相当出乎意料的特征，在宏观尺寸的样品中没有观察到此特征。然而，仔细研究不同金属（或更广泛地说，不同的导电材料）纳米结构电导的过程中，观察到不同金属的费米波长 λ_F 和平均自由程 Λ 的值有所不同（例如，温度 $T=295$ K 时，金的 $\Lambda=14$ nm，铜的 $\Lambda=30$ nm）。此外，随着温度的降低，平均自由程急剧增加。因此，尺寸相同的纳米结构由不同材料制成或在不同温度条件呈现的电导可能不同。

考虑边长为 a 的立方导体样品电阻。分析尺寸在四个范围的电阻：

• 宏观样品，尺寸 a 大于导电材料电子波的相干长度，$a>L_\varphi$（其中 L_φ 是电子波的相干长度）；这些样品被认为含有三维电子气（3-DEG）（见第 6 章中的图 6-2）。

• 介观样品，其尺寸 a 小于电子波的相干长度，但大于导电材料电子平均自由程，$L_\varphi \geqslant a > \Lambda$（其中 Λ 为平均自由程）。

• 电子弹道输运样品，其尺寸 a 小于导电材料中电子的平均自由程，但大于费米波长，$\Lambda \geqslant a > N \times \lambda_F$（其中 λ_F 为费米波长，Λ 为电子的平均自由程，N 为自然数）。

• 纳米尺寸样品，其中最小尺寸 a 与费米波长 λ_F 相当，可以表示为其倍数 $a = N \times \lambda_F$（其中 $N = 1, 2, 3, \cdots$），并且长度小于电子平均自由程。纳米线就是这种样品。

根据经典电导理论（德鲁德理论）计算立方体样品的电阻 R，由以下公式给出

$$R = \frac{\rho a}{a^2} = \frac{\rho}{a} \tag{7-13}$$

式中，R 是立方样品的电阻；ρ 是样品材料的电阻率；a 是立方体的边长 。

在立方样品中，电阻 R 首先用德鲁德理论计算，然后用兰道尔电导模型计算，并进行转换 $R = 1/G$ 。这两种理论的计算会得到不同的电阻（或电导）值。例如，考虑一个边长为 a 的金立方体，用德鲁德理论［式（7-13）］和兰道尔模型［式（7-11）］计算它的电阻。金的材料参数为：原子半径 0.175 nm，晶格常数（晶格中原子间距）0.288 nm，费米波长 $\lambda_F = 0.52$ nm，电子平均自由程 $\Lambda = 14$ nm（温度为 $T = 295$ K），电阻率 $\rho = 22.4 \times 10^{-9}\ \Omega \cdot \mathrm{m}$（温度为 $T = 295$ K）。

对于立方金样品，边长为 a，宽度为 W，用德鲁德理论计算 $W = a = 14 \sim 10\ \mu$m，用兰道尔模型计算 $W = a = 0.4$ nm（原子直径）～14 nm（电子平均自由程），图 7-2 中给出了计算得到的曲线。图 7-2 显示两种理论计算的电阻数据，在宽度 $a = \Lambda = 14$ nm（等于 295 K 温度下黄金中的电子平均自由程）的情况下存在显著差异：$R_D = 1.6\ \Omega$（德鲁德理论）和 $R_L = 240\ \Omega$（兰道尔理论）。如果没有简化的假设，包括传输系数 $T_j = 1$ 的假设，计算电阻值之间的差异将更大。纳米结构中的实际传输系数通常小于 1；因此，样品的电导低于计算值，实际电阻值大于 R_L 。

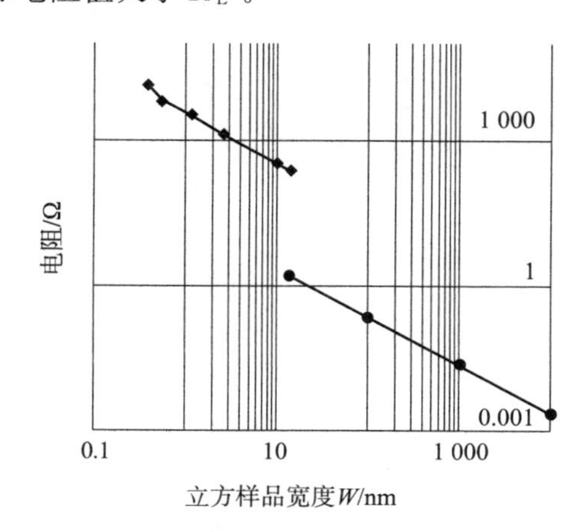

图 7-2　用德鲁德理论（右线）和兰道尔模型（左线）计算的立方金样品的电阻随宽度 W 的变化，$T = 295$ K

7.3　纳米结构电导量子化的研究

7.3.1　纳米结构的形成

1987 年，在苏黎世的 IBM，Gimzewski 和 Möller 首次用扫描隧道显微镜（scanning tunneling microscope，STM，在第 12 章中详细讨论）观察和测量到电导的量子化效应[6]。当 STM 的铱尖和样品的光滑银表面恰有接触且即将分离时，测得的样品与尖端间接触的电导被证明是接触点尺寸的阶跃函数，如图 7-1（b）所示。van Wees 通过对样品施加调制电压，在 2-DEG 中获得狭窄路径，在二维电子气中观察到电导特性中具有类似的台阶[21]。在这一实验证实了兰道尔电导理论之后，其他的研究团队也开始研究纳米结构中的电子输运和电导量子化。

电导研究中使用的纳米结构可以通过多种方法形成。但是，所形成的纳米尺度结构往往不稳定，其寿命从几微秒到最多一小时不等。以下技术可以动态形成纳米结构：

• 在 STM 尖端和导体或半导体样品的平坦表面之间产生和断开接触的方法。这种方法涉及使用 STM，是一种相当昂贵的技术，并且经常导致 STM 尖端的损坏[6]。

• 导电材料的两个宏观样品（例如直径为 0.1～0.5 mm 的导线）之间产生和断开接触的方法。宏观样品的相对位置要么由精密驱动器控制，要么会受自发振荡的影响。在开始阶段两个样品被移动至接触，并在最后阶段接触被断开。因此，由于宏观样品表面有一定粗糙度，就会形成纳米接触或纳米尺度的结。这种技术形成的纳米线如图 7-3 所示[1,13,15]。

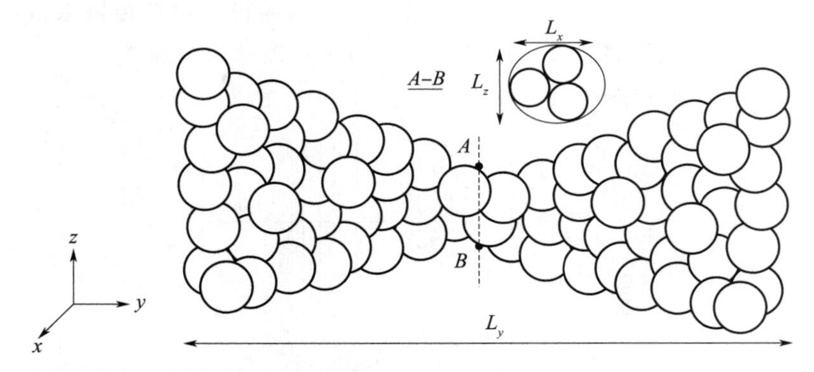

图 7-3　在接触的两条宏观导线之间形成纳米线。纳米线的 $A—B$ 截面包含的原子只有三个[14]

通常采用转换系数约为 1 μm/1 000 V 的电压控制压电陶瓷驱动器或相对便宜的直流驱动磁致伸缩驱动器对样品进行定位。图 7-4（a）显示了直径为 0.5 mm（由 STM 测量确定）的铜线表面。图 7-4（b）给出了铜线表面横截面扫描图，可以看出宏观样品的表面不规则。使用上述动态方法可以生成纳米线的原因是表面粗糙度的程度。在波兰波兹南理工大学（PUT）的电导量子化研究中，基于反向压电效应工作的压电驱动器和磁致伸缩驱动器这两种驱动器都得以使用。在磁致伸缩驱动器中，磁芯的长度随感应磁场的变化而变化。PUT 研究中所使用的管形压电驱动器的电压-伸长转换比为 $\Delta l/\Delta V = 1\ \mu m/750\ V$。Wawrzyniak[23] 提出并制造了电流-伸长转换比为 $\Delta l/\Delta I = 1\ \mu m/150\ mA$ 的磁致伸缩驱动器。

(a) 97 nm×97 nm区域的表面

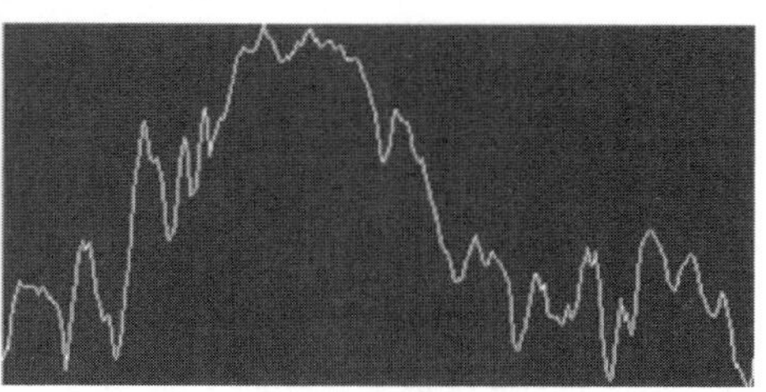

(b) 图 (a) 中给出的表面的横截面，h=13.5 nm

图 7-4　直径为 0.5 mm 铜线表面的 STM 图像（由 S. Szuba 测量）

• 马德里的 Garcia 和 Costa-Krämer 提出了一种简单廉价的纳米线生成方法[3]。他们使用了两根宏观导线（直径为 0.5 mm，长度为 10 cm），这些导线处于自然振动中，并以这种方式形成机械和电气接触，如图 7-5 所示。

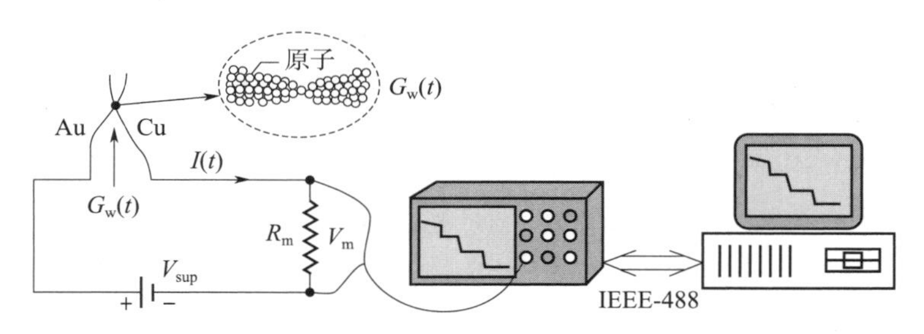

图 7-5　两条振动宏观导线之间生成纳米线系统

Garcia 和 Costa-Krämer 预测，由于表面不规则，将在导线之间产生和断开触点，从而形成电纳米接触。实验已经验证这种在振动中连接和断开的宏观导线之间动态形成纳米线的原创想法，在此想法发表后，许多研究团队都采用了这个方案，见文献［8，13，15］的报道。

7.3.2　动态形成纳米线的测量

动态形成的纳米线电导用如图 7-5 所示的实验装置测量。

该系统包括测量回路和数字示波器，示波器通过 IEEE-488 接口与 PC 相连。串联测量回路包括两条自然产生触点的宏观导线、一个测量电阻 R_m（通常电阻约为 1 kΩ）和一个直流电压源 V_{sup}。系统的测量信号是回路中电流 I，与电导 $G_w(t)$ 成正比（电源电压恒定）。

在导线断开的状态下没有电流（$I=0$），而在导线接触的稳定状态下，电路中流有最大电流（$I=V_{sup}/R_m$）。在产生和断开触点的过程中出现的瞬态序列产生随时间变化的电流 $I(t)$。测量电阻两端的电压 V_m 与电路中的电流成正比。用数字示波器测量并记录电压 V_m。测量回路中的信号为

$$I(t)=\frac{V_{sup}}{R_m+1/G_w}\;;\quad V_m=R_m I(t)=\frac{V_{sup}R_m}{R_m+1/G_w} \tag{7-14}$$

数字示波器发送数字电压信号 $V_m(t)$ 至 PC，PC 进行统计数据处理。纳米线的电导 G_w 通过式（7-15）计算

$$G_w(t)=\frac{V_m}{R_m(V_{sup}-V_m)} \tag{7-15}$$

图 7-6 的两个电导曲线显示了用上述测量系统研究的金属纳米线中电导量子化。

上述通过反复连接和断开宏观导线（或其他导电材料）形成纳米线的方法，已经通过提高精确控制宏观导线的运动进行了改进。

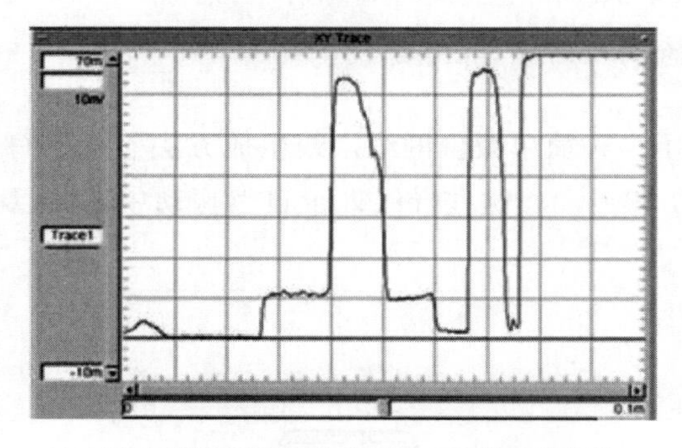

(a) 与产生和断开接触相对应的$1G_0$台阶电导曲线

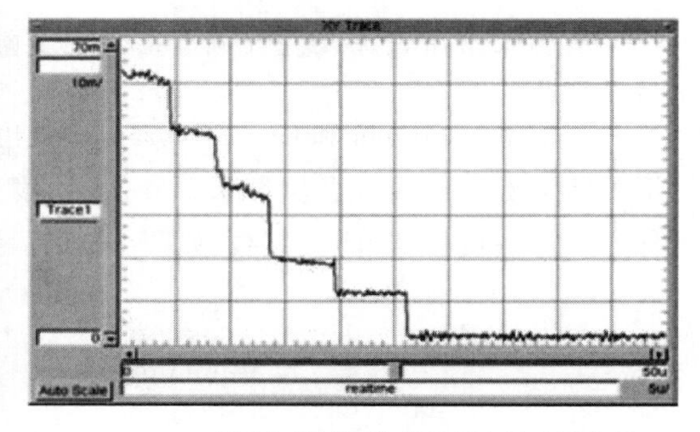

(b) 表示电导量子化的近似台阶电导曲线

图 7-6 金属纳米线中电导量子化的电导曲线，通过在 295 K 下产生和断开一个触点而生成金属纳米线。该图在横坐标（时间轴）上为 10 μs/div，在纵坐标（电压轴）上为 1 G_0 /div，其中 $G_0\approx(12.9\ \mathrm{k\Omega})^{-1}$ 是电导量子

如图 7-7 所示，用压电器件控制宏观导线的前进和后退运动，从而在宏观导线之间形成纳米线或量子点接触（QPC）。

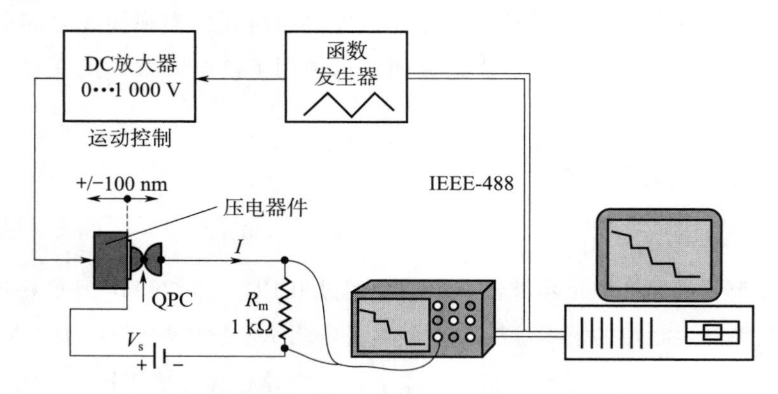

图 7-7 两个金属宏观样品间形成纳米线的压电驱动器系统

7.4　用电导量子化测量纳米结构的几何尺寸

7.4.1　方法

在最小原子尺寸范围内纳米结构的电导是其最窄处横截面积的近似台阶状函数。在兰道尔电导新方法中给出的条件下，纳米结构发生电导（电阻）量子化效应（量子 $G_0=2e^2/h$ ）。可以利用此效应来测量纳米结构（样品）的宽度，或者更确切地说是用来估算它。此方法基于电气测量，见图 7－8。二维纳米结构宽度的估算包括测量其电阻 R（电导 $G=1/R$ ）和计算传输通道数 N 。将式（7－9）转换得到式（7－16），可以计算二维纳米尺度结构的宽度 W

$$W=(N\times\lambda_F)/2 \tag{7-16}$$

三维纳米结构在其最窄点处横截面的面积 A 估算，也是包括测量其电导 G 和计算传输通道数 N 。将式（7－12）转换得到式（7－17），计算三维纳米结构的面积 A

$$A=\frac{N\lambda_F^2}{\pi} \tag{7-17}$$

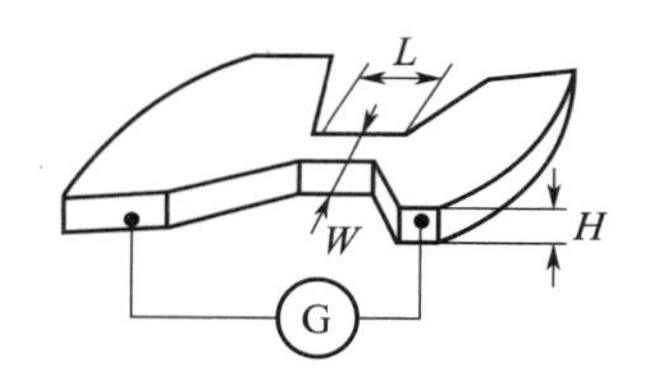

图 7－8　用电气方法测量纳米结构的宽度

7.4.2　技术条件

利用测量电导对纳米结构的几何尺寸进行测量，所必需的技术条件是：纳米结构由导电体构成；纳米结构（样品）在两个宽终端之间有受限宽度（狭窄区域）；受限区域的长度小于样品材料的平均自由程。纳米结构的厚度与费米波长 λ_F 相当。这意味着厚度为一个或多个原子（如在石墨烯中）。

为了测量纳米结构的尺寸，需要知道被测材料的三个重要参数：费米波长 λ_F、电子平均自由程 Λ 和晶格空间 a_n。λ_F 和 Λ 的值与载流子浓度 n_0 相关。式（7－18）～式（7－20）描述了 λ_F 和 Λ [2]。

$$\lambda_F=\frac{h}{\sqrt{2mE_F}}=\frac{2.03}{\sqrt[3]{n_0}} \tag{7-18}$$

$$E_F=\frac{h^2}{8m}\left(\frac{3n_0}{\pi}\right)^{2/3} \tag{7-19}$$

$$\Lambda=\sqrt[3]{\frac{3}{\pi}}\frac{\sigma}{G_0 n_0^{2/3}}=\sqrt[3]{\frac{3}{\pi n_0^2}}\frac{\sigma}{G_0} \tag{7-20}$$

式中，m 为电子质量；n_0 为载流子浓度；E_F 为费米能；σ 为样品材料电导率。

表 7－1 给出了三种金属（Au、Cu、Al）和掺杂硅（掺杂范围 $n_0=10^{16}\sim10^{19}\ cm^{-3}$）的费米波长 λ_F 和电子平均自由程 Λ 的值[9]。

表 7－1　室温下金属（Au，Cu，Al）和掺杂硅（掺杂 $10^{16}\sim10^{19}\ cm^{-3}$）的费米波长 λ_F 和电子平均自由程 Λ

材料	硅	硅	硅	硅	金	铜	铝
掺杂，n_0 /cm^{-3}	10^{16}	10^{17}	10^{18}	10^{19}	No	No	No
费米波长，λ_F /nm	93	43	20	9.3	0.52	0.46	0.36
电子平均自由程，Λ /nm	从 37 到 120[2]				38	40	19

最小尺寸的纳米线是通过路径 $L<\Lambda$ 相互连接的一个原子链。根据兰道尔理论，该链为自由电子创建一条传输通道。因此，纳米线的电导 $G_0=7.75\times10^{-5}$（A/V）表示纳米线在其最窄点处仅包含一个原子。这种纳米线的横截面是周长为 $2R_a$ 定义的圆的面积，其中 R_a 是原子的半径。例如，对于金：平均自由程 $\Lambda_{Au}=38$ nm（293 K 时），原子半径 $R_{aAu}=0.175$ nm。

7.5　纳米结构热导量子化

用电导 G_E 和热导 G_T 描述纳米结构中的电子输运。这两个物理量之间有许多相似之处。与电导量子化类似，热导也可以被量子化。纳米线中的电子输运有两个效应：一个是电流 $I=G_E\Delta V$，另一个是热流密度 $Q_D=G_T\Delta T$，其中 G_E 是样品电导，ΔV 是电位差，G_T 是样品热导，ΔT 是温度差。电导 G_E 和热导 G_T 由以下方程描述

$$G_E=\sigma A/l,\quad G_T=\lambda A/l \tag{7-21}$$

式中，σ 表示电导率；λ 表示热导率；l 表示样品（例如纳米线）长度；A 表示样品横截面积。

然而，热导比电导更复杂，因为电子和声子都可以参与热传导[5,19]。Greiner[7] 和 Rego[16] 分别从理论上预测了一维系统中热导量子化的电子弹道输运和声子弹道输运。描述热导的术语与电导分析中使用的术语类似。学者认为在一维系统中形成热导通道，并且每条通道都给总热导贡献热导量子 G_{T0}。

Schwab 用实验证实了热导的量子化（对于电子弹道传输）[17]。普适热导量子 G_{T0} 与温度有关

$$G_{T0}\,[W/K]=(\pi^2k_B^2/3h)\,T=9.5\times10^{-13}\,T \tag{7-22}$$

在 $T=300$ K 时，热导量子为 $G_{T0}=2.8\times10^{-10}$ W/K。但是，该值的确定是基于假设：在纳米线中电子是弹道输运（没有散射）且在传输通道中的传输系数为 $t_{ij}=100\%$。这意味着在实际系统（$t_{ij}<100\%$）中，实际热导率低于式（7－22）定义的极限值。金属或半导体纳米线应与终端（称为电子池）一起考虑，如图 7－9 所示。

假设纳米线中电子输运具有弹道特性，意味着不存在电子散射且在电子输运过程中没

有能量损耗。但是，在终端有部分能量损耗。由于能量损耗，终端的局部温度 T_{term} 项高于纳米线的温度 T_{wire}（见图 7-9）。在进行热导分析时，应考虑纳米结构终端的温度分布。

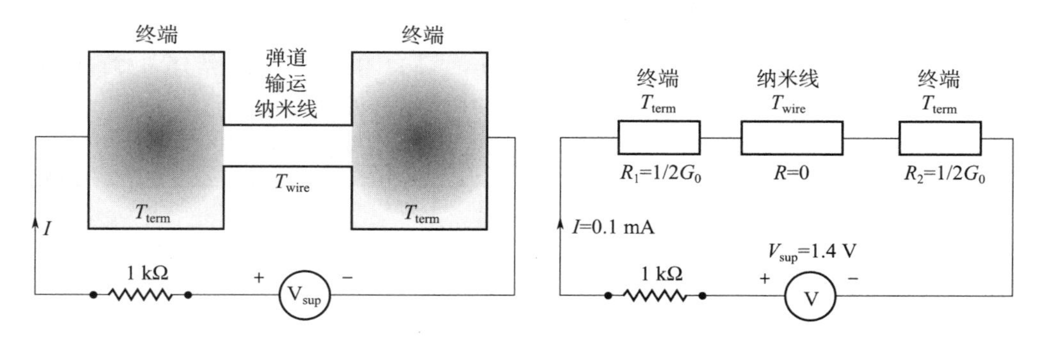

图 7-9　弹道输运状态下纳米线的温度和电阻分布

在微小结构中，损耗能量相当大。在第一个热导台阶，$G_E = G_{E0} = 7.75 \times 10^{-5}$ A/V，当电源电压 $V_{sup} = 1.4$ V 时，回路中的电流为 $I = 100$ μA（在第二个台阶 $I = 190$ μA）。纳米线终端的第一台阶功耗为 $P = I^2/G_{E0} = 130$ μW，第二台阶为 $P = 230$ μW。值得注意的是，纳米线中的电流密度极高。假设纳米线的金原子半径 $R_{aAu} = 0.175$ nm，在第一个电导台阶，$I = 100$ μA，电流密度高达 $J \cong 10^{11}$ A/cm^2。

7.6　纳米结构电导量子化对科技的影响

纳米结构电导量子化的研究至少对以下五个科学技术领域具有重要意义：

• 在最小原子尺度上考虑物质性质的基础研究；特别是在不同原子结构的导体中电子输运的研究。材料的电导率和热导率有限是因为在实际中电子输运非理想。

• 大规模集成电路技术。规模越来越大的集成电路，需要缩小到纳米级的集成电路元件，如晶体管、电阻、电容或导线。

• 带有继电器的电子电路，尤其是在输入回路中带有继电器（斩波器）的超灵敏放大器。继电器触点的闭合过程会在回路中形成纳米线和产生短时存在的暂态。在高增益放大器中，这可能导致带有继电器触点的回路振荡（见图 7-10）。

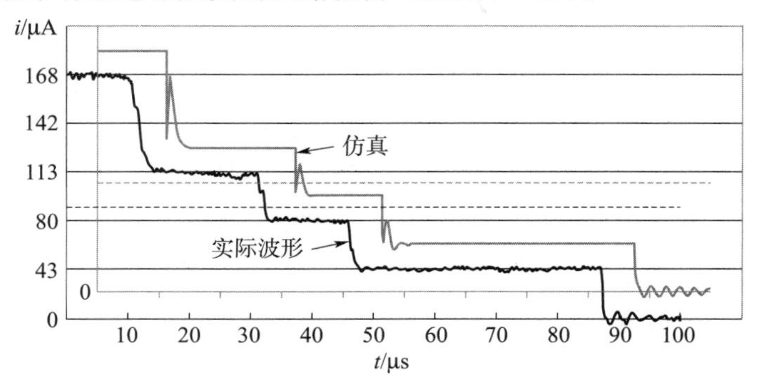

图 7-10　动态形成纳米线电路中的瞬态电流

• 纳米尺度样品的电导研究。

• 室温下工作的电导和电阻的量子标准（与 QHE 电阻标准不同）。

根据国际半导体技术路线图（ITRS）定期发布的半导体器件发展预测，到 2023 年，半导体芯片中晶体管栅极的尺寸将小于 10 nm，到 2028 年将进一步减小到 5 nm[20]。表 7 - 2 给出了不同集成电路预期性能的数据（MPU 指微处理器单元）。

表 7 - 2　2013 年国际半导体技术路线图预测

时间/年	2013	2017	2021	2025	2028
MPU 的片上本地时钟频率/GHz	5.50	6.44	7.53	8.8	9.9
Flash 代标签（每个芯片）/Gbit	64	256	512	2 000	4 000/8 000
供电电压/V	0.88	0.80	0.74	0.68	0.64
最大功率（对于冷却 IC）/W	180	198	198	198	198
高性能 MPU 集成电路中的印刷栅长/nm	28	18	11	7	5

ITRS 2013 文档的完整版本有几百页。生产含有纳米尺度元件的集成电路除了需要精密光刻技术和系统诊断技术外，还需要深入了解这种尺寸结构中的物理现象。根据兰道尔理论估计，集成电路中 IC 部件和 6 nm 宽的导线的电阻可能非常大（约数百欧姆），这在芯片功耗平衡和系统动力学计算中必须考虑。

在纳米结构的研究中，彼得·格林贝格尔（Peter Grünberg，德国）和阿尔伯特·费尔（Albert Fert，法国）于 1988 年发现了巨磁电阻。巨磁电阻效应是在磁场作用下样品电阻发生的一个重大变化。制造计算机用磁盘就应用巨磁电阻效应。因为该项发现，格林贝格尔和费尔获得了 2007 年的诺贝尔奖。

电导量子化可能为在室温工作的电阻和电导的量子标准提供基础。值得注意的是，金属纳米线的电导量子化和 QHE 非常相似，尽管它们的物理基础完全不同。仅仅是因为电子的自旋简并，纳米结构的量子化电导台阶是 $G_0 = 2e^2/h = 2/R_K$，而不是 QHE 中的 $1/R_K$。如果施加强磁场提高自旋简并度，两种效应中的电导台阶可以变为相等，$G_M = e^2/h = 1/R_K$。在低温（0.6 K）和 2.5 T 磁场条件下 GaAs/AlGaAs 半导体异质结电导量子化研究中，实验证实了消除自旋简并效应的效果[22]。在室温下提高金属自旋简并度所需的磁感应强度估计值高达 1 000 T，这使得无法在技术上进行实验验证。

目前还不能确定室温下纳米结构中电导量子化是否可用于研制电导或电阻标准。如果可以，它将克服 QHE 标准使用受限的两大困难：样品成本高和极端物理条件，即非常低的温度和非常强的磁场。要用作电导或电阻标准，纳米结构必须在时间上保持稳定。它必须由高纯度导电材料制成，其中电子的杂质散射可以忽略不计。此外，纳米结构的设计，特别是电极（终端）和狭窄区域之间的连接，应能提供接近 100%的电子传输。目前还没有能够满足这些要求的纳米结构。

在电压放大器和高灵敏度低频放大器中，输入信号由机电继电器进行键控。每个带有机电继电器的回路中，宏观触点的重复闭合和断开会自然地形成纳米线。图 7 - 10 中给出了在继电器触点之间形成纳米线时，观察到的回路中电导量子化产生的瞬态电流振荡。

文献［14］中可以看到对这种效应的分析和相关的测量数据。在具有高增益放大器的系统中，这种振荡会导致整个多级放大电路不稳定。

利用纳米结构中的电导量子化现象，特别是纳米线中的电导量子化现象，可以通过测量电导来确定 1－DEG 导体（纳米线）的几何尺寸。

参考文献

[1] N. Agrait, G. Rubio, S. Vieira, Plastic deformation of nanometer - scale gold connective necks. Phys. Rev. Lett. 74, 3995 - 3998 (1995).

[2] N. W. Ashcroft, N. D. Mermin, Solid State Physics (Hartcourt College Publisher, Orlando, 1976).

[3] J. L. Costa- Krämer et al., Nanowire formation in macroscopic metallic contacts: quantum mechanical conductance tapping a table top. Surf. Sci. 342, L1144 - L1149 (1995).

[4] M. P. Das, F. Geen, Landauer formula without Landauer's assumptions. J. Phys. Condens. Matter 14, L687 (2003).

[5] T. S. Fisher, Thermal Energy at the Nanoscale (World Scientific, New Jersey - London, 2014).

[6] J. K. Gimzewski, R. Möller, Transition from the tunneling regime to point contact studied using STM. Phys. Rev. B 36, 1284 - 1287 (1987).

[7] A. Greiner, L. Reggiani, T. Kuhn, L. Varani, Thermal conductivity and lorenz number for one dimensional ballistic transport. Phys. Rev. Lett. 78, 1114 - 1117 (1997).

[8] K. Hansen et al., Quantized conductance in relays. Phys. Rev. B 56, 2208 - 2220 (1997).

[9] H. Ibach, H. Lüth, Solid - State Physics. An Introduction to Principles of Materials Science (Springer, Heidelberg, 1995).

[10] A. Kamenec, W. Kohn, Landauer conductance without two chemical potentials. Phys. Rev. B 63, 155304 (2001).

[11] R. Landauer, Spatial variation of currents and fields due to localized scatters in metallic conduction. IBM J. Res. Dev. 1, 223 - 231 (1957).

[12] R. Landauer, Conductance determined by transmission: probes and quantised constriction resistance. J. Phys. Condens. Matter 1, 8099 - 8110 (1989).

[13] C. J. Muller et al., Qunatization effects in the conductance of metallic contacts at room temperature. Phys. Rev. B 53, 1022 - 1025 (1996).

[14] W. Nawrocki, M. Wawrzyniak, J. Pajakowski, Transient states in electrical circuits with a nanowire. J. Nanosci. Nanotechnol. 9, 1350 - 1353 (2009).

[15] F. Ott, J. Lunney, Quantum conduction: a step - by - step guide. Europhys. News 29, 13 - 15 (1998).

[16] L. G. C. Rego, G. Kirczenow, Qunatized thermal conductance of dielectric quantum wire. Phys. Rev. Lett. 81, 232 - 235 (1998).

[17] K. Schwab, E. A. Henriksen, J. M. Worlock, M. L. Roukes, Measurement of the quantum of thermal conductance. Nature 404, 974 - 977 (2000).

[18] Y. V. Sharvin, A possible method for studying Fermi surface. J. Exper. Theoret. Phys. 21, 655 - 656 (1965).

[19]　P. Středa，Quantised thermopower of a channel in the ballistic regime. J. Phys. Condens. Matter 1，1025－1028 (1989).

[20]　The International Technology Roadmap for Semiconductors. Internet site (2013).

[21]　van Wees et al.，Quantized conductance of point contacts in a two－dimensional electron gas. Phys. Rev. Lett. 60，848－850 (1988).

[22]　B. J. van Wees et al.，Quantum ballistic and adiabatic electron transport studied with quantum point contacts. Phys. Rev. B 43，12431－12453 (1991).

[23]　M. Wawrzyniak，Measurements of electric nanocontacts (in Polish). Serie：Dissertations，Publishing House of Poznan University of Technology (2012).

第8章　单电子隧穿

摘　要　本章首先简要介绍了单电子隧穿（SET）势垒的理论。观察到这种效应的必要条件是几开尔文的低温和样品尺寸很小。低温可以降低对隧穿过程产生干扰的热能。隧道结的小尺寸是确保其小电容的必要条件。接下来，介绍 SET 的基本电子系统：SETT 晶体管、电子泵和旋转栅器件。讨论了利用 SET 结尝试构建直流电流标准，并解释了为什么结果不令人满意。还描述了两套更具实际意义的系统：电子计数电容标准（ECCS）和库仑阻塞温度计（CBT）。

8.1　电子隧穿

8.1.1　隧穿现象

电荷载流子隧穿势垒是量子力学可以解释的现象。它通常是指电子从一个导体穿过由薄绝缘层（1～3 nm）形成的势垒到达另一个导体。在两块金属板之间夹一个绝缘层形成一个薄隧道结，这是一个可以发生电子隧穿的系统，如图 8-1（a）所示。为了简化分析，我们假设金属板的材料就是通常制备结所用的金属。要在两个极板（电极）之间传输电子形成电流，需要电子做功 E_G（金属电子功函数），并克服绝缘层形成的势垒（能隙）。穿过

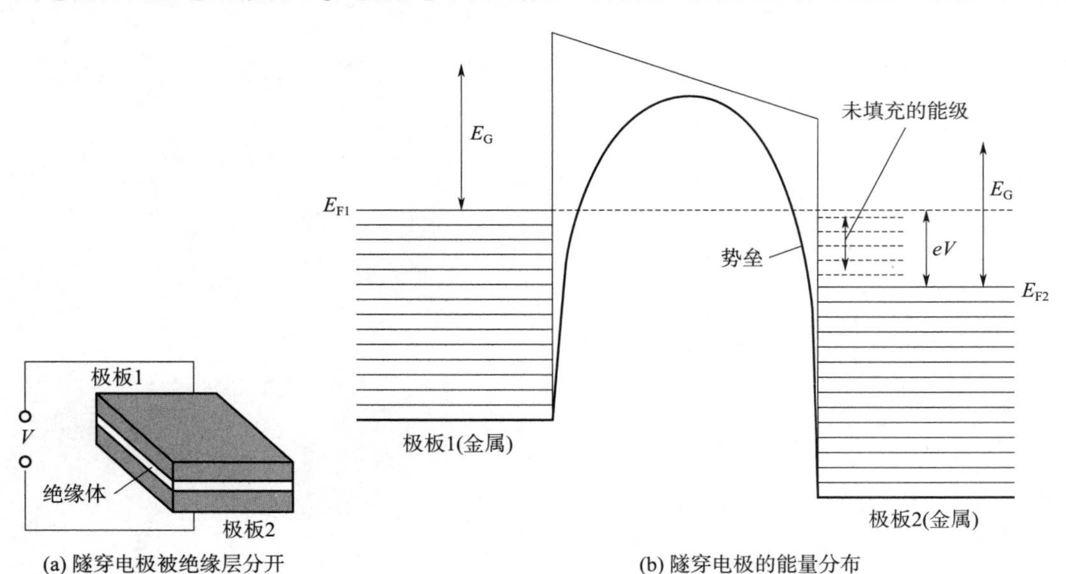

(a) 隧穿电极被绝缘层分开　　(b) 隧穿电极的能量分布

图 8-1　电子隧穿

E_G—电子功函数；E_{F1} 和 E_{F2}—费米能级

极板1（其中导带能级被完全占据）和极板2（其中导带能级未填充但允许）之间的结，传输电子是有可能的。为了使费米能级 E_F 相互转变，这意味着 E_{F1} 与 E_{F2} 相关，应在两个极板之间施加电压 V 。该电压引起能级变化 $eV = (E_{F1} - E_{F2})$[8]。

偏置电压 V 和能级变化可以使得电子穿过势垒从极板1到达极板2，即形成流过结的隧穿电流。势垒的宽度是隧道结两块极板之间的绝缘层厚度的函数。通常，这个宽度是两个电极之间距离的函数。隧穿现象对于解释物质结构和建造高灵敏度测量仪器具有重要意义。除此之外，它是扫描隧道显微镜的工作基础，这将在第12章讨论。江崎（Esaki）发现了半导体的隧穿[2]，贾埃沃（Giaever）发现了超导体的隧穿[3]，两人因此共同获得了1973年的诺贝尔奖。

8.1.2　单电子隧穿理论

上述隧穿现象的一种变体是单电子隧穿（SET）。SET也称为单电子输运。许多潜在用户对能否制造能够跟踪或控制单个电子运动的器件很感兴趣。半导体工业技术路线图（ITRS）指出，在获得该项技术的能力后，SET器件和系统可能将会取代CMOS技术。监视或控制导体中单个电子运动的能力与能否战胜电子库仑阻塞有关。要给样品增加一个电子会遇到一个显著的障碍，就是库仑阻塞能。

我们考虑由两个金属板组成一个SET结。SET结的电容标记为 C_T，其电阻为 R_T ，如图8-2所示。此结由电流源 I_{bias} 偏置，电流源的内电导为 G_S。使用示波器（输入阻抗 Z_{in} ）测量结电压 V_T 。这个SET结的库仑阻塞能用下列公式描述

$$E_C = \frac{e^2}{2C_T} \tag{8-1}$$

式中，E_C 是库仑阻塞能，C_T 是隧道结电容。

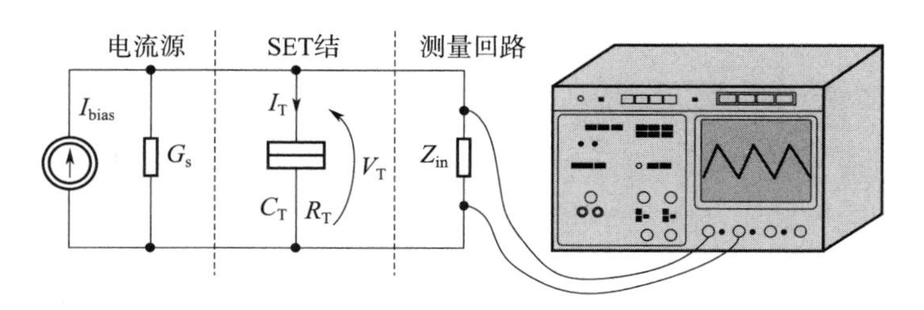

图8-2　测量回路中单电子隧穿SET结

通常，E_C 代表隧穿能量尺度。将 E_C 与系统中其他类型的能量（如热量、辐射等）进行比较非常重要。如果我们要观察或测量 E_C ，它必须远大于热能

$$E_C \gg k_B T \tag{8-2}$$

式中，k_B 是玻耳兹曼常数；T 是SET结温度。

SET结通常由铝板组成并用 AlO_x 氧化物层分开，因此，结的结构为 $Al/AlO_x/Al$ 。结的制备技术能够使铝板表面发生氧化，所形成的 AlO_x 氧化物层具有所需的绝缘性能。典型的结电容 C_T 约为0.05～1 fF（$5\times10^{-17}\sim10^{-15}$ F）。结的尺寸在纳米范围。知道结的

电容值后，可以算出库仑阻塞能，例如，若 $C_T = 0.1$ fF，则能量为 $E_C = 1.3 \times 10^{-22}$。令 $E_C = 3k_B T$，可得到结的最高工作温度为 3.1 K。

SET 结中的绝缘层应确保结电阻 R_T 足够高。与冯·克利青常数 $R_K = h/e^2 \approx 25.8$ kΩ 相比，$R_T > R_K$。电子（$1e$）要想隧穿结，结必需有高电阻。如果结电阻不大于 R_K，则电子不能很好地定位在结电极上，就会出现电荷的量子涨落抑制库仑阻塞[10]。但是，结电阻也不应该太大。

SET 结是测量信号源，其内阻 R_T 应远小于测量回路输入阻抗 Z_{in}(例如示波器的输入回路)。SET 结的电阻 R_T 应在 100 kΩ ～ 1 MΩ 的范围以内，它与 C_T 的电容值（0.1～1 fF）构成了时间常数：$R_T C_T$ 为 10 ps～1 ns。SET 结上增加或失去一个电子将引起电压变化 ΔV_T

$$\Delta V_T = e/C_T \tag{8-3}$$

例如，电容为 10^{-16} F 的 SET 结，计算得到增加或减少一个电子所引起的电压变化为：$\Delta V_T = 1.6$ mV。这种量值的电压变化也很容易测量。

值得一提的是，单个 SET 结和 SET 电子器件都对电磁场中所包含的微波干扰非常敏感。微波辐射传输的能量子应小于库仑阻塞能

$$h \times f < E_C \tag{8-4}$$

式中，h 为普朗克常数。

根据库仑阻塞能 E_C（例如 $E_C = 1.3 \times 10^{-22} C_T = 0.1$ fF），可以确定有害干扰的频率极限，例如 $f = E_C/h = 1.3 \times 10^{-22} / 6.62 \times 10^{-34} \approx 200$ GHz。利用单电子隧穿现象的最重要器件和系统是：SETT 晶体管、电子泵、电子计数电容标准 ECCS 和 CBT 温度计。

8.2 SET 结电子电路

8.2.1 SETT 晶体管

两个隧道结组成 SETT 晶体管（单电子隧道晶体管）。SETT 晶体管中的隧道结由两块金属板和一个金属颗粒组成，两个隧道结共用这个金属颗粒（见图 8-3）。

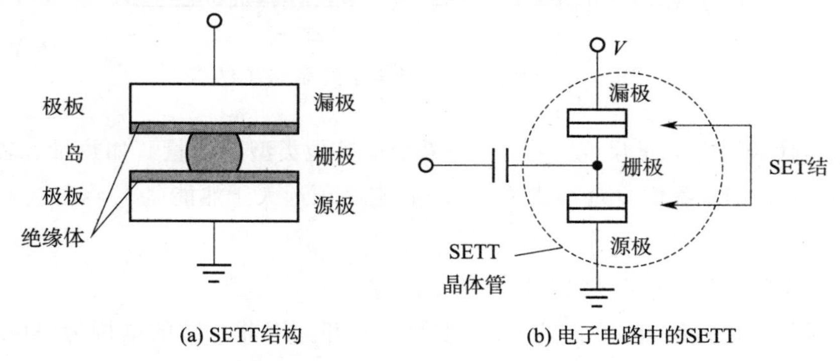

(a) SETT结构　　(b) 电子电路中的SETT

图 8-3　利用单电子隧穿现象的 SETT 晶体管

该颗粒称为岛。与 FET 晶体管类似，SETT 中的电极也称为：漏极、源极和栅极岛。每个 SETT 晶体管包含有两个 SET 结，每个 SET 单结为 $Al/AlO_x/Al$ 的结构。如果在漏极和源极之间施加 1 mV 的电压，则单个电子依次隧穿流过晶体管形成电流 I_T 。在任意时刻，只有一个电子可以隧穿到岛上，并且只有一个电子隧穿离开岛后，下一个电子才能隧穿到岛上。通过在栅极施加电流或电压可以控制电流 I_T 。因此，SETT 可以分为两种类型：电容耦合控制的晶体管类型［见图 8-4（a），更常用］和电阻耦合控制的晶体管类型［见图 8-4（b）］。

SETT 晶体管的灵敏度 ΔI_T 可以达到 10^{-4} e/s，这意味着在 1 Hz 的频带中为 10^{-4} e。这使得 SETT 晶体管能够成为超灵敏静电计[9]。栅极电容值 C_g 很小会使得系统的分散（寄生）电容（电容值很小）非常有害，静电计的分辨率可能因此会降低几个数量级！这会导致电流典型值 $1e/RC \approx 10$ nA。

应该提到的是，SETT 晶体管的所有最初计量应用都是使用由 $Al/AlO_x/Al$ 制成的 SET 结。但是，能发生库仑阻塞的材料种类更多，包括碳纳米管和粒状硅涂层。但是，寻找新材料的研究工作仍在进行之中，这项研究的主要目的是开发出一种 SET 结，其工作温度要高于 $Al/AlO_x/Al$ 的工作温度。目前已经发现，由绝缘体上硅 SiO（Si-on-insulator，SiO）构成的 CMOS 结构器件能够很好控制并可以获得最佳性能，它最高可以在高达 100 K 的温度下工作[13]。

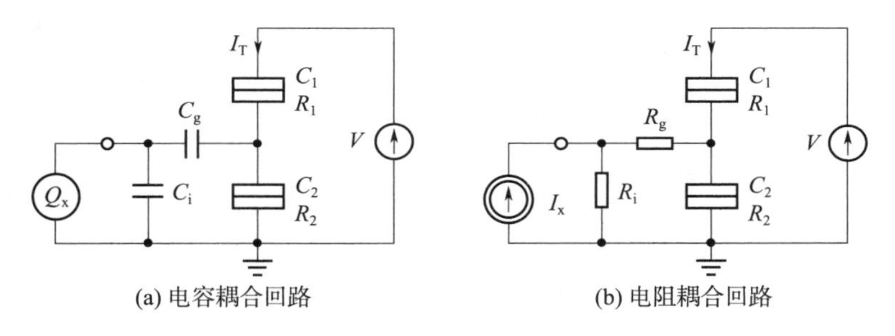

图 8-4　在电容耦合回路和电阻耦合回路中的 SETT 晶体管

8.2.2　电子泵和旋转栅器件

图 8-5（a）给出了电子泵的最简单结构。此电路具有三个单电子遂穿结，包括两个岛。SET 结阵所包含的此类隧穿结可以多于三个。与 SETT 晶体管相比，电子泵中多一个岛。增加的这个岛可以囚禁电荷。在此系统中，这些岛担当栅极的作用，可以使用电压来控制电子隧穿进入和离开岛。给“漏极”和“源极”施加电压 V_{sup}（它们关于地对称）。电压 $V_{g1}(t)$ 和 $V_{g2}(t)$ 分别控制栅极 1 和栅极 2。这两个电压通过耦合电容（C_{g1} 和 C_{g2}）施加至栅极，这些耦合电容比 SET 结本身的电容小。

就像在 SETT 晶体管中一样，只有一个电子可以从源极隧穿到第一个岛。电子在到达第一个岛后，会被封闭在那里的静电阱中。只有在第二个栅极施加电压 V_{g2} 后，势垒才会降低和允许隧穿，电子才能完成 1—2 号岛间的隧穿。将电压脉冲 V_{g1} 和 V_{g2} 依次施加至结阵的两个栅极上，可以依次降低它们的势垒，电子流过结阵所遵循的原则是：一个周期内隧穿一个结。栅极导通的过程必须同步完成，因此信号 V_{g1} 和 V_{g2} 应该具有相同的频率并且异相。这样，通过从一个岛到另一个岛的方式“泵浦”电子，电子可以通过所有结（由任意数量的 SET 结组成的结阵）。

应该强调的是，电子泵对于零漏－源极电压（即 $V_{sup}=0$）情况也能正常工作。根据栅极电压的控制顺序，泵浦电子而产生的电流 I_P 可以是双方向流动。如图 8－5（a）所示，$+I_P$ 电流需要的脉冲序列为先 V_{g1} 再是 V_{g2}，而先 V_{g2} 再 V_{g1} 的序列则会产生 $-I_P$ 电流 。

在电子泵电路中，每个循环中有且只有一个电子可以通过：$T_{rep}=1/f_{rep}$ 。可以看出，电子泵的突出应用是电流标准：实现电流所需的泵频率 f 可以通过以下基本关系来确定

$$\overline{I}_P=e\cdot f \tag{8-5}$$

式中，$\overline{I}_P$ 为平均电流（在平均周期 τ 内）；e 为电子电荷；f 为电子泵控制时钟频率(在前述中 $f=f_{rep}$)。

图 8－5（b）给出流过电子泵的平均电流 $\overline{I}_P$ 随脉冲频率变化（范围为 0～20 MHz）的函数关系图。电流测量结果与公式（8－5）预测的理论值一致。

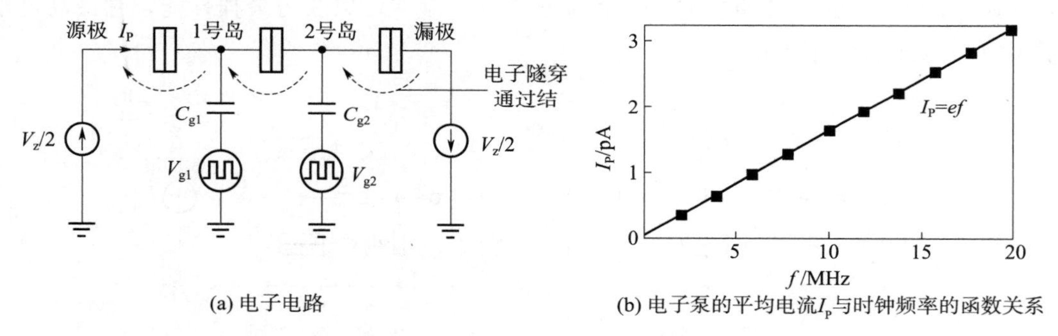

(a) 电子电路　　(b) 电子泵的平均电流 I_P 与时钟频率的函数关系

图 8－5　电子泵[12-13]

SET 旋转栅器件与电子泵类似。一个旋转栅器件由四个 SET 结组成，它只包含一个控制栅极[14]，如图 8－6 所示。

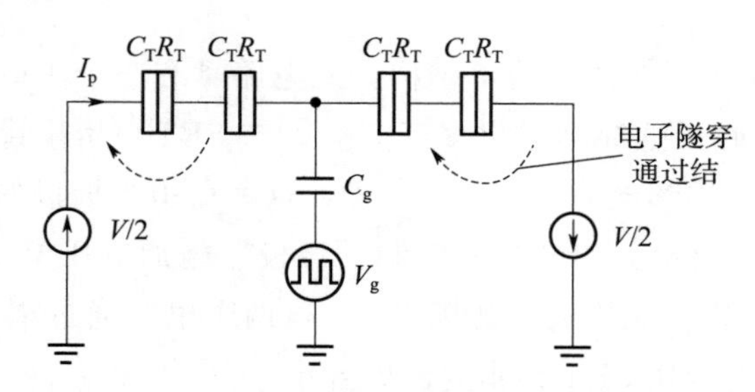

图 8－6　隧穿电子输运的旋转栅器件

旋转栅器件中，只在中间栅极上施加一个控制电压 V_g 。V_g 的每一个脉冲都会激发一

个电子隧穿进入相邻的结中，由于供电电压同时控制所有的结，在下一个结中也会引起相同的隧穿过程。旋转栅器件中的电流值与单个电子泵中的电流值相同。

旋转栅器件必须有直流电压偏置才能工作，电子泵即使在零偏压下也会产生电流。根据公式（8－5），旋转栅器件能够产生的电流强度与隧穿频率成正比。与电子泵不同，旋转栅中的电流方向只有一个。由于这些原因，而且电子泵的结构更简单，在低温电子电路中，最主要是在量子电流源中，应用电子泵比旋转栅多。

8.3　利用电子泵的量子电流标准

单电子隧穿效应很显然适合于在电流量子标准中应用[4,5,12]。标准产生的电流满足如下等式

$$I = ef_{\mathrm{SET}}$$

隧穿现象在信号非常弱的时候就可以发生，尽管使用各种抑制和抗干扰措施，但此弱信号仍然很容易受到干扰。在 900 s 的平均周期内，利用电子泵实现量子电流源的最佳不确定度为 9×10^{-9}[5,7]。电子泵可以用在非常精准的量子电流标准中。但是，有很多原因导致电子泵在计量领域尚未实现 SET 标准功能[4,10,12]。

• 简单观察发现，与电压、电阻、电荷或电容的标准相比，量子 SET 电流标准（复现恒定电流）更难以实现。因此，作为实际表示电容大小的标准比电流标准更方便实现。

• 目前可以使用电压标准（利用约瑟夫森效应）和电阻标准（利用量子霍尔效应）来定义电流（使用欧姆定律：$I = V/R$），因此电流 SET 标准只有比量子电压标准或量子电阻标准更简单且更便宜，才有吸引力。但是，目前还做不到。

• 使用 SET 的电流标准的主要缺点是可复现的电流小。SET 结的典型时间常数 RC 使得电流的最大值为 10 pA [5,12]，理论上相对不确定度为 10^{-8}。考虑到电流标准所需要的电流范围是从 1 mA 到 1 A，目前，SET 电流标准能提供的电流太低。一些研究小组已决定利用此量值的电流（10 pA）来闭合量子三角形，另一些研究小组则试图显著提高 SET 标准产生的电流值。

• 通过比较约瑟夫森效应和 SET 这两种弱量子现象可以估计利用 SET 复现电流的难度。与通过约瑟夫森效应复现电压相比，SET 复现电流的难度要大得多。约瑟夫森公式（4－20）中的频率与电压比很小，为 2.07×10^{-15} V·s，而 SET 效应中的频率与电流比则更小，为 1.6×10^{-19} A·s，两个比值都用基本单位。

$$V_{\mathrm{ref}} = k\,\frac{h}{2e}f_{\mathrm{e}}$$

SET 中存在两个主要的误差源。首先，为增大电流 I_{P} 而提高隧穿频率 f_{rep}，因此允许的电子隧穿时间 T_{rep} 很短。如果 T_{rep} 太短，则一些电子无法隧穿。其次，在栅极导通期间，某些电子可能隧穿通过多个结。理论计算表明，对于产生 10 pA 电流的 5 结泵，所产生电流的不确定度可以达到 10^{-8}。与此对应的是每秒 1 个电子的分辨力，比目前使用的测量系统的分辨力高约 1 000 倍。因此，许多实验室正在努力达到量子 SET 标准所要求的测

量能力。

为了产生电子隧穿效应，必须以频率 f_{SET} 激励电子泵的SET结，来控制量子电流源。而且必须精确知道电子电荷 e 的值。在2018年修订的SI中采用值 $e=1.602\ 176\ 634\times10^{-19}$ C。频率是测量最准确的物理量。计量实验室中，时钟频率达到 $10^{-11}\sim10^{-13}$ 的相对不确定度是没有问题的（目前，频率标准的最佳不确定度为 10^{-16}）。假设电流精确等于 $e\times f_{SET}$ 的乘积，在一个时钟周期内隧穿一个且只有一个电子。“一个周期内仅隧穿一个电子”规则的任何偏差都应能被检测到。随着有关量子电流标准研究工作的开展，已经开发出一种集成芯片，该芯片包括电子泵以及误差检测器等其他电子部分。量子电流标准的重要参数是：电流值、工作频率、工作温度。

最初的SET结和电子泵是由铝和AlO绝缘层构成，其AlO绝缘层是在铝板表面上自行形成的。由金属SET结和固定高度氧化物隧道势垒组成的电子泵能达到低至 10^{-8} 的不确定度，但它们有严格的工作限制。最重要的限制是产生的电流值低于10 pA，对于大多数实际应用而言，这个数值太小了。第二个限制是工作温度低于50 mK（液态He-3温度范围）。要想获得和保持如此低的温度既困难又昂贵。因此，已经提出了将新材料和新技术用于SET结（和电子泵）。利用半导体（Si或GaAs）、复合金属半导体和超导体材料制成SET结。在最近几年，在KRISS（韩国）[1]和PTB（德国）[12]，已经成功地使用了由GaAs异质结构量子点来产生SET结。

迄今为止，日本NTT使用硅制成的SET泵产生的电流最大。文献[15]介绍了用硅技术制造的量子电流源。利用硅电子泵，使用4.5～7.4 GHz的时钟频率，分别获得了0.7～1.2 nA的电流，达到了 10^{-5} 的较低不确定度。其工作温度为1.3 K。迄今为止，用量子电流源获得的最高电流是1.2 nA。在实验中[15]，使用1 GΩ标准电阻器测量输出电流，该电阻器已用量子霍尔电阻标准进行了校准。测量1 GΩ标准电阻器上的压降所使用的电压表则是由约瑟夫森电压标准校准。

8.4 基于电子计数的电容标准

很久以前用数值方法对SET电子泵的电流值进行估算，电流值的限制降低了建立一个实用电流标准的可能性。然而，NIST提出了一种在计量领域应用SET泵的不同方法[16]。它不是使用SET泵来构建电流标准，而是用来建立电容标准。对量子电容标准的电气量值进行以下计算：如果向1 pF电容器泵浦1 pA的电流，持续时间1 s，则电容器上的电压将为1 V。如果给电容器充电的电荷 Q 已知，通过测量电压就可以确定电容器的电容 C

$$C=\frac{Q}{V}=\frac{Ne}{V} \tag{8-6}$$

式中，C 为电容器的电容；N 为电子泵输送至电容器的电子数；V 为电容器上的电压。

图8-7给出了NIST电容计数电子标准（ECCS）的原理图。该系统的三个基本部件是：电子泵、SETT晶体管和约1 pF的低温电容 C_{ref}，一起冷却的还有SET电路。

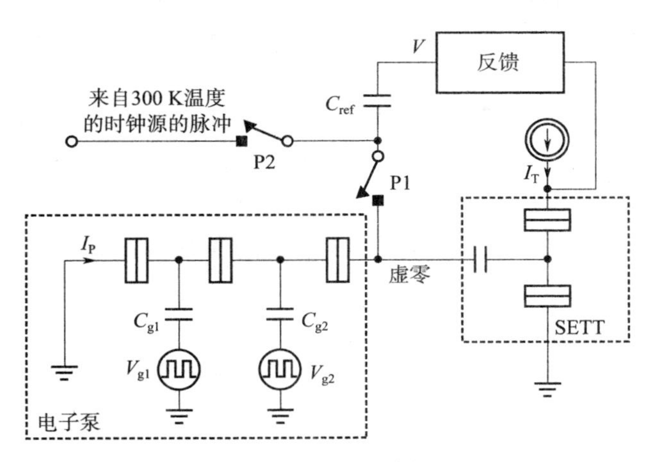

图 8－7　基于电子计数的电容标准——ECCS

ECCS 系统的工作分为两个阶段，并通过开关 P1 和 P2 选择。在第一阶段，开关 P1 闭合，开关 P2 打开。电子泵将多个电子泵浦至电容器 C_{ref} 内极板。在这个过程中，泵两端的电压必须保持在接近零的位置，或者说实际上“虚零”点处必须是零电压。零检测器（晶体管 SETT）和反馈系统能够实现零电压的保持。为了将此电压施加至电容器 C_{ref} 外极板上，应精确地设置泵浦频率。在这种条件下，可以确保泵输送的电荷在 C_{ref} 聚积，并且不会通过寄生电容流到大地。在向一个方向泵浦了大约 10^8 个电子之后，泵停止，测量电压 V ，它应该大约为＋10 V。然后在相反方向上泵浦相同数量的电子，然后测量电压，它应该大约是－10 V。重复这个给 C_{ref} 电容器再充电的过程 10 到 100 次（每个再充电过程费时大约 100 s），可以获得一个平均值 C_{ref} 。

在 ECCS 工作循环的第二阶段，开关 P1 打开，P2 闭合。然后，使用交流电桥，将电容器 C_{ref} 与置于室温下的另一个电容器进行比较。这可以确定室温下电容器的基本电荷数（进而确定电容值）。之后，该电容器可用于校准其他电容器。

ECCS 系统的组成部分必须满足较高的要求。在文献［9］所述的系统中，低温电路部分所在的温度为 0.1 K，电子泵的时钟为 10 MHz。要求在一个时钟周期内，电子泵精确地输送 1 个电子（既不是 0 个，也不是 2 个）。当泵浦几个电子时就评估电子泵的品质，则是评估的太多了，而在泵浦 10^9 个电子时才评估电子泵的品质则是评估太少了。同时估计参考电容器 C_{ref} 的泄漏在 100 s 内不应导致存储电荷损失超过 $10^{-8}Q$ 。这意味着电容器的绝缘电阻 R_{ins} 必须在 10^{22} Ω 量级。该系统采用真空电容器，采用铜极板和蓝宝石支撑结构，绝缘电阻≥10^{21} Ω。文献［14］给出了电容的相对标准不确定度为 10^{-6}，研究的目标是将指标进一步提高到 10^{-8}。文献［12］的作者提出采用上述电容标准来闭合量子三角形，与第 3 章给出的方法不同。

8.5　库伦阻塞温度计

单电子隧穿结（即 SET 结）可以用于在低温范围内的原级温度计——库仑阻塞温度

计 CBT。CBT 的概念是由芬兰的 J. Pekola 提出[10]。值得注意的是，低温物理和低温学中的温度测量通常用原级温度计完成。原级温度计是一种仪器，它们的工作是基于基本物理定律，而不是基于温度介质的参数与温度的函数关系。在低温或极低温下，材料的参数不仅受温度影响而且受其他因素的影响也会发生显著变化。因此，这种参数温度计的显示不是完全可信。低温下材料参数会发生令人惊叹的变化，举例来说，这些现象包括超导和超流体。由于这些原因，物理界很好地接受了这一全新原级温度计 CBT 的概念。用于低温范围的其他原级温度计有：气体温度计、磁温度计（测量磁化率）、核取向温度计（改变核辐射空间分布）、^{3}He 熔化曲线温度计和噪声温度计，见 3.7 节和文献［9］。

对于串联的两个结，已获得动态电阻 $R = f(V) = \mathrm{d}V/\mathrm{d}I$ 与偏置电压 V 的理论函数关系[11]。$R = f(V)$ 的特性曲线为钟形，并且取决于 SET 结的绝对温度 T，如图 8-8 所示。

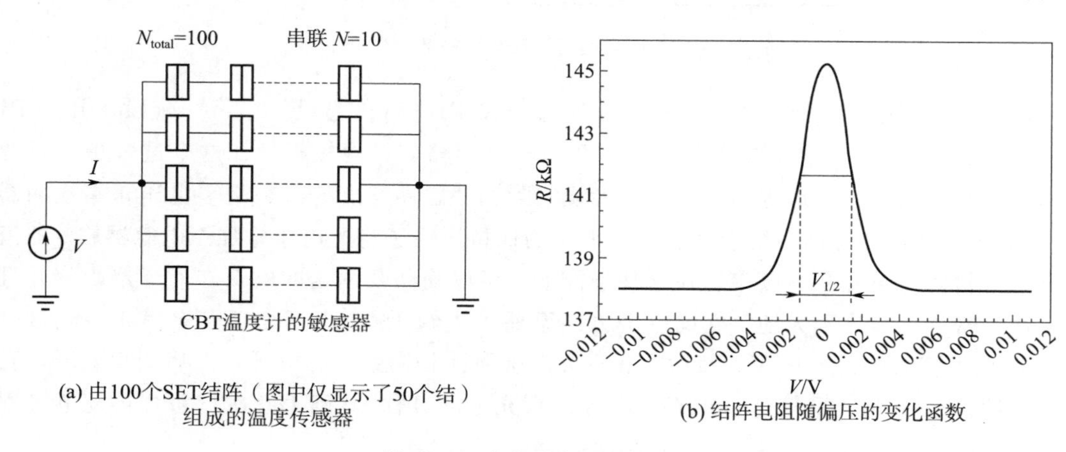

(a) 由100个SET结阵（图中仅显示了50个结）组成的温度传感器

(b) 结阵电阻随偏压的变化函数

图 8-8　库仑阻塞温度计 CBT

CBT 温度计的敏感器是一个结阵，它包含有 N_{total} 个结而不是前面讨论的两个 SET 结。结阵并联有多个分支，每个分支包含 $N(N \geqslant 10)$ 个串联的结。与串联的两个结相比，由于这是 N 个 SET 结串联，动态电阻特性 $R = f(V)$ 的灵敏度提高 $N/2$ 倍。

而将串联支路进行并联则是为了将动态电阻 R 减小到 100 kΩ，使 R 值易于测量。动态电阻特性 $R = \mathrm{d}V/\mathrm{d}I$ 的三个点很重要：当 $V = 0$ 时 $R = R_{\max}$，当 $V \to \infty$ 时（在实际中：$-10\ \mathrm{mV} < V < +10\ \mathrm{mV}$）$R = R_{\mathrm{T}}$ 和 $R_{1/2} = (R_{\max} + R_{\mathrm{T}})/2$。根据测得的特性 $R = \mathrm{d}V/\mathrm{d}I$，计算半偏置电压 $V_{1/2}$。半偏置电压 $V_{1/2}$ 等于对应结阵动态电阻为 $R_{1/2}$ 的电压差（正、负端）。敏感器（即 SET 结阵）的绝对温度 T 是半偏压 $V_{1/2}$、结阵中串联 SET 结的数量 N 和基本物理常数 k_{B} 及 e 的函数[11]

$$T = \frac{e}{5.439 k_{\mathrm{B}} N} V_{1/2} \tag{8-7}$$

式中，e 为电子电荷；k_{B} 为玻耳兹曼常数；N 为结阵敏感器中串联 SET 结的个数；$V_{1/2}$ 为敏感器的半偏压。

CBT 敏感器中的库仑阻塞能应远大于热能 $k_{\mathrm{B}} T$

$$\frac{e^2}{2NC_T} \gg k_B T \tag{8-8}$$

举例来说，对于图 8-8 所示的 $R=f(V)=\mathrm{d}V/\mathrm{d}I$ 特性：$N=10$，$R_{max}=146\ \mathrm{k\Omega}$，$R_T=138\ \mathrm{k\Omega}$，$R_{1/2}=142\ \mathrm{k\Omega}$，$V_{1/2}=2.6\ \mathrm{mV}$。对于这些 R 值，我们得到测量温度为 0.55 K。

Jyväskylä 大学的一个研究小组制作的 CBT 温度计在 8 mK～30 K 的测量范围内进行测试。其敏感器阵列中的 SET 结由 $Al/Al_2O_3/Al$ 结构构成。此 CBT 的推荐测量范围较窄：从 20 mK 到 30 K。此温度计在该范围内的相对误差为 0.3%[6]。测量范围的上限由公式（8-8）所给出的条件确定。测量范围的下限则与在温度过低时 SET 电子系统与集成电路基板栅格之间耦合的破裂相关。

CBT 温度计对强磁场不敏感（测试磁场感应强度达到 27 T），对于在低温和高磁场开展的研究工作而言，这是一个有价值的优势。实现在 PLTS-2000 的 0.9 mK～1 K 时，在 8 mK 至 1 K 的温度范围内，将 CBT 的显示与使用 ^{3}He 熔化曲线温度计进行的测量结果进行比较。CBT 系统除了用作原级温度计使用外，还可以用作次级温度计[6]。它使用温度敏感器动态电导（$G=1/R=\mathrm{d}I/\mathrm{d}V$）的函数关系

$$\frac{\Delta G}{G_T} = \frac{N-1}{N} \times \frac{e}{k_B C T} \tag{8-9}$$

式中，G 为敏感器（SET 结阵）动态电导；N 为结阵敏感器中串联 SET 结的个数；C 为敏感器电容。

由于公式（8-9）中的传感器精确电容值 C 未知，次级 CBT 温度计需要校准。次级 CBT 温度计的优点是测量时间（约为 1 s）比原级 CBT 温度计的测量时间要短。

参考文献

[1] M. H. Bae et al., Precision measurement of a potential - profile tunable single - electron pump. Metrologia 52, 19 - 200 (2015).

[2] L. Esaki, New phenomenon in narrow germanium p - n junctions. Phys. Rev. 109, 603 - 604 (1958).

[3] I. Giaever, Energy gap in superconductors measured by electron tunneling. Phys. Rev. Lett. 5, 147 - 150 (1960).

[4] S. P. Giblin et al., Towards a quantum representation of the ampere using single electron pumps. Nat. Commun. 3, Article No 930 (2012).

[5] H. D. Jensen, J. M. Martinis, Accuracy of the electron pump. Phys. Rev. B 46, 13407 - 13427 (1992).

[6] J. P. Kauppinen et al., Coulomb blockade thermometer: tests and instrumentation. Rev. Sci. Instrum. 69, 4166 - 4175 (1998).

[7] M. W. Keller et al., Accuracy of electron counting using a 7 - junction electron pump. Appl. Phys. Lett. 69, 1804 - 1806 (1996).

[8] Ch. Kittel, Introduction to Solid State Physics (Wiley, New York, 1996).

[9] A. N. Korotkov, D. V. Averin, K. K. Likharev, S. A. Vasenko, Single - electron transistors as ultrasensitive electrometers. Springer Series in Electronics and Photonics, vol. 31 (Springer, New York, 1992), pp. 45 - 59.

[10] W. Nawrocki, Introduction to Quantum Metrology (in Polish) (Publishing House of Poznan University of Technology, Poznan, 2007).

[11] J. P. Pekola, K. P. Hirvi, J. P. Kauppinen, M. A. Paalanen, Thermometry by arrays of tunnel junctions. Phys. Rev. Lett. 73, 2903 - 2906 (1994).

[12] H. Scherer, H. W. Schumacher, Single - electron pumps and quantum current metrology in the revised SI. Annalen der Physik, Article No 18003781 (2019).

[13] Y. Takahashi et al., Silicon single electron devices. Int. J. Electron. 86, 605 - 639 (1999).

[14] C. Urbina, et al., Manipulating Electrons One by One, Single - Electronics—Recent Developments. Springer Series in Electronics and Photonics, vol. 31 (Springer, Berlin, 1992), pp. 23 - 44.

[15] G. Yamahata et al., High - accuracy current generation in the nanoampere regime from a silicon single - trap electron pump. Sci. Rep. 7, Article No. 45137 (2017).

[16] N. M. Zimmerman, M. W. Keller, Electrical metrology with single electrons. Meas. Sci. Technol. 14, 1237 - 1242 (2003).

第 9 章　原子钟和时间尺度

摘　要　本章介绍振荡频率高度稳定的原子频率标准。还讨论了此类标准中用于测量频率波动的艾伦方差。介绍了 9.2 GHz 铯标准（目前最重要的原子标准）的设计。讨论了发展方向和铯原子标准的计量参数，铯喷泉标准更复杂和昂贵但所提供的精度更高，只有火柴盒大小的微型铯标准更便宜。也讨论了其他频率标准：氢脉泽、铷标准和当前实施的可见光波段标准。尽管目前光学频率标准的实际稳定度比铯标准仅高 10 倍，但是其稳定度比铯标准可能高 10^5 倍。讨论了光学频率标准和光梳，光梳将约 10^{14} Hz 的频率映射到 MHz 频率。还讨论了主要时间尺度，国际原子时（TAI）和协调世界时（UTC），以及卫星导航系统（GPS、GLONASS、北斗）在授时中的作用。

9.1　理论原理

9.1.1　简介

自然周期过程的简单例子就是天文周期现象（如白天和黑夜或年）。几百年来，人们研究周期现象的稳定性并寻找其他具有极高稳定性的物理周期过程，因此建立了原子钟，原子钟里最重要的部分是原子频率标准。有时“原子频率标准”和“原子钟”被认为是同义词，并互换使用。

只有在物理学发展到一定阶段，或者说量子力学发展起来以后，才有可能建立原子钟。量子力学的原理之一就是原子能级只能取离散的量化值：E_1，E_2，E_3，E_4 等，其中 $E_1 < E_2 < E_3 < E_4$。原子从较高能级 E_2 跃迁到较低能级 E_1 就会同时发射能量子，即光子，其值为

$$E_2 - E_1 = h\nu_0 \tag{9-1}$$

式中，h 为普朗克常数；ν_0 为电磁辐射频率。

原子从较低能级，如 E_2，跃迁到相邻的较高能级 E_3，需要吸收频率为 $\nu_1(E_3 - E_2 = h\nu_1)$ 的电磁辐射光子。原子钟就是应用原子只在两个量子能级（例如 E_1 和 E_2）之间的“向下”和“向上”跃迁。根据当前的最新技术，原子能级是不可改变的，能级间跃迁的频率 ν_0 仅与普朗克常数（基本物理常数）相关。

原子的能级 E_i 是由处于基态的原子中未配对电子的磁矩和原子核的磁矩之间的超精细相互作用决定[9]

$$E_i(F, m_F, H) = \frac{-h\nu_0}{2(2I+1)} \pm \frac{h\nu_0}{2}\sqrt{1 + \frac{4m_F}{2(2I+1)}x + x^2} \tag{9-2}$$

式中，x 为磁场强度函数 H_0，见式（9 - 5）；I 为原子核自旋量子数；F 为原子总角动量量

子数；m_F 为角动量 F 矢量在磁场 H_0 矢量方向上投影的量子数。

$$F = I \pm \frac{1}{2} \tag{9-3}$$

$$m_F = 0, \pm 1, \pm 2, \cdots, \pm F \tag{9-4}$$

$$x = \sqrt{\frac{2C_H}{\nu_0}}\, H_0 \tag{9-5}$$

式中，C_{H} 为二次塞曼效应系数，它描述函数关系 $\nu_0 = f\,(H_0)$。

海森堡关系确定时间间隔 Δt 内能量测量的不确定度极限值 ΔE

$$\Delta E \times \Delta t \geqslant \hbar/2 \tag{9-6}$$

式中，Δt 是测量持续时间或相互作用时间。

根据式（9－1）和式（9－6）可以得出，频率的测定（或测量）不确定度 $\Delta\nu_0$ 与测量时间相关，且满足如下公式

$$\Delta\nu \times \Delta t \geqslant 1/4\pi \tag{9-7}$$

如果频率不确定度 $\Delta\nu$ 的频带想要保持很窄，那么测量时间或相互作用的时间 Δt 应尽可能的长，见图 9－1。

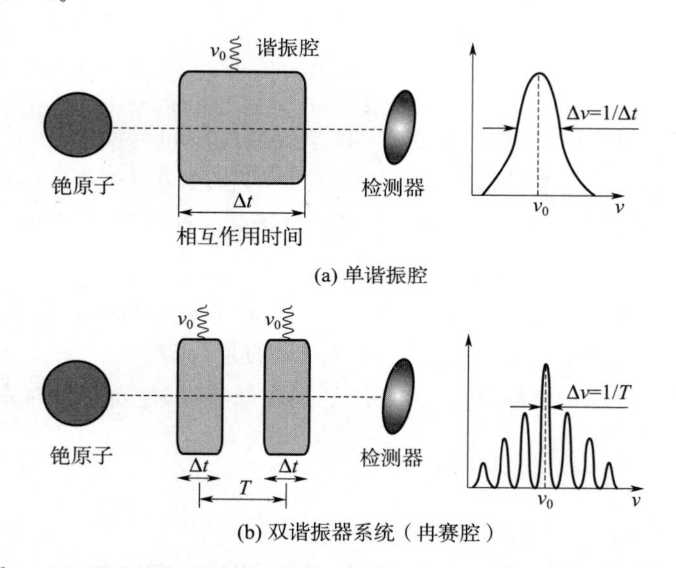

(a) 单谐振腔

(b) 双谐振器系统（冉赛腔）

图 9－1　原子钟中原子相互作用时间 Δt 和共振频率的偏差带宽 $\Delta\nu_0$

原子中的超精细相互作用很微弱，因此原子能级间的能隙 $\Delta E = E_2 - E_1$ 很窄。由于 ΔE 值很小，因此谐振频率 ν_0 处在微波范围，这就使得能够搭建一个专用于控制原子频率标准的电子电路。然而，因为能隙 $E_2 - E_1$ 很窄，所以很难分离处于 E_1 或 E_2 能级的原子。但是又必须分开不同能级的原子，因为在系统中需要有足够数量的原子，它们要能够在发生 $E_1 \rightarrow E_2$ 跃迁（能级变化）时吸收能量子，或者在另一系统中在发生 $E_2 \rightarrow E_1$ 跃迁时发射能量子。有两种方法可以分离出不同能级的原子。第一种方法是基于如下性质，位于能级 E_1 的原子磁矩与位于能级 E_2 处的原子磁矩相反。因此，利用非均匀磁场，通过偏离方

法可以将能量为 E_1 的原子与能量为 E_2 的原子分离开。铯谐振器和氢脉泽中就是采用此方法。

另一种方法是利用激光的光学辐射。利用特定波长的激光来激发（激励）原子，例如，从低能级 E_2 跃迁到高能级 E_3。从能级 E_3 到能级 E_2 或 E_1 的自发跃迁非常快，其结果会造成二者之中的一个能级（能级 E_2 或者能级 E_1）的原子数增加。铷标准和光泵铯谐振器（铯原子喷泉钟）就是应用这一原理。

9.1.2　艾伦方差

原子频率标准是科学上已知的最精确的标准。原子标准的一个基本计量问题是标准频率 ν_0 的稳定性测量。关注一下标准频率值与其复现的不准确度之间的关系。铯原子信号源的标准频率 ν_0 约为 10^{10} Hz，其复现的相对频率 $\Delta\nu/\nu_0$ 约为 10^{-15}。这意味着绝对偏差 $\Delta\nu = \nu_x - \nu_0$ 约为 10^{-5} Hz。为了测量与被测频率 ν_x 的信号单个周期相对应的频率差 $\Delta\nu$，所需计数周期为 $T = 1/\Delta\nu = 10^5 \mathrm{s} \cong 28$ h。如果要对差值 $\Delta\nu$ 进行统计处理，计数时间必须延长几倍，以获得足够的测量分辨力 $\Delta\nu$。例如，对于频率为 10^{10} Hz 的 100 个脉冲的计数序列，为了对结果进行平均，需要在 2 800 h（也就是大约 4 个月）内进行恒定测量。因此，用一系列这种频率测量的标准差来表示信号源的准确度没有价值。频率为 10^{10} Hz 的信号周期等于 100 ps。它对应于 360°相移的全角。为了研究稳定性，最好在 N 个周期后对信号的相移时间进行测量，而不是对此信号的脉冲进行计数。

可以使用艾伦方差来定义稳定性[2]，在这种方法中，对相位时间 $x(t)$ 进行处理，即将相移转换为时间。对于一个周期为 100 ps 的给定信号，1 ps 的相位时间对应于 3.6°的相位角。为了定义艾伦方差，假设信号源输出为一个正弦电压信号[1]

$$u(t) = U_0 \sin[2\pi\,\nu_0 t + \Phi(t)] \tag{9-8}$$

式中，$u(t)$ 为瞬时电压；U_0 为恒定电压幅值；ν_0 为标称（共振）频率；$\Phi(t)$ 为信号瞬时相移。信号瞬时频率是恒定分量 ν_0 和变化分量 ν_Z 的和

$$\nu(t) = \nu_0 + \nu_Z = \nu_0 + \frac{1}{2\pi} \times \frac{\mathrm{d}\Phi}{\mathrm{d}t} \tag{9-9}$$

进一步描述稳定性，应用以下概念：瞬时频率的相对偏差 $y(t)$［见式（9－10）］和相位时间 $x(t)$，相位时间是相对偏差的积分［见式（9－11）］，它具有时间维度，其值与瞬时相移 $\Phi(t)$ 成正比

$$y(t) = \frac{\nu_Z}{\nu_0} = \frac{1}{2\pi\nu_0} \times \frac{\mathrm{d}\Phi}{\mathrm{d}t} \tag{9-10}$$

$$x(t) = \int_0^t y(t')\,\mathrm{d}t' = \frac{\Phi(t)}{2\pi\nu_0} \tag{9-11}$$

在分析信号源稳定性时，两个导出值 $y(t)$ 和 $x(t)$ 都被视为随机变量。对时间范围 τ 内的 $y(t)$ 值进行平均来测量频率偏差 $\Delta\nu$。平均过程的起始点为时间坐标上的 t_k 时刻。

$$\overline{y}_k(t_k, \tau) = \frac{1}{\tau} \int_{t_k}^{t_k+\tau} y(t)\,\mathrm{d}t = \frac{1}{\tau}[x(t_k+\tau) - x(t_k)] \tag{9-12}$$

式中，$\overline{y}_k(t_k, \tau)$ 为在确定的平均周期（时间）τ 下瞬时频率相对偏差的第 k 个样本 。

再进一步，考虑进行连续 N 次频率测量 $\overline{y}_k$ ，测量间隔时间为 T，平均周期为 τ 。用相对频率偏差表示测量结果，有 N 个测量结果：$\overline{y}_k(t_k, \tau)=\overline{y}_1, \overline{y}_2, \cdots, \overline{y}_N$ 。图 9-2 给出了随机变量 $y(t)$ 随时间变化的波形，以及用相对偏差值 $\overline{y}_k$ 表示的频率测量结果。

式（9-13）给出连续 N 次测量的平均值 $\langle \overline{y}_k \rangle_N$ ，它们的方差 $\sigma_y^2(N, T, \tau)$ 见式（9-14）

$$\langle \overline{y}_k \rangle_N = \frac{1}{N}\sum_{k=1}^{N} \overline{y}_k \tag{9-13}$$

$$\sigma_y^2(N,T,\tau) = \frac{1}{N-1}\sum_{i=1}^{N} (\overline{y}_i - \langle \overline{y}_k \rangle_N)^2 \tag{9-14}$$

式中，i 为 N 次平均过程中频率相对偏差 $\overline{y}_i$ 的连续采样值。

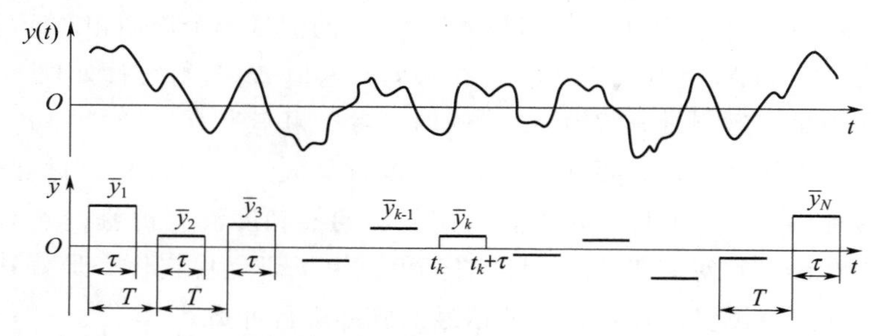

图 9-2　连续 N 次测量的瞬时频率值与标称值 ν_0 的相对偏差 $y(t)$，平均周期为 τ

已被证明[1]，对于数值有限的 N、T 和 τ，M 个方差平均过程有极限，其中 $M\to\infty$

$$\langle \sigma_y^2(N,T,\tau) \rangle = \lim_{M\to\infty}\frac{1}{M}\sum_{j=1}^{M} \sigma_{yj}^2(N,T,\tau) \tag{9-15}$$

式中，j 为在 M 个计算中方差 $\sigma_y^2(N, T, \tau)$ 的采样序列号。

表达式（9-15）为艾伦方差。当艾伦方差只用两个临近值 $\overline{y}_k$ 的平均来计算时，也就是 $N=2$，计算方法非常简单

$$\langle \sigma_y^2(2,T,\tau) \rangle = \frac{1}{2}\langle (\overline{y}_2 - \overline{y}_1)^2 \rangle \tag{9-16}$$

根据公式（9-16），在计量和电信领域，推荐使用 $N=2$ 和 $T=\tau$ 计算的艾伦方差作为标准信号源的稳定性指标[1]。式（9-15）和式（9-16）描述了方差的“真”值，即 M 无穷多个平均数的方差值。根据式（9-17）确定有限值 M 个函数 $\sigma_y^2(2, \tau, \tau)$ 平均数的艾伦方差估计值。电信领域建议，单个样本平均间隔时间 τ 的选择限定为 $0.1\ \mathrm{s}\leqslant\tau\leqslant 10^5\ \mathrm{s}$ 。

$$\sigma_y^2(\tau,M) = \frac{1}{2(M-1)}\sum_{k=1}^{M-1} (\overline{y}_{k+1} - \overline{y}_k)^2 \tag{9-17}$$

在原子钟中，偏差 $\sigma_y(\tau)$ 是艾伦方差的平方根，用下式估算

$$\sigma_y(\tau) \cong \frac{\Delta\nu}{\pi\nu_0}\sqrt{\frac{T}{\tau N}} \tag{9-18}$$

式中，$\Delta\nu$ 为频率 ν_0 附近的带宽（见图 9－1），即所谓的跃迁宽度；τ 为频率偏差测量期间的平均时间；T 为原子在共振腔内的相互作用时间；N 为发生原子跃迁的原子数。

9.1.3　原子标准的结构和类型

原子频率标准包括三个主要部分，见图 9－3：

- 高品质因数 Q 的量子谐振器，在其内部发生共振原子跃迁。
- 短期稳定性好的压控晶体振荡器 VCXO。
- 反馈系统（回路）。

与共振频率 ν_0 相关的一个闭环反馈信号，保证了特征量子能级之间跃迁的原子有最大的数量。反馈系统接收腔谐振器的信号，利用该信号对晶体振荡器 VCXO 进行调谐，合成 VCXO 信号的频率。

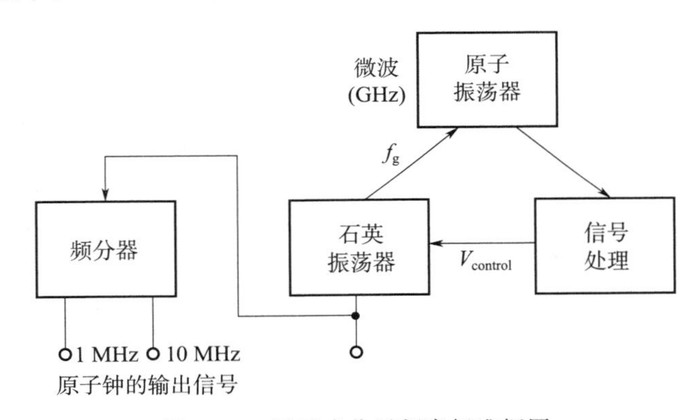

图 9－3　原子或分子频率标准框图

在被动型原子标准（例如，铯原子束频率标准）中，微波信号激发原子跃迁——能级发生变化。为了诱导最多数量的原子发生跃迁（即，诱导谐振状态），采用一个反馈系统调整或调谐同步反馈系统，该系统负责调整或重新调整同步振荡器 VCXO 的频率。当发生跃迁的原子最多时，对应微波辐射强度最大，实现了谐振，因此激励微波信号的频率精确等于 ν_0。

在主动型原子标准（如氢脉泽腔）中，有一个器件产生自持振荡。一个电子系统通过一个锁相器来保持 VCXO 的振荡频率。VCXO 的工作频率范围为 1～100 MHz，因此利用一个信号混频器和外差检测技术来实现 VCXO 信号与微波信号的同步。

使用以下物质的量子跃迁来构建微波范围内的原子频率标准：

- 氨 NH_3（氢化氮），共振频率 $\nu_0 \cong 23.870\ 140$ GHz；
- 铊 ^{205}Tl，共振频率 $\nu_0 = 21.310\ 833\ 945$ GHz；
- 铯 ^{133}Cs，共振频率 $\nu_0 = 9.192\ 631\ 770$ GHz——原级标准；
- 铷 ^{87}Rb，共振频率 $\nu_0 = 6.834\ 682\ 610\ 904$ GHz——建议作为次级标准（2006 年建议 CCTF 2）；
- 氢 ^{1}H，共振频率 $\nu_0 = 1.420\ 405\ 751$ GHz。

目前，铯原子标准和氢脉泽被用作原级频率标准。虽然铷标准的准确性稍差，但是它们也被采用。原子标准中的标准频率和时间信号源是频率为 ν_g 的晶体振荡器，该频率通过微波信号与原子谐振器同步。

1949 年在美国 NBS 工作的分子钟信号源是氨频标。该频率标准选择吸收频率为 23.87 GHz 的能量子。这个频率对应氨粒子量子能级之间的跃迁。文献［5］对氨粒子的物理性质及其能态进行了深入的描述。氨标准的频率不稳定度［值为（2～10）$\times 10^{-8}$[10]］与许多因素有关，如脉泽腔中的气体（氨气）压力。氨脉泽（脉泽为微波激射放大的英文首字母缩略语）首次实现了微波信号放大，在氨脉泽中利用微波辐射对束流中的氨粒子进行激励。微波激励促使辐射的发生，共振频率为 23.870 140 GHz。氨脉泽发射信号的频带宽远小于氨吸收频标所吸收信号的频带宽。这意味着氨脉泽可以成为一个更好的时钟标准频率源。

1954 年，在美国和苏联分别建成第一批氨脉泽，它们的出现被认为是量子电子学的开端。它们的作者：查尔斯 · H. 汤斯（Charles H. Townes）、尼古拉 · G. 巴索夫（Nikolay G. Basov）和亚历山大 · M. 普罗霍罗夫（Aleksandr M. Prochorov）因为“在量子电子学领域的基础性工作，因此建立了基于激光和脉泽工作原理的振荡器和放大器”，在 1964 年被授予诺贝尔奖。1954 年在 NBS 也建成了第一台铯频率标准（带有铯原子束），1955 年英国 NPL 建成了第一台铯原子钟（由 L. Essen 和 J. V. L. Parry 设计）。1964 年波兹南的波兰科学院物理研究所建造了波兰的第一台氨脉泽（完成人为 A. Piekara 等）[11]，一年后在华沙的波兰科学院基础技术研究所建造了第一台铯频标。

9.2 铯原子频率标准

9.2.1 铯束频率标准

铯原子钟是利用铯原子能级之间的跃迁，更准确地说是利用跃迁过程中辐射的频率 ν_0。铯原子在第 6 电子层、子层 s 和 p 中的能级分布如图 9－4 所示[2]。铯束频率标准利用基态 ^{133}Cs 原子在超精细能级之间的跃迁，这两个能级的表征分别是原子总角动量量子数 $F=4$（能量为 E_1 的能级 1）和原子动量量子数 $F=3$（能量为 E_2 的能级 2）。

铯原子钟的框图如图 9－5 所示。

含有少量铯（几克的 ^{133}Cs 同位素）的铯炉在真空灯（室）中发射铯原子束。对于基态两个超精细结构能级中具有塞曼结构等多个能态，铯原子出现在每一个能态中的概率近似相等。当微波辐射频率对应能量差 $E_2-E_1=h\nu_0$（$\nu_0=9.192\ 631\ 770$ GHz）时，辐射诱导能级 E_2 和 E_1 之间的磁偶极跃迁。因此，铯原子在共振腔中移动并再次变为能级 E_1（由 E_2 能级转变而来）的跃迁。

在磁分离器 1 中，能量为 E_2 的原子发生偏离。只有那些到达谐振腔的原子才辐射微波。然后，磁分离器 2 中的非均相磁场仅偏离能量为 E_1 的原子，并将它们导向电离检测器。检测器的输出电流与 ^{133}Cs 原子的注入流成正比，同时与从 E_2 到 E_1 的跃迁强度成正

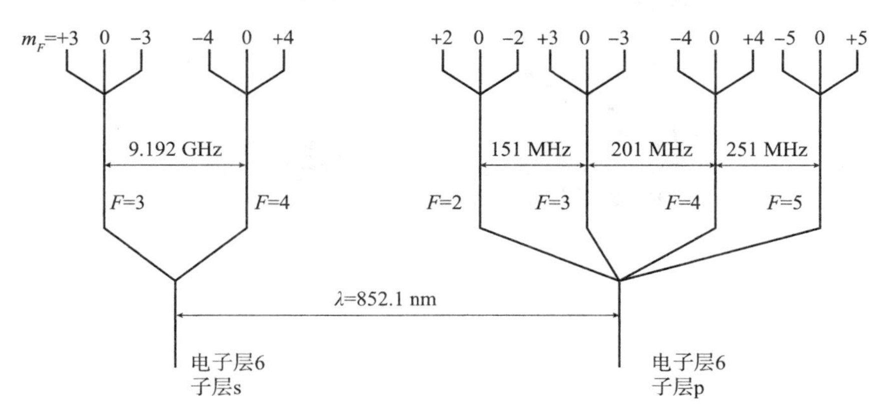

图 9-4　^{133}Cs 原子中的能级分布，给出的是第 6 电子层中的 s 和 p 子层（F —原子总角动量量子数）

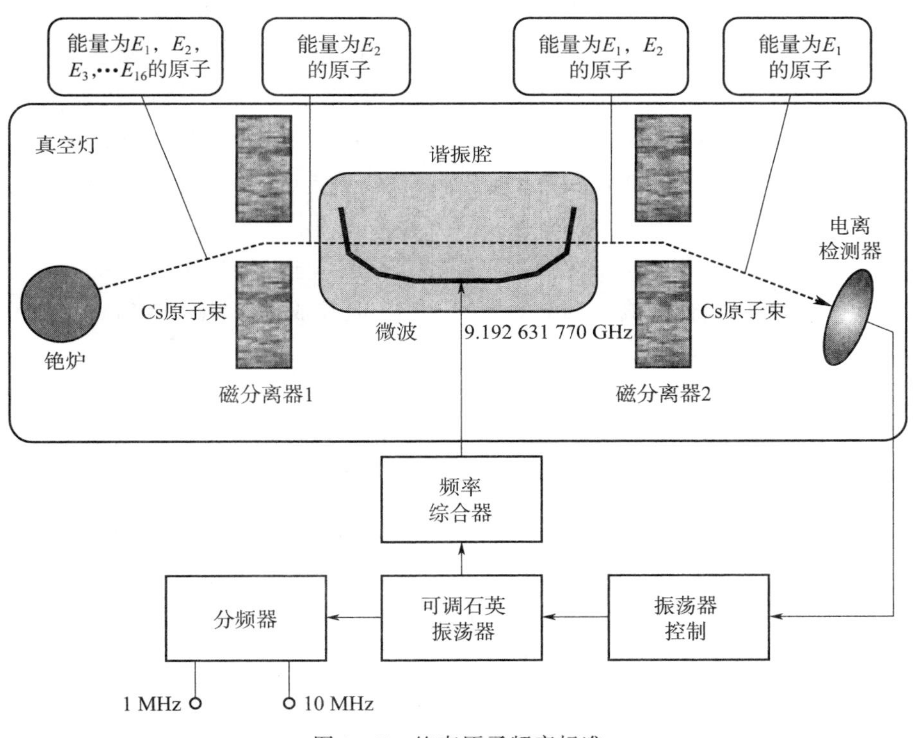

图 9-5　铯束原子频率标准

比。与微波腔相互作用的电磁场的频率，在 ν_0 附近［范围从（$\nu_0-\Delta\nu$）到（$\nu_0+\Delta\nu$）］扫频，在此工作过程中输出电流最大表示发生谐振状态。当检测器电流确定为最大值（电流强度保持不变）时表明振荡器已调谐到谐振状态。ν_0 附近的谱线宽度通常约等于 100 Hz，这是由原子流过谐振腔的时间引起的。铯原子钟真空管如图 9-6 所示。

在大多数需要精确时标的设备中，共振频率 $\nu_0\cong 9.2$ GHz 不是很有用，因为这个频率太高了。因此，与频率 ν_0 同步的晶体振荡器信号在分频器中被分成最高到 5 或 10 MHz

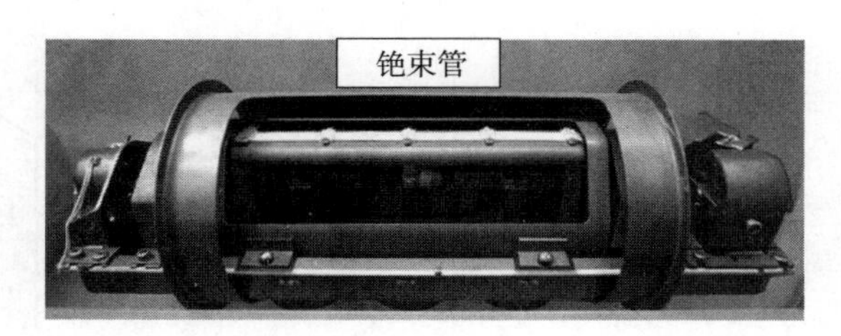

图 9-6 铯束原子钟真空管[7]（经美国海军李·布雷基隆博士同意出版）

（有时 1 MHz）的频率，用户可以使用这些信号。为使发生跃迁的原子数最多，利用检测器输出信号控制晶体振荡器 VCXO，基于此将微波辐射和“授时”输出信号（时间标记）进行合成。因此，长期稳定性很好的受控原子钟结合了短稳很好的晶体振荡器[2,3]。

用非扰动^{133}Cs 原子中的跃迁频率 ν_0 来定义 SI 中的秒，9 192 631 770 个共振周期被定义为秒。铯束原子钟的最佳不确定度为 5×10^{-15}——来自美国 NIST（美国国家标准与技术研究院）的 NIST-7 原子钟[15]。一些公司可以制造铯原子标准，计量实验室最常用的是安捷伦科技（前惠普）的 HP5071A 型仪器。铯原子钟的其他制造商有：Datum、Frequency Electronics、Kernco 和 Oscilloquartz。商用铯原子钟的尺寸和形状与个人台式电脑相似。大型实验室（例如布伦瑞克的 PTB）只使用自己制造的原子钟。

铯原子频率标准有两个发展方向。第一个发展方向是扩展铯钟以提高频率稳定性，因此产生了铯原子喷泉原子标准，这将在下一节中介绍。与不带喷泉的传统商业铯标准相比，铯喷泉频率标准稳定性要高 10 倍（约 10^{-16}），但其成本高约 100 倍。第二个发展方向是微型铯原子钟，这是由美国 NIST 的物理学家在 2004 年提出的。

微型时钟原理是基于相干布居囚禁（CPT），CPT 发生在一个紧凑的、非常小的密封真空室中。真空室含有碱蒸汽（^{133}Cs 或^{87}Rb），并由调制激光束辐射。原子钟的频率稳定性与碱原子基态超精细能级之间的电子跃迁相关。频率稳定性约为 10^{-10}。微型 CPT 钟中，需要一个微波腔来探测原子共振。那么就可以制造紧凑型时钟。NIST 开发的微型铯钟中，含有铯原子的真空室大小相当于一粒稻米（直径 1.5 mm，长度 4 mm）。整个铯钟系统体积为 1 cm^3，包括一个激光二极管、光电二极管、偏置电流源。目前，许多公司提供的铯或铷微型原子钟（9.3 节有更多关于铷原子钟的介绍）比石英振荡器性能更好。例如，图 9-7 所示为 Microsemi 公司提供的商用 CSAC 型铷微型原子钟（CSAC——Chip Scale Atomic Clock，芯片尺度原子钟）SA.45s。

SA.45s 铷原子钟可以提供 10 MHz 脉冲输出信号和每秒一个脉冲（PPS）信号。它意味着 PPS 信号的频率为 1 Hz。将^{87}Rb 气体中量子跃迁的频率 $\nu_0\cong6.834$ GHz 转换为 10 MHz 和 1 Hz，在电路中这些信号比 6.8 GHz 或 9 GHz 信号更易于处理和使用。PPS 信号的脉冲宽度是 100 μs，下降/上升沿时间小于 10 ns，满足 CMOS 数字电平：对应逻辑 0 的 $V_{max}=0.3$ V，对应逻辑 1 的 $V_{min}=2.8$ V（供电电压为 3.3 V）。SA.45s 时钟的准确度为 5×10^{-11}（艾伦偏差）。短期稳定性为 $2.5\times10^{-11}/100$ s，长期稳定性约小 20 倍，为 5×10^{-10}/a。SA.45s 时钟的功耗很低，$P<125$ mW。

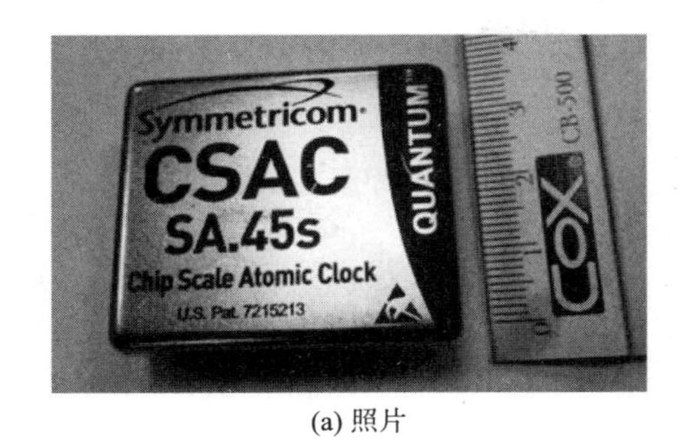

(a) 照片

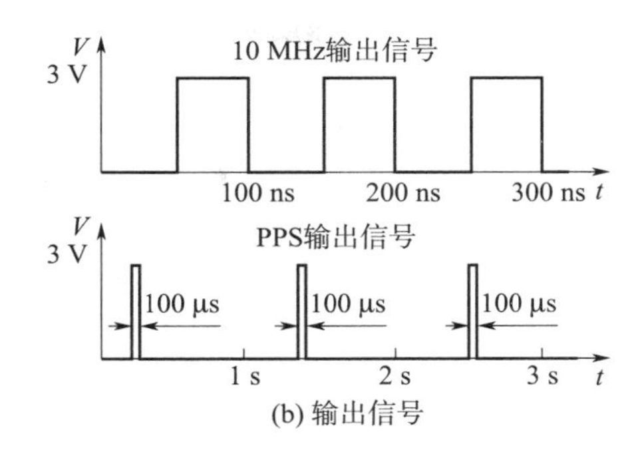

(b) 输出信号

图 9－7　微型铷原子钟

另一种微型原子钟是由 Quartzlock 公司生产的 E10－MRX 铷钟，它可以提供参考频率 10 MHz 的正弦信号输出。E10－MRX 钟的准确度为 5×10^{-11}，短期稳定性为 $8\times10^{-12}/100$ s，长期稳定性为 $5\times10^{-10}/\mathrm{a}$，功耗为 6 W。

9.2.2　铯喷泉频率标准

铯原子激光冷却原子钟，又称铯原子喷泉钟，是铯束原子钟的一种改进形式。原子冷却可以理解为减速（即原子平均动能降低）转化为温度。这种减速意味着原子速度从 1 000 km/s 降低到约 10 cm/s，即降低 7 个数量级。本章后续进一步描述光黏团中随机运动的原子动能，它用温度单位来表达。一些原子可以达到个位数 μK 的温度，Cs 原子的最低温度可以达到 2 μK，这个温度对应的原子速度为 11 mm/s[2]。这种通过产生所谓光黏团来冷却原子的激光方法是由朱棣文（Steven Chu，美国）提出的。根据克洛德·科昂·唐努德日（Claude Cohen Tannoudji，法国）的理论，1995 年在原子喷泉标准信号源（见图 9－8）中使用了冷铯原子的原子跃迁，冷铯原子运动类似于喷泉中的水。这两位科学家[与威廉·菲利普斯（W. Phillips）一起，他也测量了冷原子温度]“因为他们开发了用激光冷却和俘获原子的方法”，在 1997 年获得了诺贝尔奖。

喷泉钟的基本组件是磁光阱[4]。如图 9－8 所示，它由 6 个激光器（从激光器 1 到激光器 6）和产生非均匀磁场 H 的线圈组成。激光冷却方法利用光波和粒子之间的相互作用，通过将光子的动量传给粒子的原子来减慢粒子速度。激光波长必须与原子类型相匹配，以便原子吸收光子波产生跃迁。例如，由于原子跃迁[$6^2\mathrm{S}_{2/1}(F=4)\rightarrow6^2\mathrm{P}_{3/2}(F=5)$]，铯原子在红外辐射 IR（852 nm）下变慢，钠原子在黄光辐射下变慢。激光半径范围内是一束集中光束或红外辐射，并有大量光子进行大功率交互。

6 个激光器光束（分为平行的 3 对，每对方向互相垂直）相交于一点，它们的任务是在三维空间中控制自由原子（原子气）。激光束的极化矢量也相互正交。原子在激光切割的空间中缓慢运动，就像粒子在黏性液体（如黏团）中运动一样。英语有一句谚语：“慢如一月的糖蜜”，因此选糖蜜（黏团）来作为慢的象征。黏团特性除了原子速度减缓外，另一个影响是造成原子的瞬时浓缩。为使浓缩能够保持和不让慢速的原子向不同方向扩散，利用线圈在光黏团周围产生非均匀磁场。在黏团空间的中心，磁场强度 H 等于零。

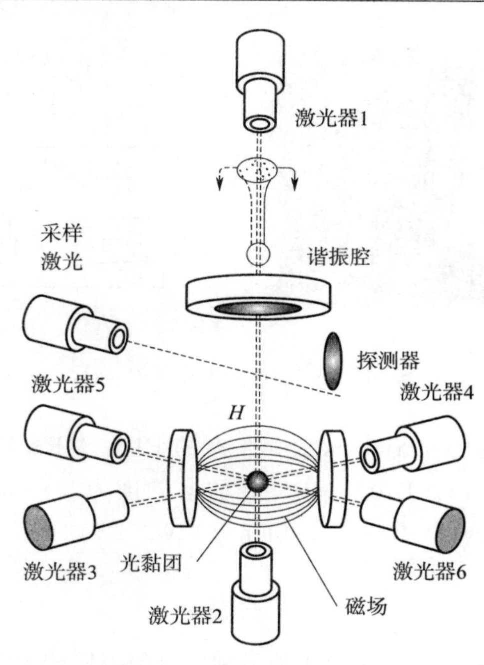

图 9－8　铯喷泉原子频标

在黏团外部或边缘的原子，与磁场力产生相互作用并将它们导向中心，即 $H=0$ 和原子能最低的点。激光和线圈合作产生磁光阱。以大约 4 m/s 的速度上抛浓缩在陷阱中的慢速原子束。慢速原子受重力作用进一步降低速度并停止。因此，在达到一定高度后，原子会下落并落回陷阱——它们的起点。在发射后的整个运动过程中，原子两次流过谐振腔，间隔时间约为半秒，它们在谐振腔内微波电磁场中相互作用。场强用微波探测器测量。

第一座原子喷泉也是由朱棣文建造的。铯喷泉钟于 1995 年首次安装在巴黎的法国时频实验室 LPTF。铯原子喷泉钟的谐振频率为 9.192 631 770 GHz，也就是说，与铯原子束钟的频率相等。NIST 在 1999 年对原子喷泉钟进行了改进并投入使用，NIST 称之为 NIST－F1。NIST－F1 时钟是美国的时间和频率原级标准，其不确定度在 2005 年为 5×10^{-16}，之后降低至 3×10^{-16}。2014 年 4 月，NIST 在其网站上发布说，NIST 第二台钟（铯喷泉钟，NIST－F2）的不确定度达到了 3×10^{-16}[15]。PTB（德国）安装了两台铯喷泉钟，国家物理实验室（英国 NPL）[13]安装了一台铯喷泉钟，称为 NPL－CsF1，日本国家信息和通信技术研究所（NICT）安装了一台铯喷泉钟，称为 NICT－CsF1[11]。一个铯喷泉原子钟的组件与一台小汽车的总体积相当[17]。

9.3　氢脉泽和铷频率标准

9.3.1　氢脉泽频率标准

氢脉泽频率标准的工作原理是基于电磁辐射的受激发射，频率 ν_0 对应原子总角动量的量子数 $F=1$（能级 2）和量子数 $F=0$（能级 1）的氢原子量子态之间的跃迁。

如图 9 - 9 所示，磁分离器产生感应强度 1 T 的磁场，通过磁分离器选择能量确定的氢原子束[9]。能量为 E_2（$F=1$）的较高能级原子被注入到由高品质因数 Q 的谐振腔包围的腔泡中。腔泡中的电磁场被调谐到原子共振频率 $\nu_0=1.420\ 405\ 751\ 77$ GHz。为了屏蔽掉来自环境磁场对原子交互空间的干扰，谐振腔置于感应强度为 10^{-7} T 的均匀电磁场内。能量 E_2 的原子在发出频率为 ν_0 的辐射后，进入较低的能级 E_1（$F=0$），落入腔泡。

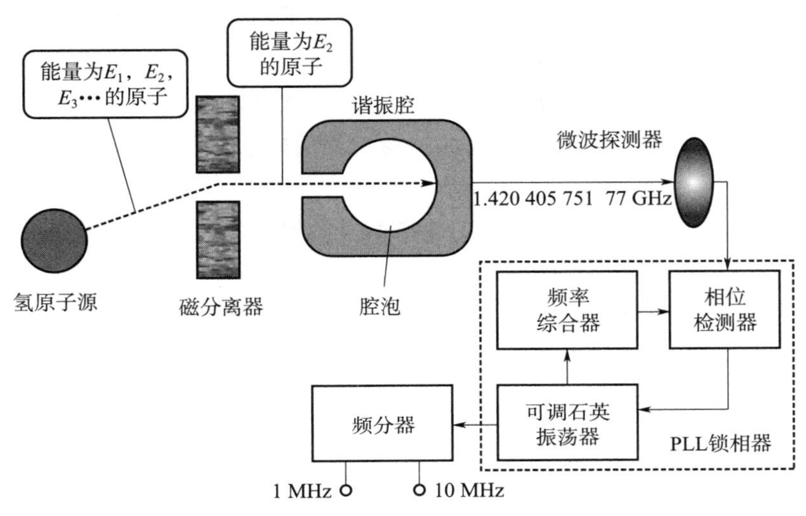

图 9 - 9　作为原子频率标的氢脉泽

在主动型脉泽中，这种发射是由原子自身产生的微波场激发的。在被动型脉泽中，激励源是外部微波电磁场。原子与磁场相互作用的平均时间约为 1 s。从腔中连续泵出氢原子，以保持压力恒定且不高于 10^{-5} Pa。

主动型氢脉泽中，谐振腔的体积必须足够大才能产生自持振荡。谐振腔发出的频率为 ν_0 的微波辐射用天线检测，并用于 VCXO 振荡器的闭环反馈回路，VCXO 利用信号相乘和混频方法（外差检测）产生外部时钟信号。腔外天线可探测的辐射功率非常小，约为 10～100 fW。

氢脉泽的中短期稳定性是目前应用于原子钟的所有频标中最好的。对于观测时间 1s，主动型标准的稳定性为 2×10^{-13}，被动型标准为 2×10^{-12}[8]。然而，由于微波信号的谐振频率与腔体尺寸有关，而腔体尺寸与机械冲击和温度有关，因此其长时间稳定性所受的很大影响来自机械冲击和微波腔体的温度变化。因此，必须保护谐振腔免受环境的机械和热影响。由多层昂贵材料制成的屏蔽结构，是主动型氢脉泽时钟体积大、价格高的主要原因。

被动型氢脉泽的腔体体积较小。必须施加采样微波场来诱导发射，而发射不能自保持。用于控制输出频率的伺服机构与铯原子钟所用的伺服机构类似。被动型脉泽对环境变化的敏感性低于主动型脉泽，但其短期稳定性较差。

9.3.2 铷频率标准

铷频率标准利用同位素铷 87（^{87}Rb）原子在以磁矩 $F=1$（能量为 E_1 的 1 级）和 $F=2$（能量为 E_2 的 2 级）为表征的基级之间的跃迁。原子能态的选择和跃迁的检测都是利用光泵浦来实现的。

铷标准的工作原理如图 9－10 所示。含有^{87}Rb 原子的光束管在跃迁过程中发出的光被过滤单元（超精细过滤器）过滤，过滤单元内含有由铷^{85}Rb 同位素对形成的缓冲气体。之所以使用缓冲气体，是需要通过与缓冲气体原子的多次弹性碰撞来降低^{87}Rb 原子的速度。由于^{87}Rb 原子速度的减慢，与微波电磁场的相互作用时间延长，原子与腔壁发生非弹性碰撞。

一个超精细滤波单元仅能使一个光谱频率 ν_A 的跃迁发生。能级较低 E_1（$F=1$）的原子穿过谐振腔（即吸收单元）。在谐振腔中，能量为 E_1 的原子数量减少，因为^{87}Rb 原子吸收光辐射且因此被泵浦到更高的能级 E_3，然后它们解体，跃迁到两个基态能级 E_1 和 E_2，如图 9－10 所示。如果 E_1 能级的原子数量减少，则谐振腔对频率为 ν_A 的辐射来说是透明的。尽管如此，频率为 $\nu_0 \cong 6.834\,682\,610\,904\,324$ GHz 的微波采样辐射与原子相互作用，再次激发原子向 E_1 能级的跃迁。继而，能级为 E_1 的原子数再次变多，可以再次进行光吸收。在谐振状态，微波辐射频率 ν_P 精确等于 ν_0。在调谐与谐振腔相互作用的频率 ν_P 期间，当微波频率等于 ν_0 时，光电探测器输出信号显示为最大值。继而，根据光吸收最大的原则，利用电子反馈系统来控制晶体振荡器 VCXO。铷标准共振谱线的中间频率不应比理论值下降（相对变化——10^{-9}），这一点适合于未受干扰的铷原子。考虑到的偏差是由于环境参数的影响和器件中物理现象的多重影响引起。由于铷钟可能的频率偏差值比铯钟或氢钟大 1～2 个数量级，铷钟不适合用作原级频率标准。

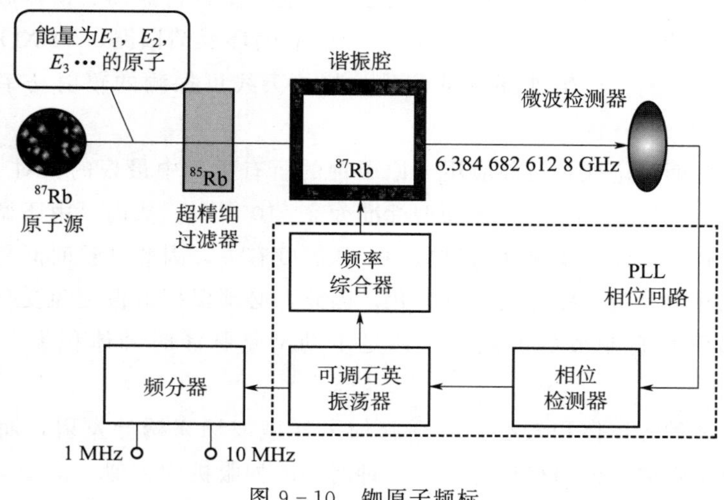

图 9－10　铷原子频标

铷频标本身需要由更好的原子铯频标或氢脉泽进行校准。反过来，铷频标适合用作次级频率标准。它们的短期稳定性甚至优于铯标准。校准后，铷频标的频率复现不准确度可以达到约 10^{-12}（短期稳定性为 10^{-14}）。

9.3.3　原子频标参数

表 9－1 总结了原子频率标准的典型参数（更多数据可向器件制造商查询）。该表给出了原子标准的数据：时间间隔 τ（以秒为单位）内的频率短期稳定性（艾伦方差）、线性频率漂移 D（每年的相对变化）、温度变化和每 1 年观测期间的频率准确度。

原子标准的频率稳定性是吸收或发射过程的品质因子 Q、1 Hz 带宽内的信噪比 $(S/N)_{1Hz}$ 和平均时间 τ 的函数[13]

$$\sigma_y(\tau) \sim \frac{1}{Q \cdot (S/N)_{1Hz}\sqrt{\tau}} \tag{9-19}$$

表 9－1　原子频标基本参数[13,17]

类型	铷标准	铯标准	氢脉泽标准
谐振频率(波长)	6.834 682 610 904 324 GHz (4.70 cm)	9.192 631 770 GHz (3.26 cm)	1.420 405 751 77 GHz (21.1 cm)
短期稳定性(观测时间 τ)	$(5\sim50)\times10^{-15}$($\tau=1$ s)	$(1\sim30)\times10^{-13}$($\tau=100$ s)	2×10^{-13}(主动型，$\tau=1$ s)
每 1 年线性频率漂移	$(5\sim50)\times10^{-11}$	0	$(1\sim50)\times10^{-13}$
每 1 年频率准确度	$(1\sim10)\times10^{-10}$	铯束$(5\sim100)\times10^{-15}$ 铯喷泉$(1\sim10)\times10^{-16}$	$(1\sim10)\times10^{-12}$
温度变化	$(1\sim10)\times10^{-12}$/℃	$(1\sim10)\times10^{-14}$/℃	10×10^{-12}/℃
磁场影响(每 10^{-4} T)	$(5\sim20)\times10^{-12}$	$(1\sim100)\times10^{-14}$	$(1\sim3)\times10^{-14}$

铯原子钟的 Q 值可达 10^{10}，而可见光吸收或发射的经验值可以达到更大值——约 10^{17}。从理论上确定，光吸收的品质因子 Q 的极限值为 $Q=10^{23}$[6]。这些给出的数字预示原子标准的可能的发展方向——光学辐射频率标准。

9.4　光学辐射频率标准

9.4.1　光学辐射源

研究结果表明，光学辐射频率标准的品质因数可比铯频率标准高 4～8 个数量级，见表 9－2。为建立一个比原子标准更精确的光学辐射频率标准，已开展对这种频率标准的研究。光学辐射频率标准的结构原理如图 9－11 所示。

光学频率标准中的信号源是激光器。激光辐射是相干的。激光器可以产生功率密度很大的光束。因此，激光辐射被用作有机组织（在外科手术中）和坚硬材料的切割工具。激光与一种元素的原子、离子或选定物质的粒子相互作用，确保它们从激光的窄光谱中选择性吸收单一频率 ν_0 信号。吸收器可以置于腔泡中，它可以形成移动的原子或粒子束，并且它可以聚集在磁光阱（离子）中。

表 9-2　标准频率的微波信号源和光学频率标准的参数

时钟类型	晶体	铯束	铯喷泉	氢脉泽	光学 $^{199}Hg^{+}$	光学 $^{88}Sr^{+}$	光学 ^{87}Sr
ν/Hz	$(0.03\sim10)\times10^{6}$	9.19×10^{9}	9.19×10^{9}	1.42×10^{9}	$1\,065\times10^{12}$	448×10^{12}	429×10^{12}
Q	10^{4}	10^{8}	10^{10}	10^{9}	1.5×10^{14}	1.6×10^{11}	4×10^{17}
σ	10^{-10}	5×10^{-15}	5×10^{-16}	10^{-13}	3×10^{-15}	7×10^{-15}	1.5×10^{-14}

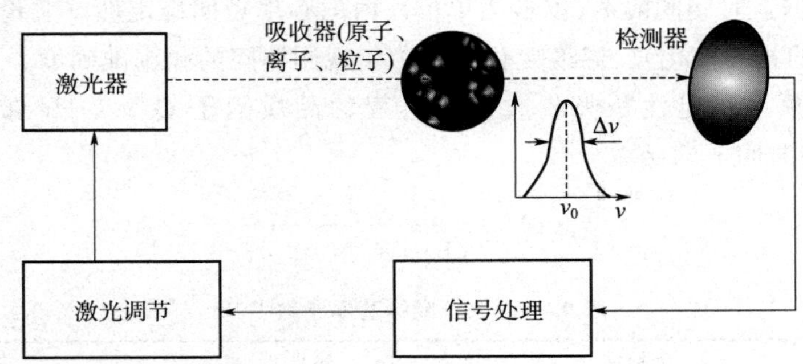

图 9-11　光学频率标准信号源的工作原理

被吸收器吸收的频率 ν_0 是所需的标准频率。从激光谱中选择所标记频率 ν_0 的过程称为激光稳频。

通常，光学频率信号源的发射是在囚禁电中性原子或单基本电荷离子的过程中实现的。在以下 4 个频率标准中获得了最佳且可重复的结果：

- 汞 $^{199}Hg^{+}$ 离子（紫外辐射，波长 λ =282 nm）。
- 镱 $^{171}Yb^{+}$ 离子（光，λ =436 nm）。
- 锶 ^{87}Sr 中性原子（光，λ =699 nm）。
- 锶 $^{88}Sr^{+}$ 正离子（光，λ =674 nm）。

这四种类型的光学辐射频率标准被推荐为复现秒的次级标准（第五个标准是铷微波辐射）——时间和频率咨询委员会（CCTF）在计量大会上提出的建议 CCTF 2（2006）[12,13]。这些标准的参数见表 9-3。除了表 9-3 中列出的标准外，专家还对其他 3 种元素和同位素作为潜在的光学辐射标准频率源进行了研究。这些标准采用的是：铟 $^{115}In^{+}$ 离子（紫外辐射，波长 λ =236 nm）、钙 $^{40}Ca^{+}$ 离子（光，λ =729 nm）和钇 $^{171}Yb^{+}$ 离子（光，λ =467 nm）[6]。最后一种标准使用的（$^{2}S_{1/2}\rightarrow{}^{2}F_{7/2}$）原子跃迁与表 9-3 中提到的钇标准不同。

表 9-3　时间和频率咨询委员会（CCTF）在计量大会（CGPM）上建议的秒的次级标准[14]

原子	原子跃迁	谐振频率/波长	标准方差
$^{199}Hg^{+}$	$5d^{10}6s^{2}S_{1/2}\rightarrow 5d^{9}6s^{2}\,{}^{2}D_{5/2}$	1 064 721 609 899 145 Hz/282 nm	3×10^{-15}
$^{88}Sr^{+}$	$5s^{2}S_{1/2}\rightarrow 4d^{2}D_{5/2}$	444 779 044 095 484 Hz/674 nm	7×10^{-15}
$^{171}Yb^{+}$	$6s^{2}S_{1/2}\rightarrow 5d^{2}D_{3/2}$	688 356 979 309 308 Hz/436 nm	9×10^{-15}
^{87}Sr	$5s^{2}\,{}^{1}S_{0}\rightarrow 5s\,5p^{3}P_{0}$	429 222 004 229 877 Hz/699 nm	1.5×10^{-14}
^{87}Rb	—	6 834 682 610 904 324 Hz/47 mm	3×10^{-15}

注意，例如，由钇发出的光波频率～7×10^{14} Hz 对应的波长为 436 nm。由于没有足够快的电子系统（电路），用电子脉冲计数法测量频率如此高的信号是不可能的。由 Discovery Semicond 公司用砷化镓制成的 DSC10W/10ER 型光电二极管的频率是电子系统工作的最高频率，等于 70 GHz。将光波范围为 5×10^{14} Hz 的标准频率进行如下转换是一项非常困难的任务，首先是转换到微波范围（10^{10} Hz，铯标频率），然后再转到 1～10 MHz的范围（VCXO 振荡器的时标信号），因为光学标准频率比 VCXO 频率至少高 8 个数量级以上。

9.4.2　光学频率梳

可以采用两种方法对光学标准频率和铯钟频率进行比较。第一种方法是应用倍频链（频率链）和倍频器控制的振荡器：多个激光器、脉泽和微波信号源（总共 8～20 个振荡器）。用来倍增最高频率信号的是非线性二极管和非线性晶体。如果希望将光学辐射频率与铯标准进行比较，每个振荡器发出信号的频率必须与具体的光学辐射频率精确匹配。可见，倍频需要在测量链中使用多个激光器，是一种复杂而昂贵的方法。德国布伦瑞克的 PTB 实验室搭建有这样的比较系统，它将频率为 $\nu_{Ca}=455\ 986\ 240\ 494\ 159$ Hz 的 ^{40}Ca 原子光学标准与频率为 $\nu_{Cs}=9\ 192\ 631\ 770$ Hz 的铯标准进行比较。在 PTB 测量链中使用了 20 个振荡器。另外两个倍增链系统也已在美国 NIST 和法国 LNE 实验室建立并启动运行。

另一种比较频率标准的方法是采用光学频率梳系统。这种测量和复现标准频率的方法对科学意义重大，光学频率梳的提出者特奥多尔·亨施（Theodor Hänsch）于 2005 年因为此项成果获得诺贝尔奖[8]。光学频率梳的合作者是 T. Udem。利用激光器产生持续时间约为飞秒的脉冲可以获得光学频率梳。光学频率梳在精密计量中有十分重要的意义，下面简要讨论其工作原理，并用图 9-12 进行说明。

假设一个连续函数激光器产生频率为 ν_S 的光。该信号的频谱表示为频响特性中的一条谱线，见图 9-12（上部）。当激光信号有 3 个频率分量：ν_S，$\nu_S+\Delta\nu$，$\nu_S-\Delta\nu$ 时，谱特性包含 3 条线，见图 9-12（中间部分）。干涉的结果是，发射的激光信号为调幅的正弦波形，在时域上 $\Delta t=1/\Delta\nu$ 区间内振幅最大。当激光器发射的信号有 n 个频率分量，并且它们频率偏移 $\Delta\nu$ 时，在频域上信号谱为 n 条分隔为 $\Delta\nu$ 的谱线。然后，在 $T_p=1/\Delta\nu$ 的时间间隔内，激光器以正弦脉冲短包的形式发射信号。这种信号的频谱类似于一个梳子，用此对这个系统进行命名——光学（或激光）频率梳。

现在，我们来反转这个问题。激光器以正弦脉冲包的形式发射光（波长为 λ，频率为 ν_s），并以周期为 T_p 重复发射包。

脉冲包的持续时间比重复时间 T_p 短得多。这种信号的频谱在以下频率点上有许多线（高达一百万条）：ν_s，$\nu_s\pm\Delta\nu$，$\nu_s\pm2\Delta\nu$，…，$\nu_s\pm n\Delta\nu$，其中 $\Delta\nu=1/T_p=\nu_p$ 是脉冲包发射的频率。可以确定重复周期 T_p 在 10^{-10}～10^{-9} s 范围内，对应的重复频率为 $\nu_p=1$～10 GHz。与铯标准相比，这种频率的信号可以非常精确地测量。因此，飞秒激光器发射信号的光谱中谱线的间隔为频率 ν_p，可以非常精确地测量。为了确定梳状频率标上的尖

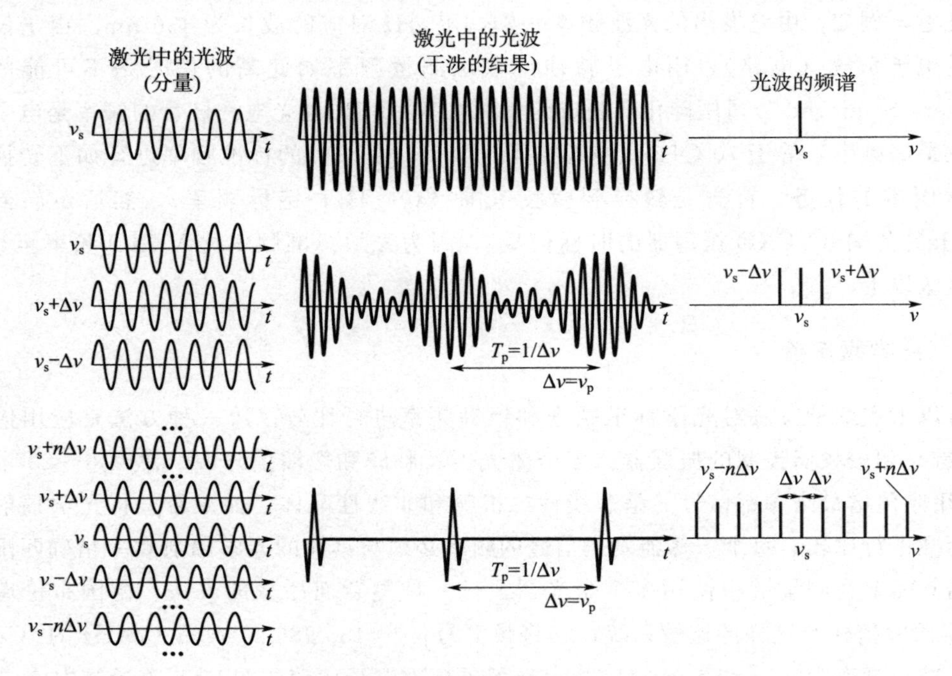

图 9-12　光学频率梳的信号频谱

峰，必须确定频域的起点——频率 ν_0，它远低于光频率 ν_s。频率 ν_0 是激光器的结构常数，它在 GHz 量级的范围，通过与铯标准频率比较可以非常精确地测量。通过频率梳，可以确定频域上的 ν 值

$$\nu = \nu_0 + n\nu_p \tag{9-20}$$

式中，ν_0 为激光器结构常数；n 为频率梳的“齿”数；$\nu_p = \Delta\nu$ 为频率梳尖峰点（“齿”）之间的间隔。

光学频率梳系统的一个技术问题是，建立飞秒激光器（即以脉冲形式发射光的激光器，发射包长约为 10～40 fs）并设置其工作。注意，例如绿光的光波频率等于 $\nu_s = 5 \times 10^{14}$ Hz，波周期 $T_s = 1/\nu_s = 2$ fs。飞秒激光器发射的脉冲包仅包含 5～20 个光波周期。目前，飞秒激光器的参数仍在不断改进中。

光学频率梳用于精确确定光辐射频率，首先是确定光学辐射标准频率，如图 9-13 所示。来自被测标准的光和来自频率梳的光被引导到光检测器上。检测器中出现被测信号（频率 ν_{Sr}）的脉动和梳状谱的第 m 谱线信号（见图 9-13）。通过调谐光频梳的信号，锁相环 PLL2 系统中的脉动频率得以稳定。系统中还包括另一个相位回路 PLL1，其任务是稳定梳标的起始频率 ν_0。光学原子钟输出信号的频率为 ν_r，与被测信号频率 ν_{Sr} 成比例，但要低得多

$$\nu_r = \frac{\nu_{Sr}}{m + \alpha + \beta} \tag{9-21}$$

在电子系统的工作范围内可以找到频率 ν_r，它可用于测量标准时间间隔（1 s）或精确计时。

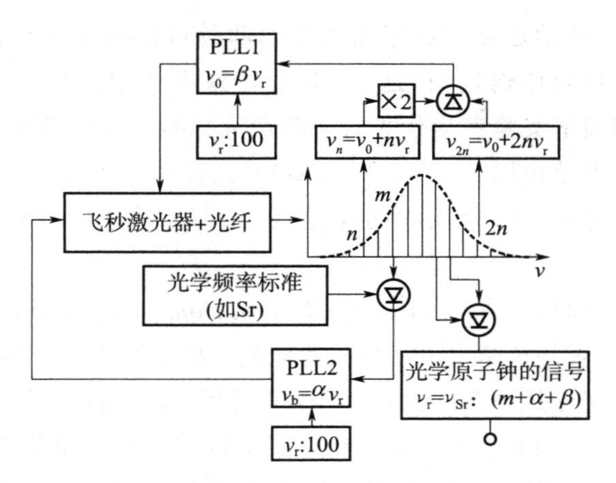

图 9-13　光学原子钟和频率梳的标准比较

9.5　时间尺度

当想要确定一个人为约定的时间尺度时，应该选择一个周期现象，计算它经过的周期并在时间尺度上指示（显示）点。时间尺度应该有一个起点，并按惯例确定。确定一个时间尺度需要的特定条件：选择现象（任意）、测量方法和确定起始点，这些条件得到的结论是可以存在多个时间尺度。一个时间尺度的例子是儒勒历法（旧历），它的起始点就设定为公元前 4713 年 1 月 1 日。时间尺度需要具备的一个性质是线性，因此既能够测量长段时间也能够在时间尺度上显示。这种特性被称为“时间尺度的均匀性”，它通过所观测现象的理想频率稳定性来实现。

一些时间尺度是通过天文测量确定的，例如 UT 世界时间（始于 1884 年）、恒星时间、平均太阳时间或历书时间。第二个时间尺度是 1956－1967 年国际单位制中秒的定义的基础。（恒星时间的）恒星日被确定为地球绕地轴旋转的时间，它的测量是一个选定的恒星连续通过当地子午线的时间间隔。恒星日的周期比太阳日的时间更稳定，但恒星日比平均太阳日长接近 24 s[1]。对于人类存在来说，太阳时间比恒星时间更重要。通过定义 UT0、UT1 和 UT2 三个版本的世界时尺度，确定了恒星时间尺度和太阳时间尺度的性质。UT 时间尺度测量地球上给定地点［称为子午线 0（格林尼治）］的恒星时间，并转换为平均太阳时间。这些测量和计算的结果是 UT0——世界时间尺度，版本 0。在将地理极点位置引起的修正引入 UT0 后，确定了 UT1，对整个地球有效。由于在一年中地球自转周期不稳定，为此引入修正 UT1，得到 UT2。

在已知的物理或天文现象中，原子能态跃迁（原子跃迁）效应以最佳方式符合高频率稳定性的要求。原子时间尺度被确定下来——TA（法语：*temps atomique*）；很容易理解，采用最好的原子标准来计算原子时间；最好的标准目前是铯钟。原子钟国际比对的结果是国际原子时间尺度 TAI（法语：*Temps atomique international*）。国际原子时 TAI 是一个统计时间尺度，以多个计量中心（世界各地 50 多个机构，它们管理近 400 个原子钟）

向 BIPM 发送的数据为基础建立，数据发送使用两种可能的卫星通信工具之一：GPS 或 TWSTFT（双向卫星时频传输）。在这 50 多个计量中心中，有一个是华沙中央计量局（GUM），以其时间和频率实验室为代表。一些研究机构，它们管理着最好的原子钟，在产生 TAI 方面发挥着主导作用：NIST、USNO（美国海军天文台）、PTB、NPL、NICT 和巴黎天文台。按惯例原子时间尺度的起点定为 UT2 的 1958 年 1 月 1 日的 0 时 0 分 0 秒[9]。

巴黎国际时间局（BIH，法语：*Bureau International de l'Heure*）的职责是协调时间尺度和确定国际时间尺度，这是 BIPM 分配的职能。确定的协调世界时（UTC）是多边协定的结果。UTC 的复现是基于 TAI。UTC 时间用原子钟（也是用它来测量 TAI）测量，但是，UTC 显示必须与 UT1 天文时间一致。原子钟在 1 亿年里只偏差 1 s。以标准世界时（UT1）表示的地球自转，其平均可靠性要差得非常多。1 地球日比原子钟测得的 86 400 s 加起来的 1 日长约 0.002 s。这使得每 1.5 年 TAI 和 UT1 之间相差大约1 s。由于原子时和天文时之间的差异，UTC 时从其 1972 年 1 月 1 日的起始时刻，就设置了相对于原子时的偏移：UTC - TAI＝－10 s。

协助创建 TAI 的每个时间实验室都基于其原子钟保留自己的 UTC（X），但定期根据全球 UTC 时标进行修正。因此，在美国有 UTC（NIST）和 UTC（USNO），在德国有 UTC（PTB），在波兰有 UTC（PL）等。

每隔几年，在 6 月底或 12 月底增加 1 s，以此完成根据天文时间来协调 UTC 时标。国际地球自转和参考系统服务（IERS）建议将闰秒（额外秒）添加到 UTC。最近一个闰秒是在 2016 年 12 月 31 日引入 UTC 的，当时 UTC 中的 2016 年 12 月最后 1 min 延长到 61 s[8]。UTC 是最重要的国际时间标；因此，许多科学、技术和导航领域都采用它。UTC 的创建和修正都是在线完成。值得强调的事实是，UTC 和 TAI 都是原子钟时间标。UTC 与 TAI 相差整数秒。从 2017 年 1 月起，差值等于－37 s［见式（9 - 22）］，见图 9 - 14

$$\mathrm{UTC}-\mathrm{TAI}=-37\ \mathrm{s} \tag{9-22}$$

TAI 时间是均匀计算的，未考虑地球自转的不规则。UTC 考虑的是天文时间，依据是地球相对恒星和太阳的实际位置。BIH 办公室的职责是 TAI 和 UTC 的组织和传播。

图 9 - 14　2007 年布伦瑞克（德国）PTB 的几个时钟读数：TAI 时间（temps atomique international）、UTC（coordinated universal time）和欧洲中部夏季时间（Mittelloropäische Sommerzeit—MESZ）

最后值得一提的时间标是 GPS 时间尺度（GPS - T）。在时间计量方面非常重要的还有卫星定位系统：美国全球定位系统（GPS）、俄罗斯 GLONASS、中国北斗和欧盟设计的伽利略系统。卫星定位系统见第 11 章。

卫星定位系统一方面是世界时间服务的重要客户，另一方面它们又正式参与授时（传递时间标），迄今为止仅限于 GPS，或者，推荐它们参与此项任务（GLONASS 和 Galileo）——计量大会（CGPM）上由时间和频率咨询委员会（CCTF）提出的建议 CCTF 5（2006）[6,15]。

GPS 系统创建并保持自己的时间——GPS 时间（GPS-T）。整个 GPS 系统的时间统一对其运行能力和高准确度至关重要。1980 年，GPS 时间设置为与 UTC 相匹配，当时差值：（TAI－UTC）＝19 s，因此（TAI－GPS-T）＝19 s，见表 9-4。

表 9-4　时间尺度之间的转换（2019）

到时间标→	从时间标↓		
	UTC	TAI	GPS-T
UTC	—	－37 s	－18 s
TAI	＋37 s	—	＋19 s
GPS-T	＋18 s	－19 s	—

GPS 时间实现的准确度优于 100 ns，但在高质量的接收机上可以达到 20 ns[16]。所有 GPS 接收器用户都可以使用 GPS 时间。为了测量接收机的位置，必需四颗（至少）卫星的信号。但是，当接收机位置已知且固定时，要想读取 GPS 时间，仅与一颗卫星通信就足够了。

但是，需要强调的是，国际计量机构（CGPM，BIPM）推荐的唯一标准时间是 UTC 时——这是在 2018 年第 26 届 CGPM 的 2 号决议中规定的。国际电信联盟的无线电通信部门（ITU-R）负责协调传递时间和频率信号。

9.6　波兰国家时间和频率标准

华沙中央计量局的时间和频率实验室安装了波兰国家时间和频率标准并负责维护。该实验室的主要任务是：

- 复现、维护和发送时间和频率单位。
- 确定波兰共和国的标准时间及其在全国的传播。
- 生成 UTC（PL）时间尺度——UTC 的波兰复现。
- 参与创建国际时间尺度 TAI 和 UTC。
- 测量仪器的校准、研究和鉴定。

华沙中央计量局时间与频率实验室的国家频率标准是一组三个 HP5071A 型铯束钟（由惠普公司制造）（见图 9-15）和一个氢脉泽。

此标准生成国家标准时间尺度 UTC（PL）。UTC（PL）参与国际比对。GUM 的原子钟参与创建协调世界时 UTC。国家时频标准复现的不确定度为 2.2×10^{-14}[13]。此外，该实验室还安装有一台氢脉泽频率标准。

图 9－15 华沙中央计量局的铯原子钟

为确保国家标准的尽可能稳定和绝对工作连续性，该原子标准：

• 保持在稳定的环境中。

• 配有应急发电机。

• 不间断地与其他国家和国际实验室的标准进行比对。

GUM 时间和频率实验室通过以下方式在波兰传播标准时间信号：

• 无线电，在波兰无线电节目中通过声音方式广播时间信号。

• 广域网，通过两台时间服务器的方式传播，它们的名称（地址）为：tempus1. gum. gov. pl 和 tempus2. gum. gov. pl。

• 公共电信网络，通过电话调制解调器方式传播；该网络提供根据欧洲电话时间码进行编码的数字时间信号。

参考文献

[1] D. W. Allan，Statistics of atomic frequency standards. Proc. IEEE 54，221 - 230 (1966).

[2] A. Bauch，Caesium atomic clocks：function，performance and applications. Meas. Sci. Technol. 14，1159 - 1173 (2003).

[3] S. Bregni，Synchronization of Digital Telecommunications Networks (Wiley，Chichester，2002).

[4] S. Chu，The Manipulation of Neutral Particles. Nobel Lectures (World Scientific，Singapore，1996 - 2000)，pp. 122 - 158.

[5] R. H. Feynman，R. B. Leighton，M. Sands，The Feynman Lectures on Physics，vol. 3 (Addison - Wesley，Reading，1964).

[6] M. Fujieda et al.，Advanced satellite - based frequency transfer at the 10^{-16} level. arXiv，Article No 1710. 03147v (2017).

[7] P. Gill et al.，Trapped ion optical frequency standards. Meas. Sci. Technol. 14，1174 - 1186 (2003).

[8] T. W. Hänsch，Passion for Precision. Nobel Lectures (World Scientific，Singapore，2001 - 2005)，pp. 485 - 509.

[9] Information on UTC—TAI，Bulletin C 57，International Earth Rotation and Reference Systems Service，January 2019，Observatoire de Paris.

[10] P. Kartaschoff，Frequency and Time (Elsevier，New York，1978).

[11] M. Kumagai，H. Ito，M. Kajita，M. Hosokawa，Evaluation of caesium atomic fountain NICTCsF1. Metrologia 45，139 - 148 (2008).

[12] A. Piekara，J. Stankowski，S. Smolińska，J. Galica，Ammonia maser of poznan research center (in Polish). Postępy Fizyki 15，565 (1964).

[13] K. Szymaniec，W. Chałupczak，P. B. Whibberley，S. N. Lea，D. Henderson，Evaluation of the primary frequency standard NPL - CsF1. Metrologia 42，49 - 57 (2005).

[14] http://bip. gum. gov. pl.

[15] http://www1. bipm. org/en/.

[16] http://tf. nist. gov.

[17] http://tycho. usno. navy. mil.

第 10 章　长度标准和测量

摘　要　本章首先讨论米的国际定义的演变，从 1875 年“米制公约”采用的米定义到当前和光速相关联的长度单位定义。介绍了国际计量委员会（CIPM）推荐的三种复现米定义的方法。本章讨论了波长为 633 nm 的碘稳频氦氖（He－Ne）激光器的设计、工作和参数，它是长度计量中最重要的器件。给出并讨论了 CIPM 推荐的除氦氖激光器以外的参考辐射源列表。

10.1　简介

米是长度单位，1791 年法兰西共和国首次将米定义为通过巴黎的子午线上从北极点到赤道距离的千万分之一（见第 2 章 2.3 节）。1799 年，制作了一个铂杆形状的米实物原器，并存入法兰西共和国档案馆。1875 年米制公约采用基于法国经验的米定义。在从那时起的 130 年时间里，米被重新定义了四次。下面依次给出这些定义[7]。

1 米是在温度为 0 ℃时由国际原器上的方向线界定的区域内主线宽度中线之间的距离，原器在距两端 0.22*L*（其中 *L* 是原器的长度）的位置处支撑。

1889 年的第一届计量大会（CGPM）通过了这一定义。选定一根铂铱合金棒（Pt90－Ir10）作为长度标准单位的物理原器。在 1960 年第 9 届 CGPM 通过的定义是：

米的长度等于氪－86 原子的 2p 和 5d 能级之间跃迁的辐射在真空中波长的 1 650 763.73 倍。

1983 年的第 17 届 CGPM 通过了以下定义，该定义一直有效至 2019 年 5 月 20 日：

米是光在真空中 1/299 792 458 s 时间间隔内所行进的路程长度。

最后，第 26 届 GCPM（2018 年）在修订的 SI 框架内定义了米[8]：

米是 SI 的长度单位，符号 m。当真空中光速 c 以单位 m/s 表示时，将其固定数值取为 299 792 458 来定义米，其中秒用 $\Delta\nu_{Cs}$ 定义。

如 1889 年的定义所指，长度的自然标准（地球子午线的四千万分之一）必须用实际复现所取代，采用的是铂铱杆形式。尽管对用户来说，这个米原器和它的前身一样是人为约定的，但它的优点是，在损坏或丢失的情况下，可以根据不随时间变化的地球尺寸将之复制出来。

1960 年，米的定义指向^{86}Kr 原子在 $2p_{10}$ 和 $5d_5$ 能级之间发生量子跃迁时发射或吸收的辐射固定波长。固定波长（λ ＝605.780 210 3 nm）对应于氪原子的恒定能级差。然而，该定义并未具体说明复现米所需的波长数 $N = 1\,650\,763.73$ 如何来实现。通过使用氪-86 放电灯的发射辐射、氪-86 吸收室的吸收辐射、或使用 ^{86}Kr 原子束的振荡器，都可以获得指定能级之间跃迁的固定频率 ν_0（和对应的固定波长 λ_0）。在这些技术中，只有使用专门为此目的而设计的放电灯的方法在技术上得到了发展，并在计量实验室中得到了应用。1960 年，使用氪放电灯的米标准复现 SI 长度单位，其不确定度比之前的标准（铂铱原器）好 10 倍。当时氪标准也比激光干涉仪更精确。然而，在接下来的几年里，激光器的参数有了显著提升，激光频率也得以稳定。20 世纪 60 年代，由于这些改进，确定的某些类型激光器发出光的波长比氪放电灯的参考波长更精确。

于 1983 年通过采用的第三个米定义，至今仍然有效，其中包括一个假设，即真空中的光速是完全已知的，等于 299 792 458 m/s，且不随时间变化。即使测定了更准确的光速值，如果 CGPM 没有正式修正米的定义，更新的光速值也不能用于长度单位的复现。光速值的稳定性是一个有争议的话题。伦敦帝国理工学院的理论物理学教授若昂·马盖约（João Magueijo）就对此提出了质疑，他认为在宇宙诞生之初，光速比当前要高[3]。

10.2　米定义的复现

10.2.1　CIPM 建议的米的复现

随着 2018 年 CGPM 采用了新的米定义，国际计量委员会（CIPM）发布了一项关于实际复现该长度单位定义的建议。根据此建议，应通过以下方法之一来复现米。

1）时间 t 内平面电磁波在真空中传播路径的长度 l；根据测量的时间 t 并使用以下关系式获得长度 l

$$l = ct$$

式中，$c = 299\,792\,458$ m/s 是真空中的光速。

2）真空中频率为 ν 的平面电磁波的波长 λ；根据测量的频率 ν 并使用以下关系式获得波长 λ

$$\lambda = c/\nu$$

式中，ν 是被测波的频率；c 是真空中的光速。

3）用表 10-1 的清单所列出的辐射之一；在遵循给定技术要求和适宜的条件下，这些辐射在真空中的规定波长或规定频率可在规定的不确定度下使用。

通过方法 2）和 3）可以精确复现米，但通过方法 1）不一定。使用后一种技术应限于足够短的长度，以使得广义相对论所预测的效应与由方法引入的不确定度相比可以忽略不计。

用 CIPM 推荐的方法 2）复现长度单位[6]涉及确定参考电磁波的波长 λ。波长 λ 应通过测量参考电磁波的频率 ν 并使用关系式 $\lambda = c/\nu$ 来确定，其中 c 是真空中的光速。测量光波以及紫外（UV）和红外（IR）辐射的频率或波长昂贵且困难。本书 9.4 节专注研究光学频率标准，详细讨论了所遇到的困难。因为没有可用的数字电子技术能够处理频率为

10^{14}～10^{15} Hz（光波的频率范围）的高频信号，因此无法对这个频率范围的脉冲进行脉冲计数。基于砷化镓的电子器件工作速度最快，它们可以处理频率高达 70 GHz 的信号。测量 10^{14}～10^{15} Hz 范围内的频率，需要由非光学原子振荡器组成的测量链或光学频率梳（在第 9 章中讨论）。这种光信号频率测量方法所需的设备成本非常高且测量过程复杂，仅在世界上包括 PTB、NIST、NPL 和 LNE（法国）在内的几个实验室中使用。

表 10-1　国际计量委员会（CIPM）为复现长度单位所建议的参考光波长[6]

序号	原子、离子或分子	波长/nm	频率/kHz	相对不确定度
1	乙炔分子 $^{13}C_2H_2$	1 542.383 712 38	194 369 569 384	2.6×10^{-11}
2	钙原子 ^{40}Ca	657.459 439 291	455 986 240 494.150	1.8×10^{-14}
3	甲烷分子 CH_4	3 392.231 397 327	88 376 181 600.18	2.3×10^{-11}
4	氦氢原子 ^1H	243.134 624 626 04	1 233 030 706 593.55	2.0×10^{-13}
5	汞离子 $^{199}Hg^+$	281.568 675 919 686	1 064 721 609 899.145	3×10^{-15}
6	碘离子分子 $^{127}I_2$，跃迁 P(13) 43－0	514.673 466 368	582 490 603 442.2	2.6×10^{-12}
7	碘离子分子 $^{127}I_2$，跃迁 R(56) 32－0	532.245 036 104	563 260 223 513	8.9×10^{-12}
8	碘离子分子 $^{127}I_2$，跃迁 R(106) 28－0	543.515 663 608	551 580 162 400	4.5×10^{-11}
9	碘离子分子 $^{127}I_2$，跃迁 P(62) 17－1	576.294 760 4	520 206 808 400	4×10^{-10}
10	碘离子分子 $^{127}I_2$，跃迁 R(47) 9－2	611.970 770 0	489 880 354 900	3×10^{-10}
11	碘离子分子 $^{127}I_2$，跃迁 R(127) 11－5	632.991 212 58	473 612 353 604	2.1×10^{-11}
12	碘离子分子 $^{127}I_2$，跃迁 P(10) 8－5	640.283 468 7	468 218 332 400	4.5×10^{-10}
13	铟离子 $^{115}In^+$	236.540 853 549 75	1 267 402 452 899.92	3.6×10^{-13}
14	氪 ^{86}Kr（放电灯）	605.780 210 3	494 886 516 460	1.3×10^{-9}
15	锇氧化物分子 OsO_4	10 318.436 884 460	29 054 057 446.579	1.4×10^{-13}
16	铷原子 ^{85}Rb	778.105 421 23	385 285 142 375	1.3×10^{-11}
17	锶离子 $^{88}Sr^+$	674.025 590 863 136	444 779 044 095.484 6	5×10^{-15}
18	锶原子 ^{87}Sr	698.445 709 612 694	429 228 004 229.910	2×10^{-13}
19	镱离子 ^{171}Yb，跃迁 $6s\ ^2S_{1/2}\rightarrow 5d\ ^2D_{3/2}$	435.517 610 739 688	688 358 979 309.308	9×10^{-15}
20	镱离子 ^{171}Yb，跃迁 $^2S_{1/2}\rightarrow {}^2F_{7/2}$	466.878 090 060 7	642 121 496 772.3	1.6×10^{-12}
21	^{86}Kr、^{198}Hg 或 ^{114}Cd 蒸气的光谱灯。参考信号源参数见表 10-2			

CIPM 推荐的第三种复现长度单位方法是基于原子、离子或粒子中的原子或分子跃迁，用于稳定电磁波频率。原子、离子或粒子选择性吸收或发出的电磁辐射，其波长与频率的确定同样精确。表 10-1 列出了此方法所使用的元素和化合物，顺序与国际计量局公布的顺序（www.bipm.org）相同，同时也给出了与这些原子或分子跃迁相对应的频率。

表 10-1 列出了参考信号的波长 λ、波频率 ν 和在确定 λ 或 ν 时可达到的相对不确定度。优选波长从紫外（^1H 的 243 nm）到可见光和远红外（OsO_4 的 $10\mu m$）辐射的范围。

CIPM 建议规定了为获得能够达到所需参数的信号所需的条件。例如，关于用乙炔获得的参考辐射（表 10-1 中的第 1 项），辐射源是一个激光器，它使用吸收室来给信号稳频。吸收室含有乙炔 C_2H_2，压力为（3±2）Pa，辐射束的功率密度为（25±20）W/cm^2。在激光光谱的多个频率中，乙炔选择性地吸收 194 369.569 384 GHz 的特定频率的光。用乙炔稳频信号测量频率和波长时，相对标准不确定度能够达到 2.6×10^{-11}。

为了提高红外辐射光谱特性中在 $\nu\approx$194 369 GHz 时所需的最大值，建议检测信号的三次谐波。

最广泛使用的推荐参考辐射源是用碘 I_2 稳频的氦－氖（He－Ne）激光器（表 10－1 中的第 11 项），其发射光的波长为 633 nm，这将在 10.3 节中详细讨论。

表 10－2 是表 10－1 中第 21 项的展开，给出了在含有元素氪、汞或镉等蒸气的光谱灯中原子发生不同量子跃迁时所发出的光波长。

注意，这里波长复现的相对不确定度约为 10^{-8}，比表 10－1 中所列辐射源复现的不确定度大几个数量级。然而，即使要获得这样的不确定度，也需要有 CIPM 建议中规定的工作条件。例如，对于发出可见光的氪蒸气光谱灯（表 10－2 中的 1～4 项），需要提供以下技术参数：带有热阴极的放电灯，包含纯度至少为 99%的气态氪，其含量最少为在 64 K 温度时可以产生固态氪。该灯应有直径为 2～4 mm 的毛细管，其壁厚约为 1 mm。此灯发出的辐射，其波长对应于未受干扰 Kr 原子能级之间的跃迁频率，不确定度为 10^{-8}（表 10－2 列出了 ^{86}Kr 的四个原子跃迁的参考波长）。通过满足光谱灯的以下条件，发出辐射的波长与理论计算波长之间一致性可以达到 10^{-8}。

表 10－2　国际计量委员会（CIPM）建议复现长度单位而用作参考辐射源的光谱灯中的跃迁[6]

序号	原子	量子跃迁	真空中波长 λ /nm	扩展相对不确定度，$U=ku_c, k=3$
1	^{86}Kr	$2p_9\rightarrow5d_4$	654.807 20	2×10^{-8}
2	^{86}Kr	$2p_8\rightarrow5d_4$	642.280 06	
3	^{86}Kr	$1s_3\rightarrow3p_{10}$	565.112 86	
4	^{86}Kr	$1s_4\rightarrow3p_8$	450.361 62	
5	^{198}Hg	$6^1P_1\rightarrow6^1D_2$	579.226 83	5×10^{-8}
6	^{198}Hg	$6^1P_1\rightarrow6^3D_2$	577.119 83	
7	^{198}Hg	$6^3P_2\rightarrow7\ ^3S_1$	546.227 05	
8	^{198}Hg	$6^3P_1\rightarrow7\ ^3S_1$	435.956 24	
9	^{114}Cd	$5^1P_1\rightarrow5^1D_2$	644.024 80	7×10^{-8}
10	^{114}Cd	$5^3P_2\rightarrow6\ ^3S_1$	508.723 79	
11	^{114}Cd	$5^3P_1\rightarrow6\ ^3S_1$	480.125 21	
12	^{114}Cd	$5^3P_0\rightarrow6\ ^3S_1$	467.945 81	

- 从阳极侧观察毛细管（灯的发光部分）。
- 灯的下部与毛细管共同浸入冷浴中，冷浴保持在氮三相点温度，准确度为 1 K。
- 毛细管中的电流密度为（0.3±0.1）A/cm^2。

注意，表 10－2 中列出的氪跃迁不包括 ^{86}Kr 的 605.8 nm 跃迁。该跃迁数据在表 10－1 中（第 14 项）。其复现不确定度比表 10－2 中列出的任何 ^{86}Kr 跃迁都要好得多。

国际计量大会的建议包括四项重要的附注[6]：

• 推荐用于实际复现米的所列出辐射的频率 ν 值和真空中波长 λ 值应该精确满足关系 $\lambda \times \nu = c$，其中 $c = 299\ 792\ 458\ \mathrm{m/s}$，$\lambda$ 值四舍五入。

• 应考虑到不同辐射可以获得若干独立值，估计的不确定度可能不包括造成结果波动的所有来源。

• 在不影响准确度的情况下，所列出的一些辐射可以用与相同跃迁的另一成分所对应的辐射或由另一辐射代替，只要它们的频差已知且准确度足够。

• 还应注意，满足技术规范并不足以达到规定的不确定度。还必须遵循许多科技出版物中所述稳频方法的最佳实践。

最后一条附注更具一般性。为了使测量达到最佳的准确度和分辨力，除了需要合适的仪器，量子计量学还需要实验人员的经验和技能。

10.2.2 CIPM 建议的长度测量

在天文学和全球定位系统（GPS、GLONASS 和 Galileo）中，通过测量时间来确定长度。定位系统（在本书 11.2 节讨论）所使用的卫星在距地表约 20 000 km 的高度 H 绕地球运行。电磁波行进这一距离所需的时间为 $t = H/c = 2\times10^7\ \mathrm{m}\ /\ 3\times10^8\ \mathrm{m/s} = 67\ \mathrm{ms}$。很容易测量这样的时间间隔，不确定度可以达到 $\pm 1\ \mathrm{ns}$，对应的相对不确定度约为 10^{-8}。真空或空气中，在 3.3 ns 内，电磁波可以行进 1 m 的距离。这个量级的时间间隔太短，采用当前可用技术的测量不确定度无法达到所需要的 10^{-10} 或更好。另外两种测量长度的方法是使用干涉仪。

用干涉仪测量的长度 l 代表所用波长 λ 的 1/2，1/4…等的倍数：$l = N \times \lambda/2$，$N \times \lambda/4$，$N \times \lambda/8$，…，与干涉仪的类型相关。第二种方法和第三种方法（均为 CIPM 推荐[6]）的区别在于，在第二种方法中，必须先确定真空中的波长（$\lambda = ?$），而在第三种方法的测量中，参考波长 λ 为已知。

在实际中，可以利用光的干涉并通过不同方法来测量长度。测量长度的干涉仪可分为三种类型：

• 带有可移动反射镜的干涉仪，它仅使用一个（已知）参考光波长，不需要对被测物体的长度进行初步估计。

• 基于精确分数法的干涉仪，使用两个或多个参考光波长（非同时）；这类干涉仪不需要移动部件，但需要对被测物体长度进行初步估计。

• 同时使用两个或多个参考光波长的干涉仪；这类干涉仪没有运动部件，但需要对被测物体长度进行初步估计。

在用第一类干涉仪进行测量时，通过计算所得干涉图案中的条纹数 m 来确定长度 l。当反射镜沿着路径 l 在点 x_1 和 x_2 之间移动时，条纹会移动：$l = x_1 - x_2$。下式给出了测得长度 l

$$l = m\lambda/2 \tag{10-1}$$

式中，m 是条纹的数目，λ 表示空气中的光波长，它是基于真空中波长并考虑空气压力、温度和湿度以及二氧化碳的浓度来确定。

第二类干涉仪使用两个或多个不同波长的稳频光源（如激光器或光谱灯）。长度是通过测量被测物体表面和基准面反射产生的干涉条纹相互位置的差来确定，依次使用不同波长。根据干涉图案得到被测物体长度的方程组。

第三类干涉仪同时使用两个（或更多）不同波长 λ_1 和 λ_2 的光源照射被测物体。在屏幕上可以观察到波长分别为 λ_1 和 λ_2 的光波干涉条纹，其行进距离为 l。条纹的间距为$\lambda = \frac{\lambda_1 \lambda_2}{2(\lambda_1 - \lambda_2)}$。因此，被测长度 l 由下式给出

$$l = m \frac{\lambda_1 \lambda_2}{2(\lambda_1 - \lambda_2)} \tag{10-2}$$

式中，m 是条纹数，而 λ_1 和 λ_2 表示两个激光在空气中的光波长。

长度计量中最常用的是第一类和第二类干涉仪。在激光干涉仪中，条纹计数由图像分析仪和软件完成。用户在显示器上读取测量结果。在更先进的干涉仪系统中，计算机屏幕上显示测量结果和附加信息，如图 10-1 所示。数据处理（如统计处理、滤波等）后的结果也可以用图形来表示。

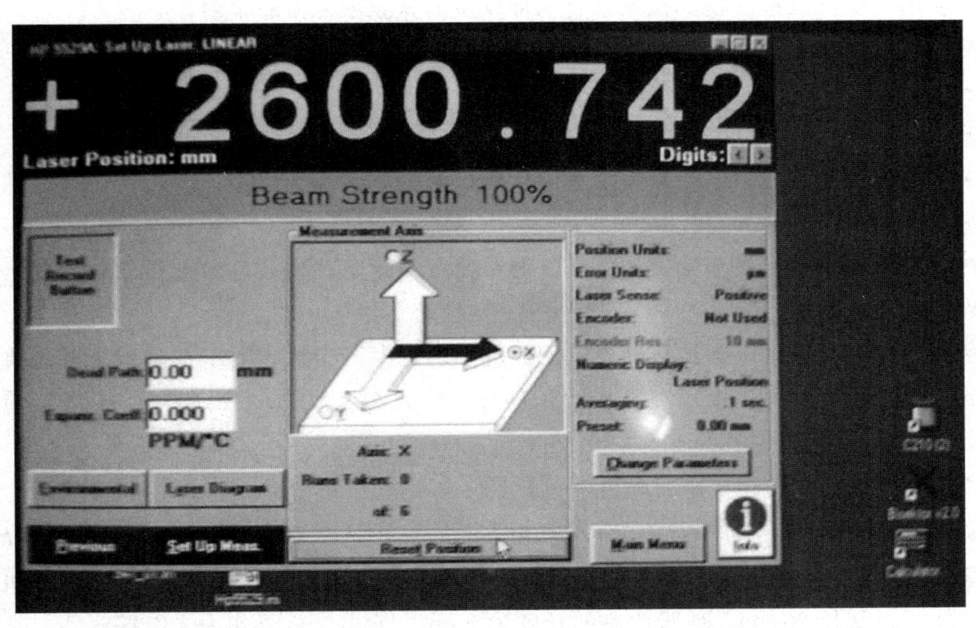

图 10-1　华沙中央计量局用 HP 5529A 激光干涉仪测量长度（l =2 600.742 mm）的测量结果截屏，分辨力为 1 μm

在计量学中，作为光源的二极管激光器（半导体激光器）在实际中也有一定的重要性。与气体激光器相比，二极管激光器不需要高压电源，具有体积要小很多、使用更容易等额外优势。高精度半导体激光器也需要含有低压气体或蒸汽的吸收室进行信号稳频。半导体激光干涉仪（测距仪）应用于工业和建筑[1]以及科学和高科技制造（半导体工业）[5]。

许多公司（Hewlet - Packard、Canon、Fluke、Keysight、Zygo 等）提供测量范围为 20～100 m 的激光干涉仪，它们的典型准确度为 1 mm，最佳的准确度为 1～50 μm（测量范围最大至 10 m）。激光干涉仪使用波长为 635 nm 的红光激光二极管。

最精确的激光干涉仪的分辨力优于 0.1 nm。例如，佳能在其网站上宣布其用于测量线性位移的微型激光干涉仪的分辨力为 0.08 nm。然而，仪器的准确度比分辨力差几百倍。

10.3 碘稳频 633 nm 氦氖激光器

由碘 $^{127}I_2$ 稳频的氦氖（He－Ne）激光器，工作波长为 $\lambda \approx 633$ nm，是由 CIPM 推荐的使用最广泛的参考信号源。它被戏称为长度计量学领域中的役马，它有广泛的应用，包括国家标准、光谱分析仪和工业应用。

针对参考波长 $\lambda \approx 633$ nm 的辐射源系统，CIPM 建议的系统技术规范包括以下[6]：

• 吸收分子 $^{127}I_2$、$^{127}I_2$ 吸收器 a16 或 R（127）11－5 跃迁的 f 组分。

• 频率 $\nu = 473\ 612\ 353\ 604$ kHz。

• 波长 $\lambda = 632\ 991\ 212.58$ fm，相对标准不确定度为 2.1×10^{-11}；这适用于在以下条件下，使用三次谐波检测技术稳频且有内部碘室的氦氖激光器的辐射：

• 吸收室的壁温（25±5）℃。

• 冷指温度（15.0±0.2）℃。

• 峰-峰频率调制宽度（6.0±0.3）MHz。

• 单向腔内光束功率（即输出功率除以输出镜的透射率）（10±5）mW，功率漂移系数的绝对值≤1.0 kHz/mW。

在工作条件的技术规范中，如温度、调制宽度和激光功率，符号±指的是裕度，而不是不确定度。

这些条件本身不足以确保达到规定的标准不确定度。光学和电子控制系统也需要达到合适的技术性能。碘室也可以在宽松的条件下工作；在文献［6］的附录 1 中规定的较大不确定度就适用于这种情况。

图 10－2 给出了碘稳频氦氖激光器的框图[2]。

激光系统中的光学器件包括含有发射相干光的氦和氖原子的气体管、具有 $^{127}I_2$ 分子的吸收室、置于激光轴上的两个镜面、以及测量辐射强度的光电探测器[1,2]。充有氦和氖气体的气体管通常长 20 cm，碘吸收室的长度为 8 cm。光电二极管作为光电探测器，是激光长度标准中光电之间的中间转换器件。

激光器向两个方向发射光，每个方向的光都被镜面反射。由于碘的吸收，在碘池中的辐射光谱变窄。在谱功率分布特性中，在吸收室碘蒸气饱和处频率的峰值得到提升。通过控制镜面之间的距离可以调节激光器发射的辐射频率，同时可以监测辐射强度。在一个同步锁相回路中利用压电驱动器控制光轴上两个镜面的位置。由于压电驱动器需要高达 100 V 的控制电压，所以使用高压放大器来将其控制信号放大。

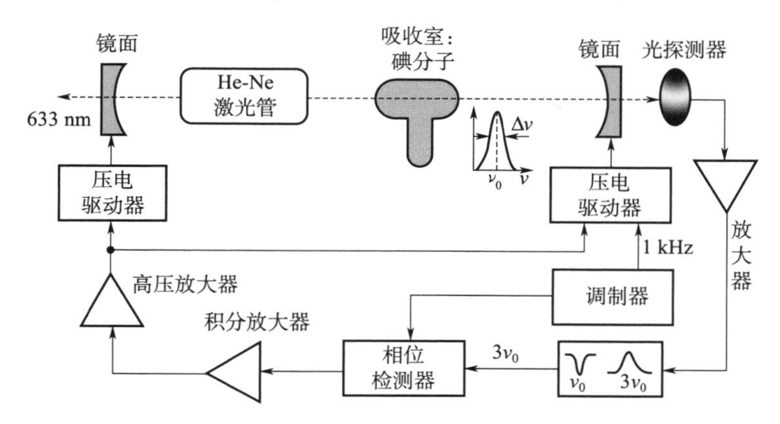

图 10－2　发出 633 nm 光的碘稳频氦氖激光器方框图

CIPM 推荐的三次谐波检测方法用于放大激光谱特性中所选峰值处［ν（三次谐波）≈ 1.421×10^{15} Hz］的信号振幅。通过移动其中一个镜面，将激光频率在共振频率 ν_0 附近扫频，而获得三次谐波。仅为了这个目的（扫频），反射镜沿光轴以大约 1 kHz（华沙中央计量局激光器中为 1 092 Hz）的频率周期性地移位。根据 CIPM 建议，在激光标准系统中，控制碘吸收室的温度并固定在 15 ℃。在此温度控制中，由一组珀耳帖单元（图 10－2 中未画出）担任执行器的角色。一个极化氦氖灯（图 10－2 中未画出）用作高压电源。

在激光标准中，反射镜的曲率半径通常约为 1 m（虽然也使用平面镜），反射镜的反射率为 98%。干涉测量仪和光谱显微镜用氦氖激光器的典型输出功率为 300 μW。激光器的机械结构必须满足较高的要求。光学元件应采用热膨胀系数低、耐机械冲击的材料制成。

在华沙中央计量局的长度单位国家标准中，波长为 633 nm 的碘稳频氦氖激光器（由 Thomson 制造，使用 NEC 放电管）是最重要的仪器。激光器如图 10－3 所示。GUM 的激光标准参与了国际比对。最近一次比对是在国际计量局的监督下于 1999—2001 年在维也纳进行的，包括来自国际计量局、GUM、BEV（奥地利）、CMI（捷克共和国）、OMH（匈牙利）和 NIPLPR（罗马尼亚）的激光标准[4]。比对是通过对等过程进行的，在此过程中，标准相互比对。经推荐的工作条件校准后，激光标准 GUM1 和激光标准 BIPM3 之间的比对综合结果为：频率差 $\Delta\nu=0.8$ kHz，频率标准差 $u=1.8$ kHz。

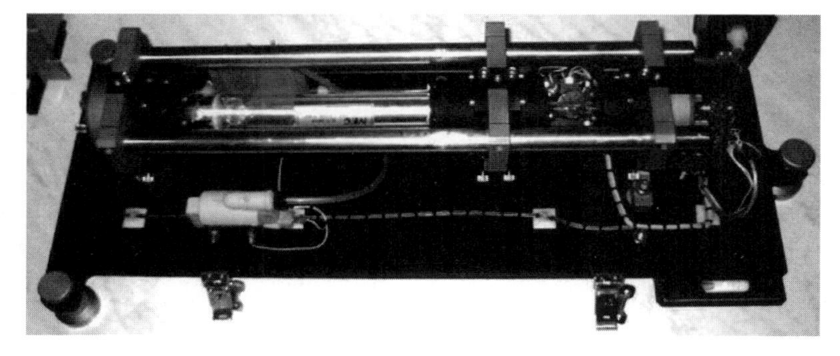

图 10－3　华沙中央计量局长度实验室中波长 633 nm 的碘稳频氦氖激光器

这两个激光器（GUM1 和 BIPM3）的频率差计算出的相对标准差为 $u/\nu = 3.8 \times 10^{-12}$。比对测量表明，华沙中央计量局的国家标准中用于复现长度单位的仪器和程序质量良好（达到国际水平）。

参考文献

[1] P. Hariharan, Basics of Interferometry (Academic Press, London, 1992).

[2] J. Helmcke, Realization of the metre by frequency—stabilized lasers. Meas. Sci. Technol. 14, 1187 - 1199 (2003).

[3] J. Magueijo, Faster Than the Speed of Light: The Story of a Scientific Speculation (Arrow Books, London, 2003).

[4] M. Matus et al. International comparisons of He - Ne lasers stabilized with $^{127}I_2$ at $\lambda \approx 633$ nm (September 1999) . Metrologia 39, 83 - 89 (2002).

[5] S. Olyaee, S. Hamedi, Nano—metrology based on the laser interferometers, chap. 13, in Advances in Measurement Systems, ed. by M. Kr. Sharma (InTech, London, 2010).

[6] Recommendation 1 of International Committee for Weights and Measures (CI 2003) . Metrologia 40, 103 - 133 (2003), Metrologia 42, 323 - 325 (2005).

[7] http://www1. bipm. org/en/.

[8] Resolution 1 of 26th GCPM. Appendix 3: The base units of the SI. www. bipm. org (2018).

第 11 章　卫星导航系统

摘　要　本章首先对 GPS、GLONASS、北斗和伽利略（正在开发中）全球四大导航定位卫星系统进行简要概述，并指出它们之间的区别。粗略介绍印度的 NAVIC 和日本的 QZSS 两个区域导航系统。介绍了定位系统最重要的一些应用，包括在城市或乡村里面向汽车、轮船、飞机甚至普通行人的导航，授时和搜救服务。对于高精度计量来说，关键是传播精确时间尺度（授时）。所有的全球导航系统都具有授时的功能。全球卫星导航系统的重要功能是定位（移动和固定物体）、搜救服务（SaR）和授时。

11.1　简介

在过去的 30 年，卫星定位系统已经变得非常重要[1,3]。定位和导航系统是消费者使用高质量量子器件（特别是原子钟）的一个很好例子。1983 年美国开发全球定位系统（GPS）并向公众开放，得到了用户的赞赏，并引起了人们的极大热情[4]。不久，卫星定位系统不仅在海事、航空和地面导航（设计目的就是为此）中投入使用，而且在许多其他领域也有应用，如大地测量、农业或旅游业，或用于定位狗和昂贵轿车。

卫星定位系统的重要功能是授时，即将标准时间信号传送给工作区域内的用户。由于 GPS 归美国所有，美国当局有权排除未经系统授权的用户或故意降低定位精度。因此，尽管该项目的费用巨大，依然有其他国家决定设计和建设自己的定位系统，也就不足为奇了。

开发和实现卫星系统需要掌握空间和火箭技术，特别是制造卫星和将其送入轨道的技术。苏联（现俄罗斯）开发了一个全球定位系统 GLONASS。2012 年，中国启动了全球定位系统（北斗）。印度开发了自己的区域导航系统（NAVIC），日本则开发了一种 GPS 增强系统（QZSS）。欧盟正在开发一个专门用于非军事目的的全球定位系统伽利略。2018 年，英国开始研究英国的卫星导航系统，该系统将比欧盟的伽利略卫星定位系统更有竞争力。英国已经启动了此项目，因为他们担心在脱欧后，英国会在获得来自伽利略系统的一些安全信息方面受限。

虽然所有卫星定位系统的工作原理相似，但一个系统的接收机在没有附加软件的情况下无法处理来自其他系统的导航信息；例如，GPS 接收机无法处理来自 GLONASS 或北斗的信息。然而，目前已经广泛生产和使用能够处理来自不同定位系统（如 GPS 和 GLONASS 或北斗和 GPS）信息的接收器（如智能手机）。

全球定位系统或导航系统是非常好的工具，尤其对汽车和卡车司机有帮助。不过，卫星定位系统也有局限性。在建筑物、被高楼包围的街道（所谓的城市峡谷）、天然峡谷、树林或隧道中卫星信号接收不好。虽然在隧道或峡谷中行驶时不需要导航，但在发生事故时，导航将非常有助于对相关车辆进行定位。定位系统的基本参数见表 11－1、表 11－2 和图 11－1。

卫星导航系统支持国际 COSPAS－SARSAT 人道主义 SaR 合作中的搜索和救援服务(SaR)（COSPAS 是俄语名称的缩写，意思是“用于搜索遇险船只的空间系统”，SARSAT—搜索和救援卫星辅助跟踪）。导航卫星能够接收从船舶、飞机或人员携带的紧急信标上的信号，并最终将这些信号送回国家救援中心。根据此信号，救援中心可以知道事故的精确位置。例如，至少有一颗伽利略卫星可以观测到地球上任何一点，因此可以实现近实时遇险警报[14]。

表 11－1　全球卫星定位系统对比

系统	GPS	GLONASS	伽利略	北斗
所有者	美国	俄罗斯	欧盟	中国
编码	CDMA	FDMA	CDMA	CDMA
卫星数量	在轨 31 颗(运行)	在轨 24 颗(运行)	在轨 26 颗，2020 年达到 32 颗	在轨 15 颗；2020 年达到 30 颗
轨道高度	20 180 km	19 130 km	23 222 km	21 150 km
绕地周期	11 h 58 min	11 h 16 min	14 h 5 min	12 h 38 min
定位精度(最佳)	15 m (用 Vespucci 卫星可以达到 0.5 cm)	4.5～7.4 m	1 m(公共) 0.01 m(加密)	10 m(公共) 0.1 m(加密)

注：CDMA—码分多址，FDMA—频分多址。

表 11－2　区域卫星定位系统对比

系统	QZSS	NAVIC (IRNSS)
所有者	日本	印度
编码	CDMA	CDMA
卫星数量	在轨 4 颗；最终目标 7 颗	地球同步轨道 3 颗，中轨 5 颗
轨道高度	32 000 km	36 000 km
绕地周期	—	23 h 55 min
定位精度(最佳)	10 m(公共) 0.1 m(加密)	10 m(公共) 0.1 m(加密)

GPS　　GLONASS　　GALILEO　　BeiDou

图 11－1　GPS、GLONASS、伽利略和北斗的标志

11.2　全球定位系统（GPS）

全球定位系统是使用尖端技术的分布式测量系统的一个范例。这一卫星系统是由美国开发，为美军服务，但自 1983 年以来，已经向公众开放[1,9]。任何持有 GPS 接收器的人都可以使用这个系统。由于 GPS 覆盖全球和技术参数优良，它不仅被广泛地用于当初所设计的目的，即确定地球上物体的位置以用于导航，而且被广泛地用于许多其他目的，其中最重要的是生成标准时间信号。

GPS 使用 31 颗卫星（整个系统所需的卫星数量为 24 颗），这些卫星在赤道上方 20 162.61 km 的六个固定轨道上围绕地球旋转（见图 11-2）。

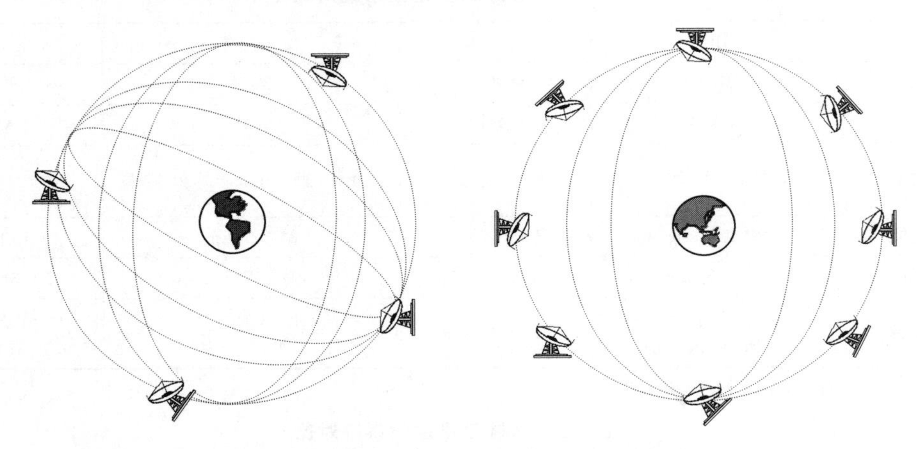

图 11-2　全球定位系统中的卫星：GPS—24 颗卫星分布在 6 个轨道上（左）；GLONASS、伽利略和北斗—24 颗卫星分布在 3 个轨道上（右）

对于地球上一点，每颗卫星大约 5 h 可见，在此时间段内，此卫星的无线电信号可供位于该点的接收器使用。每颗卫星上都装有铷或铯原子钟和氢脉泽，并安装有时间信号发射器和收发器来和地面控制系统通信。卫星通过两个无线信道发送信息：载波频率 1 575.42 MHz 的 L1 信道和载波频率 1 227.60 MHz 的 L2 信道。GPS 中的传输由 CDMA（码分多址）方法提供，此方法在多种无线通信技术中应用。L1 信道中的信号设计给所有 GPS 用户使用[9]。L2 信道传输的信号和信息只供授权的 GPS 用户使用，这些用户主要是美国陆军、海军和政府机构。

在面向所有用户的部分中，接收器的典型定位精度低于 100 m，最佳精度为 10 m。可接收 L1 和 L2 两个信道中信号的能力就可以将定位精度提高 10 倍。实际上，GPS 中还有三个额外的、很少使用的信道：1 381.05 MHz 的信道 L3，预留用于核爆炸信息；1 379.913 MHz 的信道 L4，用于测试附加电离层校正；1 176.45 MHz 的信道 L5，备用发送民用生命安全（SoL）信息[1,9]。自 2005 年以来，新发射的 GPS 卫星也准备通过 L2 信道向平民用户发送信息。

GPS 接收器（如智能手机）配备有石英钟，其准确度远低于原子钟。从卫星发送的消息包括时间信号和卫星 ID 数据等，利用它们可以精确定位广播连续消息的卫星。

卫星定位系统使用卫星信号来计算位置。GPS 接收机的位置 P 是卫星发射的无线电波形成的球体的交点。通过测量无线电信号从三颗或四颗卫星到接收机的路径的时间 t 来确定点 P 。接收的信号可以来自许多卫星（99％的概率来自至少五颗卫星）。GPS 中的数据传输速率相当低，为 50 bit/s[9]。GPS 的工作原理如图 11－3 所示。

接收机使用四颗选定卫星的信号。选择卫星的标准是收到信号的功率（等级）。在真空（空间）和空气（大气）中的波速已知，可以计算出接收机和每颗卫星之间的距离 d。此距离是确定 GPS 接收机位置 P 的基础。图 11－3 中的 P 点是半径分别为 d_1、d_2、d_3 的球体的交点。基于这些测量数据，在以地球中心为原点的坐标系中计算点 P 的坐标（x，y，z）。

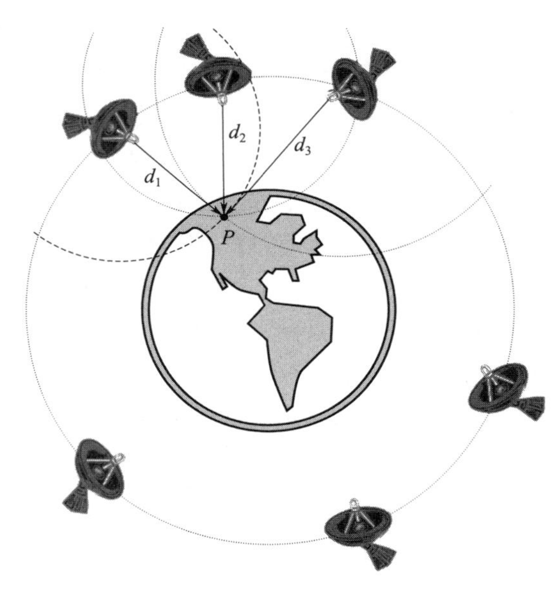

图 11－3　基于接收机与 GPS 卫星距离 d 确定 GPS 接收机位置 P

依据三颗卫星的测量数据可以建立三个方程，利用这三个方程的解足可以确定点 P 在选定坐标系中的三坐标 x_p，y_p，z_p 。然而，GPS 使用四颗卫星的数据，第四个方程是根据第四颗卫星的测量数据建立。如上所述，安装在 GPS 接收机中的石英钟的准确度比卫星上的原子钟的准确度差得多。接收机时钟的不确定度比原子钟的不确定度大几个数量级，接收机时钟的不确定度与接收机质量有关。然而，假设相对于卫星原子钟的读数，GPS 接收机的时钟不确定度 Δt_{CK} 是固定的。计算 GPS 接收机时钟不确定度 Δt_{CK} 需要点 P 位置的第四个方程，方程组引入 Δt_{CK} 作为第四个未知量。解下面四个方程（11－1）～（11－4）得出四个未知量的值：以地球中心为原点的 P 点接收机坐标 x_p，y_p，z_p，以及时钟不确定度 Δt_{CK}

$$(x_1-x_p)^2+(y_1-y_p)^2+(z_1-z_p)^2=[c(t_1-\Delta t_{CK})]^2 \tag{11-1}$$

$$(x_2-x_p)^2+(y_2-y_p)^2+(z_2-z_p)^2=[c(t_2-\Delta t_{CK})]^2 \tag{11-2}$$

$$(x_3 - x_p)^2 + (y_3 - y_p)^2 + (z_3 - z_p)^2 = [c(t_3 - \Delta t_{CK})]^2 \quad (11-3)$$

$$(x_4 - x_p)^2 + (y_4 - y_p)^2 + (z_4 - z_p)^2 = [c(t_4 - \Delta t_{CK})]^2 \quad (11-4)$$

其中，x_i，y_i，z_i 是第 i 个卫星的坐标，$i=1, 2, 3, 4$；x_p，y_p，z_p 表示点 P（GPS 接收机的位置）的坐标；t_i 是从第 i 个卫星向 GPS 接收机发送消息的时间间隔；Δt_{CK} 是 GPS 接收机的时钟不确定度；c 是真空中的光速。

卫星的精确坐标 x_i，y_i，z_i 精确地确定了它们相对于地球中心的位置，它们对于确定 GPS 接收机的位置 P 是必不可少的。接收机的坐标 x_p，y_p，z_p 随后转换为另一坐标系。在 GPS 中，它是 WGS-84（世界大地测量系统）参考坐标系（其他定位系统使用不同的坐标系）。WGS-84 中的坐标包括经度、纬度和高度。在根据先前确定的坐标计算 WGS-84 中接收机位置时，要考虑接收机时钟的不确定度 Δt_{CK} 。在这一步数据处理时进行必要的修正。因此，需要四颗卫星的信号来确定 GPS 接收机位置 P 的三个参数：纬度、经度和海拔高度。然而，经常采用多于四颗的卫星信号来定位，这可以提高测量精度。如果接收机位于海平面（船舶导航就是这种情况），定义其位置的参数之一高度是已知的：$h=0$。因此，定位需要两个参数：纬度和经度。在这种情况下，采用与时钟不确定度 Δt_{CK} 相关的修正后，与三颗卫星进行通信足以确定 GPS 接收机的位置。

信号从卫星到达接收机的传输时间，是通过从接收器接收信号的时间中减去信号发出的时间来计算的。真空中无线电信号以光速 $c \cong 3\times10^8$ m/s 来传播（传输）。无线电波经过距离 $d=20\ 162\ 610$ m（赤道上方轨道高度）的时间 t_1 为

$$t_1 = d/c = 20\ 162\ 610/299\ 792\ 458 \cong 67 \text{ ms}$$

在处理原子频率标准时，测量约 67 ms 的时间间隔并达到 1 ns 的分辨力和 10 ns 的准确度并不困难，GPS 就是这样。在 10 ns 内，无线电波的传播距离为 3.3 m。

2018 年，美国开始布置新系列在轨 GPS 卫星——Vespucci 卫星[9]。利用 Vespucci 卫星星座，地面物体的定位平均准确度可以达到约为 50 cm。

11.3 GLONASS 与北斗卫星导航系统

11.3.1 GLONASS 卫星导航系统

苏联于 1976 年开始建造其卫星导航系统 GLONASS。首颗试验卫星于 1982 年发射入轨。1996 年，24 颗卫星在轨运行，GLONASS 系统覆盖整个地球。现在该系统由俄罗斯联邦拥有和管理，其 24 颗卫星分布在赤道上方高度 19 100 km 的三个圆形轨道上。三个轨道的角度偏差 120°[8]。

GLONASS 使用与 GPS 相同的思想来确定接收机在地球上的位置。通过卫星发射的无线电波传播球体的交点来确定接收机位置。然而，GLONASS 和 GPS 在建设和运行原理上存在一些差异。GLONASS 卫星在两个无线电频段发送信息（时间信号和 ID 数据）：L1 频段为 1 610 MHz，L2 频段为 1 250 MHz。每一颗卫星在 L1 和 L2 波段都有一个单独的载波频率。通过无线电通信中使用的频分多址（FDMA）方法传输信号。GLONASS 还

创建了第三个频段 L3，其定位精度提高，用于搜索和救援目的的通信。

$$\text{L1 频段载波频率：} f_{L1} = (1\ 602 + 0.562\ 5n)\ \text{MHz}$$

$$\text{L2 频段载波频率：} f_{L2} = (1\ 246 + 0.437\ 5n)\ \text{MHz}$$

$$\text{L3 频段载波频率：} f_{L3} = (1\ 201 + 0.437\ 5n)\ \text{MHz}$$

其中 $n = 1, 2, 3, \cdots, 24$，是 GLONASS 卫星号。

GLONASS 的数据传输速率为 50 bit/s（与 GPS 相同）。通过发射信号的载波频率来识别 GLONASS 的卫星。这是与 GPS 的一个重要区别，GPS 卫星发送的信息中包含有卫星 ID 数据。GPS 中每个频带（L1 和 L2）只有一个载波频率。

在每颗卫星上安装一个铯（和/或铷）原子钟，频率相对不确定度为 5×10^{-13}。GLONASS 是在 SGB－7 大地坐标系中进行计算和显示接收机的位置，而 GPS 使用 WGS－84 参考坐标系。即使仅仅因为它比美国 GPS 晚 15 年而在设计中采用更新的技术，GLANOSS 可能比 GPS 更精确。目前 GLONASS 提供的最佳不确定度为[8]

- 水平位置，未经授权的用户：30 m。
- 水平位置，授权用户（军队、警察）：5 m。
- 水平位置，用于搜索和救援服务（L3 波段）：5～7 m。
- 垂直位置：60 m。
- 速度：5 km/h。

GLONASS 信号可以被多种商业通信设备读取，包括许多类型的智能手机和平板电脑。通常，智能手机能够同时接收 GLONASS 和 GPS 信号，导航或定位软件会采用二者中更强的信号。

在 1996—2008 年间，活跃的 GLONASS 卫星数量减少到只有 10 颗，而且其中一个轨道是空的。卫星使用寿命有限造成了卫星数量的减少，它们的使用寿命是一年（最早的卫星）到七年不等。除其他原因外，星载设备的可靠性不高以及电推进和火箭发动机的燃料消耗，都限制了卫星的寿命。利用火箭发动机可以修正在轨卫星的位置。GLONASS 多颗卫星已达到服务寿命而停止运行，其替代星数量不够。目前有 24 颗活跃的 GLONASS 卫星在轨，至少有 3 颗备用卫星。较新版本的卫星配备有 1.5 kW 的太阳能电池板。

GLONASS 系统支持国际 COSPAS－SARSAT 人道主义合作组织的搜索和救援服务（SaR）。在 1987 年，苏联发明了使用卫星系统的 COSPAS－SARSAT。导航卫星能够从船舶、飞机或人员携带的紧急信标上接收信号，并最终将这些信号送回国家救援中心。因此，救援中心可以获得发生事故的精确位置。

11.3.2　北斗卫星导航系统

中国北斗卫星导航系统（BDS）又称 COMPASS，目前是区域定位系统。到 2020 年，它将成为一个以 35 颗卫星为基础的全球卫星系统[6]。其中有 5 颗将是地球同步轨道（GEO）卫星，其轨道高度为 35 786 km，另外 30 颗将是非地球同步轨道卫星。在非地球同步轨道卫星中，27 颗是运行在 21 528 km 轨道上的中地轨道（MEO）卫星，3 颗是运行在 35 786 km 轨道上的倾斜地球同步轨道（IGSO）卫星。目前北斗是运行在亚太地区的区域导航系统，有 15 颗卫星在轨运行。

北斗系统从 2012 年开始向用户开放。北斗系统在 1.2～1.6 GHz 频段内使用三个通信信道：E2（载波频率 1 561.098 MHz）、E5B（1 207.14 MHz）和 E6（1 268.52 MHz），这三个信道与伽利略系统所使用的一个频段重叠。

像 GPS 和伽利略系统一样，北斗系统使用 CDMA 方法进行信号传输。北斗与 GPS 的另一个共同特点是，提供两种服务：未经授权的用户（民用）和授权用户。民用服务提供的定位精度为 10 m，速度测量精度为 0.2 m/s，授时信号精度为 10 ns。向军队和政府提供的授权服务的定位精度提高 100 倍，达到 0.1 m。中国通过金融投资与伽利略企业联合体合作，并在卫星导航技术上合作。

11.4 伽利略卫星导航系统

欧洲卫星导航系统伽利略正处于密集开发和测试阶段。欧盟和欧洲空间局（ESA）正在开发这一系统，ESA 成立了一个欧洲联合企业 iNavSat 来开发和发射伽利略系统。建设伽利略定位系统是欧盟引入欧元作为共同货币后的最大经济项目。

该系统的运行将基于 30 颗卫星，包括 27 颗运行卫星和 3 颗备用卫星。卫星运行在距地球 23 616 km 的三个轨道上，相对于赤道倾斜 56°角。2005 年 8 月，第一颗试验卫星（不打算使用）提交给 ESA 进行地面试验[10]。2013 年首次仅依靠伽利略卫星信号来进行定位。这个由 30 颗星组成的系统预计将于 2020 年建成。伽利略系统近年来取得了重大进展。26 颗伽利略卫星正在绕地轨道运行（2018 年）。地面控制站基础设施运行良好。因此，伽利略的一些功能现在可以使用。伽利略系统的所有功能包括：

（1）定位和导航（未准备就绪，2018 年）

伽利略卫星系统将与北斗、GPS 和 GLONASS 合作。更多的卫星可以使定位更精确和更可靠。在城市、森林和山区中导航很重要，在这些地方，高楼或树木常常会阻挡卫星信号。

（2）授时（准备就绪）

伽利略标准时间（授时精度为 30 ns）可用于金融部门、电信、IT 和其他工业或商业部门的同步。

（3）搜救（准备就绪）

伽利略提供的搜救（SaR）服务将探测紧急遇险信标信号所需的时间从 3 h 缩短到仅仅 10 min。伽利略对 SaR 服务的支持是欧洲对国际 COSPAS - SARSAT 在搜救方面共同努力的贡献。伽利略卫星能够接收从船只或飞机携带的紧急信标发出的信号，然后将它们传回至救援中心。救援中心能够获得事故的准确位置。至少有一颗伽利略卫星可以看到地球上的任何一点，因此可以发出遇险警报。在某些情况下，可以给信标发回反馈信号。这种反馈只有伽利略定位系统才能实现。

伽利略卫星发送的信息包括位置数据、准确时间、这些数据的可靠度信息以及与系统多种功能相关的数据。尽管伽利略的全部功能（包括导航）将在 2020 年实现，但自从 2016 年起伽利略卫星的信号就可以被各种通信设备读取。例如，许多 iPhone 型的智能手机（iPhone XS、iPhone XS plus）能够处理来自四个卫星系统的信号：GPS、GLONASS、Galileo 和 QZSS。

与 GPS 和 GLONASS 类似，伽利略系统创建了一个专用的参考坐标系——伽利略地球参考坐标系（GTRF）。根据伽利略系统的要求，与国际地球参考坐标系相比，三维位置差不应大于 3 cm![10]

11.5　区域卫星导航系统：印度 NAVIC 和日本 QZSS

印度区域卫星导航系统（IRNSS）是一个完全由印度开发和建设的自主系统[11]。印度系统名称缩写为 NAVIC。“navic”在印度语中是指水手。NAVIC 系统提供两种服务：向民用用户开放的标准定位服务和面向授权用户（军队）的加密受限服务。NAVIC 的一个空间段由七颗卫星组成。其中三颗是 GEO 地球同步卫星，其余四颗是 GSO 地球同步卫星。这足以覆盖印度次大陆及其周边 1 500 km 范围的区域。NAVIC 将提供特殊定位服务和精确服务。在这两项服务中，通过 L5 信道（载波频率为 1 176.45 MHz）和 S 信道（2 492.08 MHz）进行通信。这些卫星配备 1.4 kW 的太阳能发电机。NAVIC 设计的定位精度在印度领土上优于 10 m，在整个印度洋地区优于 20 m。

日本准天顶卫星系统（QZSS）是一种 GPS 增强系统。QZSS 使用 7 颗地球同步卫星。目前，该系统使用四颗卫星，它们彼此分开 120°，轨道倾斜而略呈椭圆形[12]。卫星地面轨迹的图案为不对称的数字 8（主半轴为 42 164 km），如图 11－4 所示。

图 11－4　QZSS 卫星在东亚和澳大利亚地区的星下点轨迹

在这样的配置中，总是有一颗卫星几乎直接位于日本上空（准天顶位置）。建设 QZSS 是为了改善 GPS 在日本各地提供的定位和导航服务。卫星的准天顶位置可以消除导航过程中的城市峡谷效应，减少所谓的多径传播误差。QZSS 卫星在日本区域上空以 20°仰角飞行 16 h。QZSS 的另一项重要任务是传输时间信号。QZSS 卫星发送信号时使用与 GPS 兼容的信道：L1（载波频率 1 575.42 MHz）、L2（1 227.60 MHz）和 L5（1 176.45 MHz）。第一颗 QZSS 卫星于 2010 年发射。2018 年完成系统运行。

11.6 定位精度

在全球导航卫星系统（GNSS）中，基于测量信号从卫星到接收机的传播时间来确定接收机位置。时间测量准确度对定位和导航的精度至关重要。在卫星定位系统中，为了提供良好的时间测量准确度，导航卫星上安装原子钟，进而提供良好的定位精度。

GNSS 对于未经授权的用户，水平位置的定位不确定度范围为 5～100 m。对于授权的用户，精度提升大约 10 倍。不确定度明确为一个范围值（例如 5～100 m），而不是单个值。许多影响测量准确度的因素都可以影响定位的不确定度（和精度）。其中最重要的是[5,13]：

• 电离层和对流层，它们是无线电通过电离层和大气层底层时信号延迟（电离层和对流层延迟）而造成的误差来源。地球大气层的上部是电离层，距离地球表面 50～1 000 km。电离层充满电离子。因此，电磁波在电离层中的速度低于在太空中的速度，如图 11－5 所示。延迟与一天中的时间和大气条件（如温度和湿度）有关。电离层厚度有几百千米，且不是恒定的。通过 L2 频道仅发送给授权用户的消息中包含有当前电离层和对流层参数的信息。

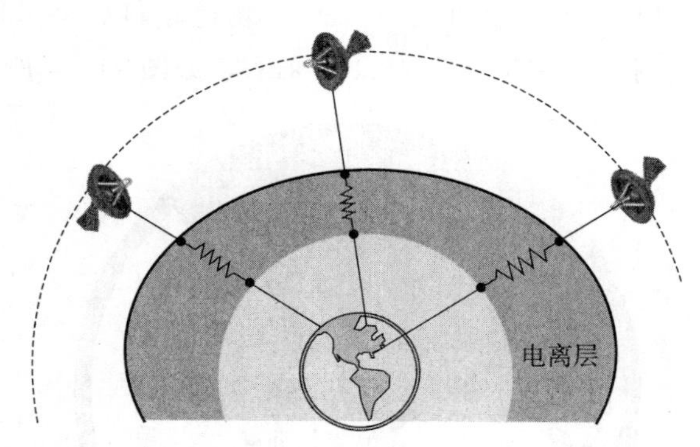

图 11－5　信号从卫星到 GPS 接收机传输中在电离层的延迟
（电离层的厚度及其传输特性与一天中的时间、温度和湿度相关）

• 卫星实际位置与计算中假定的预期位置之间的差异（星历误差）。为修正卫星的在轨位置，卫星装有火箭发动机。

• 反射信号间接到达天线（多径传播误差），如图 11－6 所示。对于定位卫星以高仰角传输的卫星信号，由于反射波未到达 GPS 接收机，因此不会产生多径传播误差。

• 测量时相对于接收机的卫星星座（它可能放大或减小不确定度）。

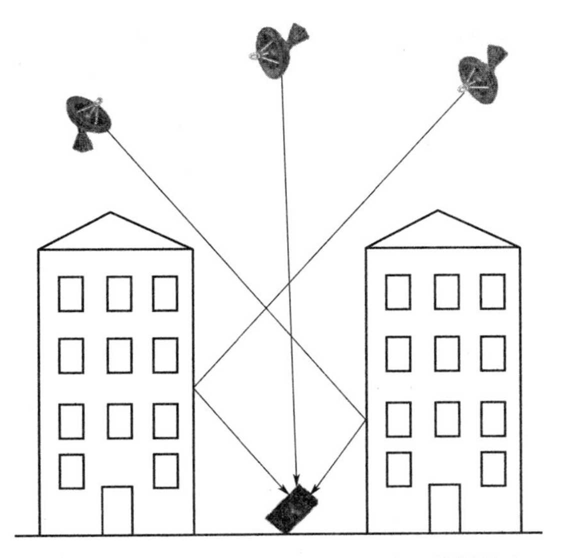

图11-6　高楼、山或大树引起的多径传播效应

• GPS接收机的等级和质量。

图11-7给出了相对于接收机的卫星分布如何影响定位精度。在图11-7（a）中，GPS接收机位于点Q处，距离卫星S1的距离d_1，距离卫星S2的距离d_2。

距离d_1和d_2的测量有一定的不确定度（测量误差），图中用和卫星位置相关的同心环表示。两颗卫星的组合不确定度引起位置的不确定度区域P1；此不确定度区域包含点Q的可能位置。

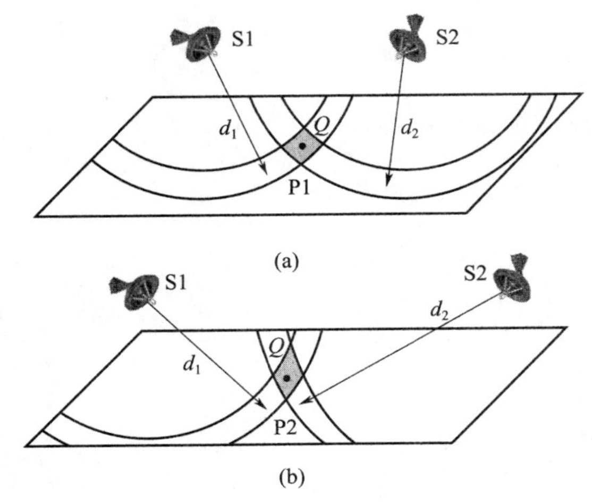

图11-7　卫星星座与定位精度：不确定区域为P1或P2，与卫星星座相关

在图11-7（b）中，卫星S2离接收机更远。虽然距离d_1和d_2的不确定度与图11-7（a）中的相同，但是这里的不确定度区域（标记为P2）更大。单次测量的最大不确定度也较大，用点Q与不确定区域P2中最远点之间的距离表示。因此，接收机相对于卫星的

位置会影响地球上接收机的定位精度。

GPS 接收机有多种格式，可能集成在智能手机或平板电脑（或其他小型计算机，如 iPod、笔记本电脑等）中，或者作为 GPS 模块和单独的接收机出现。许多接收机能够与两个或三个系统进行通信，例如 GPS 和 GLONASS 以及伽利略，或 GPS 和 GLONASS 以及北斗。

依据 GPS 接收机测量而读取的地理位置，分辨力可以达到 0.001 弧分（或更高），对应赤道纬度 1.8 m。测量准确度总是比分辨力差。图 11－8 给出了 GPS 接收机（三星 Galaxy S5 智能手机）测量地理位置的屏幕截图。屏幕截图显示了以 2 min 为间隔对同一位置连续测量（不确定度为$\pm$0.5 cm）的结果（定位结果的差异：纬度 $\Delta=0.0040'\Rightarrow$ 7.4 m；经度 $\Delta=0.0026'\Rightarrow 2.9$ m）。所使用的软件也会影响定位的不确定度。

GPS 位置给出了物体的三坐标：经度、纬度和海拔高度。需要强调的是，使用 GPS（GLONASS、北斗、伽利略）对接收机高度的测量总是比其经纬度的测量准确度要低。图 11－9 给出了放置在驶过博斯普鲁斯海峡的船只上的 GPS 接收机的屏幕。接收机的实际海拔为＋5 m，而使用 GPS 的测量结果指示为：－5 m 和－46 m（使用两种软件处理 GPS 数据）。测量时间为 20 s。

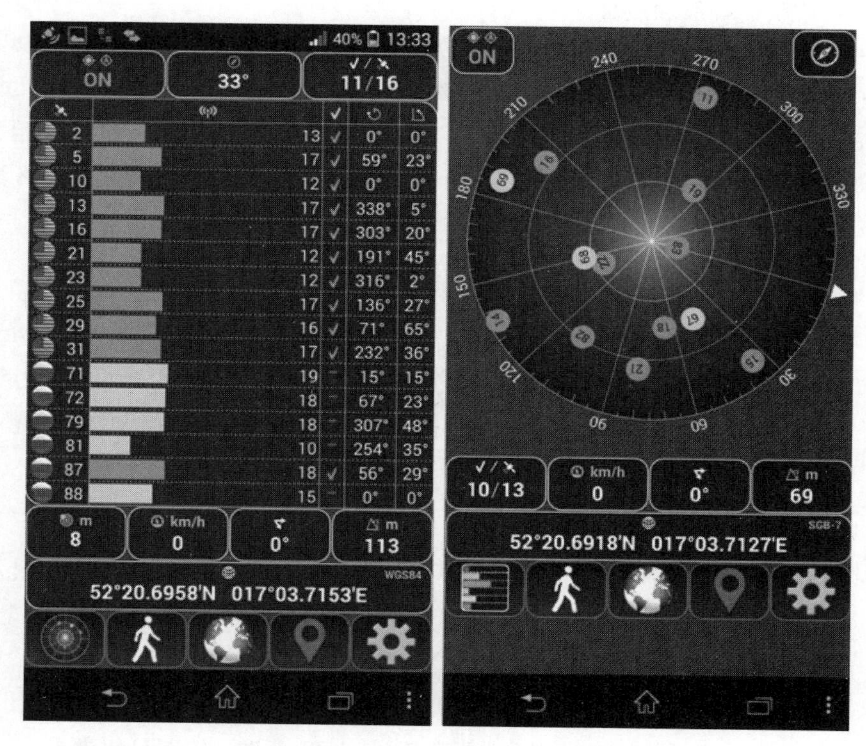

图 11－8 智能手机显示相同地理位置的屏幕截图；左边是 GPS 使用的 WGS－84 参考坐标系，右边是 GLONASS 使用的 SGB－7 参考坐标系

GNSS 系统所有者不仅可以提高定位和导航的精度，还可以故意降低定位的精度。此外，其所有者也可以让未经授权的用户无法访问 GNSS 系统。通过重新格式化从卫星发送

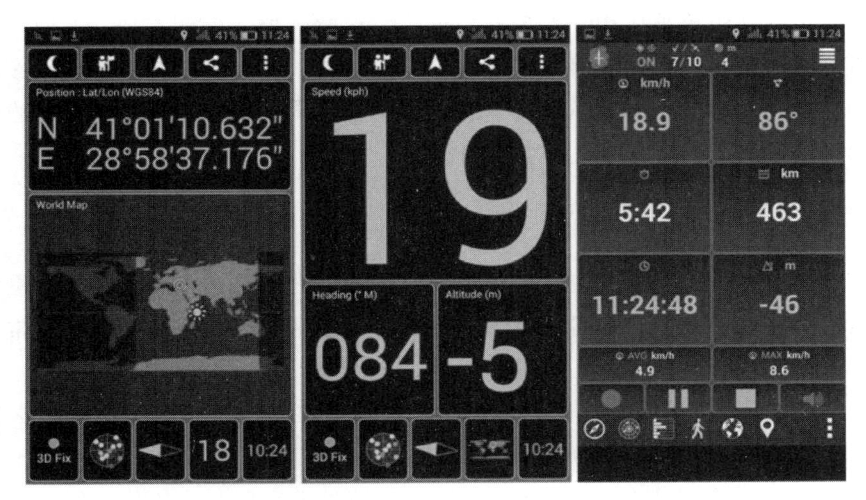

图 11-9　智能手机的屏幕截图，显示置于海拔 5 m 处的 GPS 接收机的高度。用 GPS 测量的高度结果是：－5 m 和－46 m

到接收机的通信消息，可以降低精度。在此情况下，消息中包含分辨力较低的信息。实际上，定位的分辨力和精度会更差。从 1990 年到 2000 年，美国政府在一项名为“选择性可用”的计划中故意降低了未经授权用户的 GPS 精度[9]。

11.7　导航卫星系统的应用

11.7.1　导航

所有卫星定位系统提供四项功能：导航、定位、授时、搜索和救援服务（SaR）。

全球导航卫星系统（GNSS）的导航是 GNSS 最常用的应用。可以说，导航就是为了到达目的地而进行的动态定位。使用导航的用户有汽车和卡车司机、船舶导航员和水手、飞机和宇宙飞船驾驶员、在国外城市或旅游路线上的骑行人和行人。导航，特别是汽车交通导航，可以使用辅助软件来生成给驾驶员的建议。提示（建议）信息涉及行驶速度、十字路口前路上车道的选择或考虑备选路段交通负荷而进行的路线选择等。为了改善在日本大城市（那里的建筑物形成“城市峡谷”现象）的导航，在日本安装运行了准天顶卫星系统（见图 11-6）。

使用 GNSS 的导航适用于许多其他领域。在农业中，导航使得农场田间作业可以精确执行（例如播种），既不会遗漏区域也不会在部分区域上工作（播种）两次。更重要的是，GNSS 的导航使得在田野上自动控制收割机成为可能。其他重型机械在采矿、道路工程和建筑工程中也可以使用或已经使用 GNSS 导航。在军队中，使用导航来控制火箭导弹的飞行，甚至在洲际范围内，使用导航来控制飞机（有人驾驶或无人驾驶飞机）的飞行和控制无人机。第二个军事应用是控制 JDAM 炸弹（Join Direct Attack Munition，联合制导攻击弹，也称为“智能炸弹”）的弹道飞行。

全球导航卫星系统也被应用于航天器的导航。在航天器上使用 GPS（GLONASS，北斗）接收机，不需要地形跟踪就可以精确确定轨道。自主航天器导航用于空间领域的国际合作，特别是在飞往国际空间站（ISS）的飞行中使用。航天器与国际空间站的对接可以通过精确的卫星导航来完成[10]。

11.7.2 定位

定位本身通常比导航的精度更高。如果接收机可见更多卫星，则能够定位更准确和更可靠。在城市、森林和山区，这对导航很重要，因为在这些地方，高楼或树木常常会阻挡卫星信号。

对于某些应用，常规的定位精度（约 10 m）是不够的。例如，大地测量学就是这种特殊应用。使用差分 GPS（D－GPS）可以获得更好的定位精度。

使用差分 GPS 定位需要两个 GPS 接收机：物体处的接收机 1（漫游车）和称为基站（BS）的参考点处的接收机 2，如图 11－10 所示。基站的位置是固定的，根据以前的精确定位或谷歌地球地图，其坐标（x_r，y_r，z_r）精确已知。

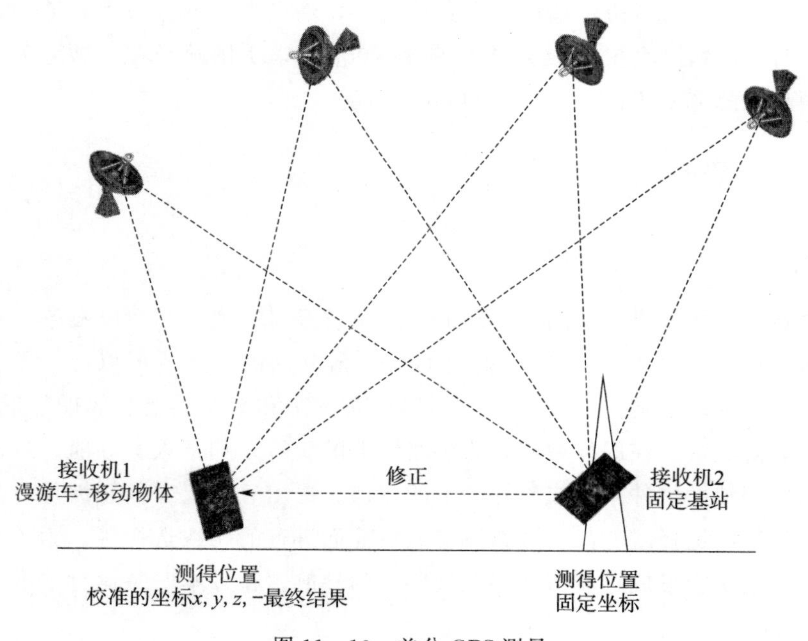

图 11－10 差分 GPS 测量

基站中的接收机 2 测量基站（x_2，y_2，z_2）的位置，并将其与参考即基站固定坐标（x_r，y_r，z_r）进行比较。在此基础上，它计算对接收机 1 的差分校准值。此校准可以消除定位中的大多数误差。接收机 1（漫游车、移动接收机）接收来自 BS 的这些校准值（通过 GSM 或蓝牙链路）。D－GPS 系统既可以实时使用，也可以在后续的数据处理中使用。

先进通信设备同时使用来自两个或更多 GNSS 系统的信号，以提高定位精度。市面上可以买到配有多个（如 GPS/GLONASS/伽利略）接收机的设备。Ashtech 是制造专业双接收机的先驱，20 年来已提供多种型号的 GPS/GLONASS 接收机。

该公司的一个有趣的产品是 GG－RTK（GPS GLONASS Real Time Kinematic）系统，它由中央单元（CU）和卫星接收机组成。CU 通过 915 MHz 无线链路与接收机通信。GG－RTK 的参数手册列出的信息是：定位时间为 1 s 时可达 1 cm 的良好分辨力，定位时间为 0.2 s 时分辨力可达 5 cm。GG－RTK 系统具有高分辨力及其良好准确度（仅比分辨力差一个数量级），一部分原因是由于同时使用两个卫星系统进行定位。

GNSS 在定位方面可以提供许多应用。其中一些是：

• 基于位置的服务。GNSS 定位功能可以定位处于紧急情况中的手机。与无线电定位相比，GNSS 对电信网络结构的依赖性较小。结合 GNSS 和 GSM 技术可以提高定位精度。GPS 接收机（智能手机或 GPS 模块）的地理位置可用于提供基于位置的服务，如定位物流卡车和寻找被盗车辆。高级定位服务是一个 GPS 跟踪系统。该系统利用 GNSS 定位车辆（卡车）、人员、宠物（狗）或货物，并记录位置数据。有些系统允许在公网上使用网页浏览器实时查看位置。

• 大地测量学。大地测量需要良好的准确度。使用差分 GPS 方法完成。

• 地球物理学。利用差分 GPS 方法可以探测地壳应变。位于活跃变形区域（如火山）周围的 GPS 测量站，可用于发现应变和地层移动。在受到地震冲击威胁的地区，GPS 测量站可以支持传统地震探测器。

• 地理信息系统。地图级 GPS 接收机是高品质器件。接收机配有高品质石英钟。这些接收机使用供未经授权用户使用的卫星信号（L1 信道），但由于时钟良好，并使用差分 GPS 方法，它们提供的定位不确定度为 1 m。在对测量数据进行存储并处理后，利用差分 GPS 方法可以将位置不确定度降低到 10 cm。

• 测绘。测绘级 GPS 接收机用于定位测绘标志、建筑物和其他结构。接收机能够接收来自 GPS 两个通信信道（L1 和 L2）的信号。即使来自 L2 信道的信号保持编码，在两个载波频率（L1 和 L2）上处理可以减少电离层误差。虽然双频 GPS 接收机相当昂贵（5 000～10 000 美元），但它们却能够将定位不确定度达到约 1 cm。

• 附有 GPS 信息（地理标记）的摄影。将地理位置信息配置到照片文件中称为地理标记，这种在摄影中使用 GPS 的方法比较流行。该信息被保存为元数据形式，如同使用的光圈大小或曝光时间等。基于这些数据，Google Picasa 和 Adobe Lightroom 等软件可以自动显示照片所标记位置的地图。由于这个信息，即使我们忘记了拍照地点的名字，我们也可以很容易地从文件中读取这些信息。市面上有两种相机，可以让使用者拍摄含有照片地理位置信息的照片。第一种相机是不带 GPS 接收机，但配备有无线连接（WiFi），可以从 GPS 接收机（如智能手机）下载地理位置信息。软件在图片的元数据中增加有关 GPS 位置的信息。第二种是更先进的照相机，它含有一个 GPS 接收机，可以直接在元数据中设置摄影位置的地理位置信息。

11.7.3 授时

卫星定位系统是世界时间服务的重要客户，但另一方面，它们正式参与标准时间和频率的传递[2,10]，如第 9 章所述。由标准时间提供的精确时间，用于金融分支机构、电信、信息技术和其他工业或商业部门的运营同步。为了在 GNSS 系统中精确计时，在导航卫星上安装有原子钟，见表 11-3。

表 11-3 导航卫星上的原子钟

系统	GPS	GLONASS	伽利略	北斗	NAVIC	QZSS
原子钟	Rb	Cs	Rb	Rb	Rb	Rb
	Cs	—	H maser	—	—	—

注：Rb 为铷原子钟，Cs 为铯原子钟，H maser 为氢脉泽。

GPS 系统创建并保持自己的标准时间——GPS 时间（GPS-T）。整个 GPS 系统的时间统一对其工作能力和高精度至关重要。在每颗 GPS 卫星上安装有几个原子钟，主要是铷原子钟。卫星发送的信息带有它们“星载”原子时间。通过位于科罗拉多州斯普林斯的 GPS 中心，它们接收来自美国海军天文台的根据 UTC（USNO）的修正信号，如图 11-11 所示。

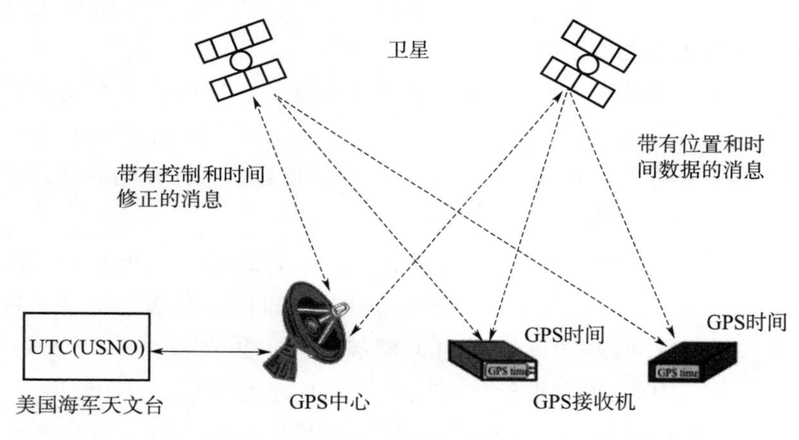

图 11-11 GPS 授时

通过这种方式，创建了 GPS 时间。卫星发送的导航信息包含时间数据和（GPS-T－UTC）时间修正。1980 年，GPS 时间被设置为与 UTC 相对应，当时的差值：（TAI－UTC）＝19 s，因此差值（TAI－GPS-T）也相同，等于 19 s。自那一年以来，（TAI－GPS-T）的差值保持为 19 s（第 9 章，表 9-4）。GPS-T 时间的复现准确度优于 100 ns，但在高质量接收机上可以达到 20 ns[9,13]。所有 GPS 接收机的用户都可以使用 GPS 时间。因此，与 UTC 时间标相比，GPS-T 时间更容易获得。为了测量一个接收机的位置，必需来自四颗（至少）卫星的信号。但是，当接收机位置已知且固定时，仅与一颗卫星进行通信读取 GPS 时间就足够了[2]。

GPS-T 是国际公认的标准时间，是继 UTC 时标（UTC——协调世界时）和 TAI 时标（TAI——国际原子时间）之后的第三个重要时标。迄今为止，只有 GPS-T 时间服务于全球，并得到世界计量机构的认可。时间和频率咨询委员会在 2006 年的计量大会（CGPM）上提出 CCTF 5（2006）建议[7]——建议 GLONASS 时间和伽利略时间在未来发挥同样的作用。但是，需要强调的是，国际计量机构（CGPM，BIPM）推荐的唯一标准时间是 UTC 时标——这是由 2018 年第 26 届 CGPM 的 2 号决议规定的。国际电信联盟无线电通信部门负责协调时间和频率信号的传递。

欧洲空间局正式通告说，GNSS 系统的时间与 UTC 时间的一致性在 25 ns 至 1 μs 的范围内，不同定位系统的一致性是不同的[13]。GPS-T 与 UTC（USNO）同步达到 1 μs 级（模 1 秒），但实际上同步保持在 25 ns 以内。注：与 GPS、伽利略和北斗不同，GLONASS 时间标采用闰秒，与 UTC 一样。GLONASS 时间（GLONASST）由 GLONASS 中央同步器创建，UTC（SU）和 GLONASST 之间的差别不应超过 1 ms（加上莫斯科时间和 UTC 之间的时差 3 h）。GLONASST 的时间标与 UTC（SU）的一致性通常低于 1 μs。伽利略系统时间（GST）这个连续时间标是由伽利略中央部门维护。它与 TAI 时间同步，标称偏离量小于 50 ns，但实际上偏离量在 30 ns 水平。北斗时间（BDT）是一个连续的时间标。它与 UTC 同步，偏离量在 100 ns 以内（模 1 秒）。

11.7.4　搜索与救援

导航卫星能够接收船舶、飞机或人员携带的紧急信标发出的信号，并最终将这些信号送回国家救援中心。卫星能够收到警报信号的唯一要求是信标发送的信号功率足够大，个人手机或智能手机无法达到这种功率[14]。

GNSS 系统提供的搜救（SaR）服务将探测紧急遇险信标信号所需的时间从 3 h 缩短到仅仅 10 min。伽利略对 SaR 服务的支持是欧洲对国际 COSPAS-SARSAT 协作搜救方面共同努力的贡献。COSPAS 是俄语名字的缩写，意思是“搜索遇险船只的空间系统”，SARSAT 是指搜索和救援卫星的辅助跟踪。

根据 COSPAS-SARSAT 公布的统计数据，截至 2015 年，COSPAS-SARSAT 在超过 11 788 起 SaR 事件中至少救助了 41 750 人[14]。

参考文献

[1] A. El—Rabbany, Introduction to GPS: The Global Positioning System, 2nd edn. (Artech House, 2006).

[2] M. Lombardi et al., Time and frequency measurements using the global positioning system. Int. J. Metrology 8, 26 - 33 (2001).

[3] P. J. G. Teunissen, O. Montenbruck (eds.), Springer Handbook of Global Navigation Systems (Springer, Berlin, 2017).

[4] F. Van Diggelen, A - GPS: Assisted GPS, GNSS, and SBAS (Artech House, 2009).

[5] G. Xu, Y. Xu, GPS. Theory, Algorithms and Applications, 3rd edn. (Springer, Berlin, 2016).

[6] http://en. beidou. gov. cn/.

[7] http://www1. bipm. org/en/.

[8] http://www. glonass—center. ru/.

[9] http://www. gps. gov/systems/gps/.

[10] http://www. gsa. europa. eu/galileo.

[11] http://www. isro. org/satellites/navigationsatellites. aspx.

[12] http://www. qzs. jp/en/.

[13] https://gssc. esa. int/navipedia/index. php/Time _ References _ in _ GNSS.

[14] https://www. cospas—sarsat. int/en/quick - statistics.

第 12 章　扫描探针显微镜

摘　要　本章介绍扫描探针显微术和使用此项技术的最重要显微镜。扫描隧道显微镜（STM）是历史上第一台用于对导电材料样品表面进行原子尺度成像的设备。STM 是固体物理、量子化学和分子生物学研究中极其重要的工具。它的工作原理是将针尖与被测表面之间的距离转换成电流。控制扫描针尖的位置和记录数据用以生成被测表面图像是另一个问题。在扫描隧道显微镜研制过程中获得的经验，对其他类型扫描显微镜的发展很有帮助。本章还讨论了原子力显微镜（AFM）、静电力显微镜（EFM）、扫描热显微镜（SThM）和扫描近场光学显微镜（SNOM）。本章还介绍了当前和未来扫描显微镜的广泛应用。

12.1　原子分辨显微镜

12.1.1　扫描探针显微镜的工作原理

扫描探针显微镜（SPM）是一类重要的量子仪器，它对物理、化学、生物、医学、纳米技术和长度计量等领域的研究具有重要意义。SPM 被用来测量微米和纳米尺寸的物体，并在微米尺度甚至原子尺度上对样品表面进行成像。SPM 对被测样品和显微镜针尖之间的相互作用进行单点测量，如图 12－1 所示。SPM 针尖也称为采样探针或尖端。一般来说，样品和针尖之间的相互作用是电磁场力（包括热场或光场）、静电场力、磁场力（远弱于列出的前两个场类型）或引力场（非常弱，与 SP 显微术无关）。

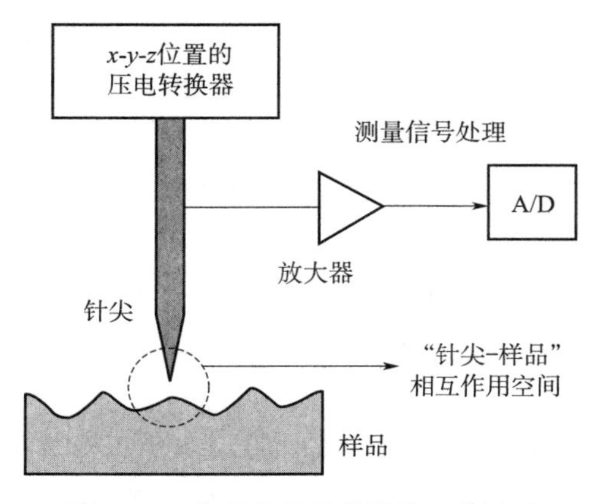

图 12－1　扫描探针显微镜的工作原理

显微镜针尖置于样品表面上方 1 Å 至 100 nm 高度处或与表面接触。在样品表面扫描过程中，在被测表面的数千个点上重复测量“针尖一表面”的相互作用，从而可以绘出表面图像。如此接近的物理对象之间的相互作用分析通常需要根据量子力学原理进行。它们合称为“近场相互作用”或“短程相互作用”。

12.1.2 SPM 近场相互作用的类型

SPM 针尖和样品之间最重要的近场相互作用是：

• 在针尖和被测样品表面之间的电子隧穿；电子隧穿通过构成势垒的绝缘空间（真空、空气或气体）。针尖和样品都必须是导电体。扫描隧道显微镜利用隧道效应。

• 样品和针尖之间的原子间力；它可以是排斥力或吸引力，与样品和针尖之间的距离相关。原子间相互作用是原子力显微镜的工作基础。

• 样品表面电荷和针尖电荷之间的静电相互作用。静电力显微镜利用静电相互作用。

• 针尖和样品之间的热传输。扫描热显微镜利用热流效应。

• 被测样品的光流传输或样品的光反射传输。显微镜针尖起到光波发射器或接收器的作用。光反射传输是扫描近场光学显微镜的工作基础。

在 SPM 的工作中，采用不同方法来确定测量信号。这些方法的区别特别涉及原子力显微镜，它使用电或光来测量悬臂梁的挠曲。也有显微镜将针尖和被测样品之间的两种（或更多）近场相互作用结合在一台仪器中。这种仪器被称为近场相互作用模块化扫描显微镜[5]。使用模块化扫描显微镜，可以获得具有单个原子分辨力的被测表面几何图像和该表面上的温度分布图或样品的光学特性图。

12.1.3 SPM 基本参数

SPM 的基本参数之一是坐标轴 $x-y-z$ 上的几何分辨力。在 STM 和 AFM 中，在 z 轴上的针尖和样品表面原子之间的距离测量分辨力非常重要，即在样品表面上方针尖高度的测量分辨力。STM 中已经获得了 $\Delta z \approx 10^{-11}$ m 的分辨力。样品表面坐标轴上的几何分辨力 Δx、Δy 表示在被测样品表面上两个特定测量点之间的距离是多少。在扫描模式下，在这些测量点上对适合显微镜类型的物理量（几何量、电学量、热学量、光学量、磁量）进行测量。显微镜在 $x-y$ 轴上的分辨力与扫描过程中控制悬臂梁运动的转换器参数有关。有时这种器件被称为显微镜驱动器。压电转换器通常用作显微镜驱动器 $[x=f(V)]$，但也尝试使用磁致伸缩转换器 $[x=f(B)]$。

显微镜的另一个重要参数是被测物理量的测量分辨力，例如，对于 SThM，它是温度测量分辨力（例如，$\Delta T=10$ mK）或热导率，对于 SNOM，它是光流或反射系数的测量分辨力。

SPM 的第三个参数是扫描速率，用单位时间内测量点数（采样速率）或探针在被测表面上方的移动速度给出。扫描速率（越快越好）对于测量那些参数随时间变化的物体也很重要。在 SP 显微镜中，典型的扫描速度 v 约为 10 μm/s[5]。

如图 12-2 所示，如果显微镜的 x 轴分辨力为 Δx，被测信号的最大频率为 $f_{\max}$，则允许的扫描速率由式（12-1）确定

$$\upsilon = \Delta x \times f_{\max} \tag{12-1}$$

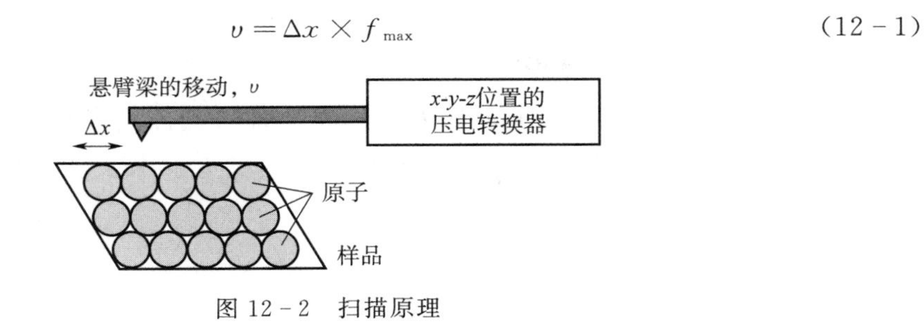

图 12－2　扫描原理

扫描速率是生产过程（例如测试电子微结构）中所使用的显微镜的一个重要功能参数。

12.2　扫描隧道显微镜

在显微设备的发展历史中，第一种应用短程相互作用的也是最常用的显微镜是扫描隧道显微镜（STM）。研制 STM 的想法来自瑞士物理学家海因里希·罗雷尔（Heinrich Röhrer）。他和格尔德·比尼格（Gerd Binnig）在 1982 年实现了这个想法，为此他们于 1986 年获得诺贝尔奖[2]。STM 用于研究仅由导电材料（导体、半导体、超导体）制成的样品表面。STM 性能的基础是隧道效应：电流流过被测样品和样品表面上方的显微镜针尖之间的势垒，如图 12－3 所示。

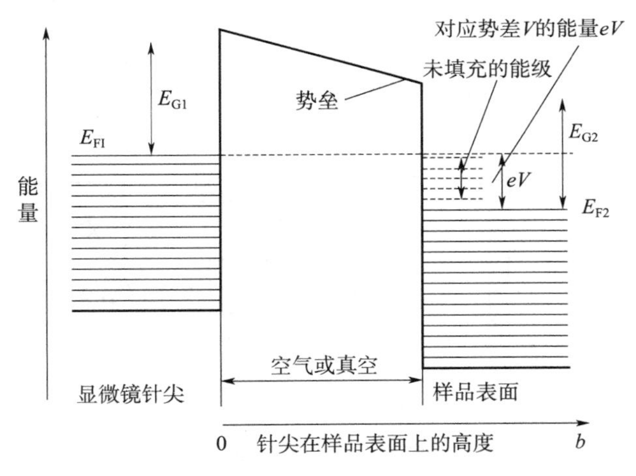

图 12－3　STM 中电子隧穿的能带模型

样品表面与针尖之间有一个绝缘空间，通常为空气或真空。电流（即在表面和针尖之间的电子传输）要求电子完成功函数 E_G ，并克服能隙（势垒）。电子在电极 1（针尖）和电极 2（样品）之间的传输是可能的，电极 1（针尖）中导带能级被占据，电极 2（样品）中导带能级未填充但是允许填充。用 E_{G1} 表示针尖材料的电子功函数，用 E_{G2} 表示样品材料的电子功函数。为了在两个接近的电极中费米能级 E_{F1} 和 E_{F2} 相互转变，并在电极中填充能级时产生差异，有必要对电极施加电压 V 。它使电子从一个电极穿过势垒到达另一个电极，即隧道电流流过这个结。

势垒宽度是探针与样品表面间距 b 的函数。STM 的测量信号是隧道电流强度 I_t ，它与势垒相关，并间接地与针尖在样品表面以上高度 b 相关。隧道电流值由式（12-2）确定[2]

$$I_t = k_z V \exp(-C\sqrt{E_G b}) \tag{12-2}$$

式中，I_t 为隧道电流；k_z 为结的材料常数(和导体的尺寸有关)；m 为电子质量；h 为普朗克常数；V 为结两端电压，$C=4\pi\sqrt{2m}/h=10.25\ (\mathrm{eV})^{-1/2}\ \mathrm{nm}^{-1}$为常数；$E_G$ 为平均电子功函数（函数 E_{G1} 和 E_{G2} ）；b 为针尖在样品表面上方的高度。

对于用于极化 STM 中隧道结的约 1～2 V（典型值）电压 V ，隧道电流 I_t 值约为 1 nA。由于隧道电流具有指数相关性 $I_t=f(b)$，因此 STM 具有很高的灵敏度。对于电子功函数 $E_G=4.63$ eV（表面结构 100 的钨）和初始针尖高度 $b=1$ nm，可以实现隧道电流 $I_{t0}=1$ nA。对于针尖置于距表面 $b=0.9$ nm 高度的情况，电流数值提高三倍 $I_{t1}=3.1$ nA，对于针尖置于距表面 $b=1.1$ nm 高度的情况，电流值是 $I_{t2}=0.34$ nA。

已设计有两种类型的 STM：

• 针尖在显微镜工作台上方的高度（位置）可变，与被测表面的每个点的距离保持恒定；由于针尖和表面之间的距离恒定，因此在扫描过程中有可能保持隧道电流强度值恒定，$I_t=\mathrm{const}$。

• 针尖在显微镜工作台上方高度恒定，它给出的针尖与被测表面的距离可变，扫描过程中隧道电流强度值可变，$I_t=\mathrm{var}$。

高度恒定的扫描隧道显微镜的方框图如图 12-4 所示。

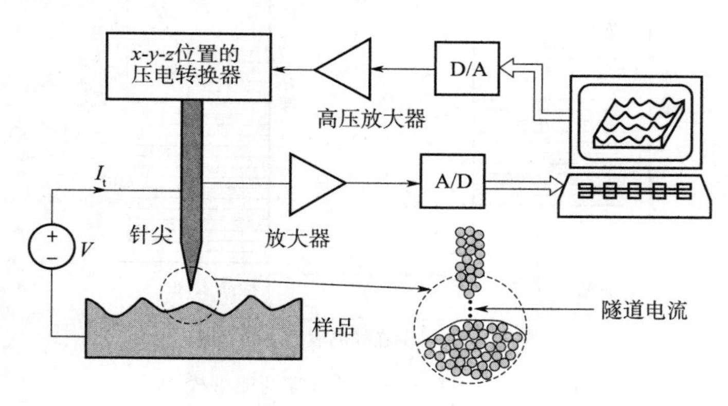

图 12-4　STM 方框图

显微镜针尖在样品被测表面上沿预编程路径移动。压电转换器根据既定程序控制针尖在 $x-y$ 平面移动。压电转换器具有高处理系数，例如 0.2～2 μm/100 V 或 1 μm/1 000 V，由高压放大器产生恒定电压。定义典型处理系数值时所用的压电转换器的控制电压范围为 0～100 V 或 0～1 000 V。高压放大器本身由数模（D/A）转换器的信号控制。在针尖和被测样品之间，接通一个电压源 V，从而产生隧道电流 I_t。针尖在表面上每个连续位置的隧道电流值 I_t 与针尖在表面上高度 b 相关。电流强度在模数（A/D）转换器中被处理成数字形式。用数字信号描述每个测量点，即针尖的 $x-y$ 坐标及其在样品表面上的高度 z（根据隧道电流强度值计算）。这些数据构成一个数据库，可以用来创建被测表面图像，利用此数据库可以进行许多其他操作，例如单个样品和系列样品的统计数据处理、选定样品的数值和图形比较、样品图像、样品截面表面的确定。

在 STM 和其他探针显微镜的研制中，一个非常重要的技术问题是探针的性能。其端部（尖端）应足够细以便（在理想情况下）实现“原子-原子”相互作用。粗针尖会产生“原子组-原子组”类型的相互作用，导致显微镜和图像的分辨力都变差。STM 主要使用钨或 PtIr 合金针尖、AFM 则用硅和金刚石针尖以及单壁碳纳米管（SWCNT）。最佳针尖直径小于 20 nm。图 12－5 给出了波兹南理工大学使用 STM 测得的金属样品表面的图像示例。

用 STM 测量位移和几何尺寸时，获得了以下几何（线性）分辨力：垂直 $\Delta b=0.01\ \text{Å}=10^{-12}\ \text{m}$，水平 $\Delta a=0.1\ \text{Å}=10^{-11}\ \text{m}$。当测量物体（针尖）位移时，STM 分辨力没能实现破纪录。早在 40 年前，R. D Deslates 使用 X 射线干涉仪测量线性位移时，分辨力就达到了 $10^{-6}\ \text{Å}=10^{-16}\ \text{m}$[4]。

(a) 钴，图像尺寸：198×198×29 nm³

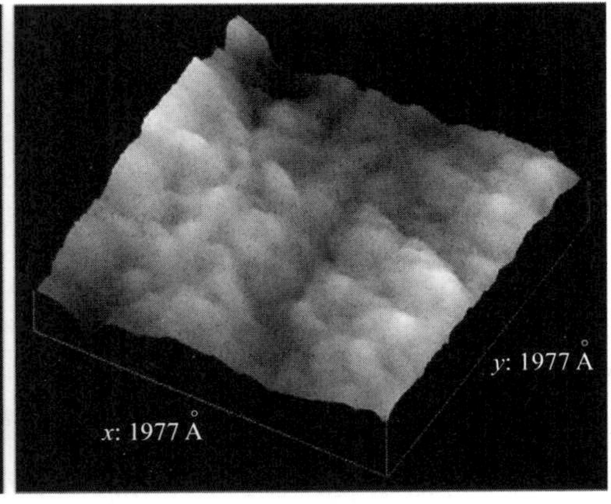

(b) 镍，图像尺寸：198×198×46 nm³

图 12－5　金属丝表面图像（由 S. Szuba 自己研建的 STM 测量）

由于 STM 准确度很高，因此可能测量样品表面单个原子的排列和生成表面形貌图像（使用软件方法）。此外，STM 使操纵单个原子和在表面任意排列它们成为可能。这给人们带来的希望是，可以利用操纵原子的方法来制造粒子，而不是利用化学方法。但是，应该记住，一个接一个地排列几个原子（例如排列两个氢原子和一个氧原子）不足以产生一个粒子（H_2O）。原子必须用原子键相连。

12.3 原子力显微镜

12.3.1 原子力

在实现STM四年后的1986年，G. Binnig、Calvin F. Quate和Christoph Gerber组成的团队开发并实现了原子力显微镜（AFM）[1]。原子力显微镜可以研究由各种材料（也可以是不导电材料）制成的样品表面，这就是原子力显微镜和扫描隧道显微镜的区别。在原子力显微镜中，通过测量显微镜针尖原子与被测样品表面原子之间的相互作用力来确定原子的相互排列。然而，在针尖和样品之间距离 b 的范围内，AFM中原子间力矢量的相互作用方向会变化180°，如图12－6所示。

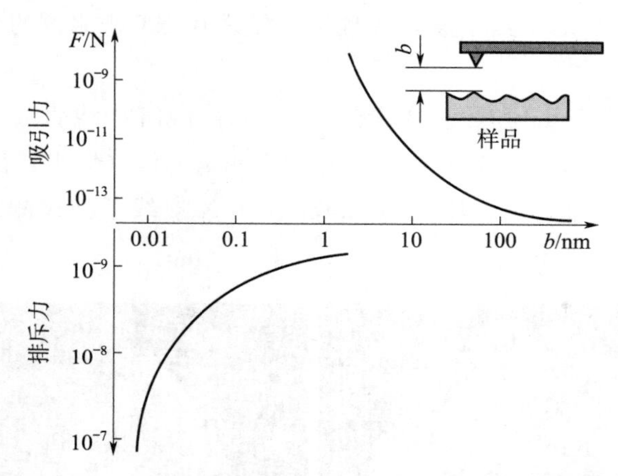

图12－6　AFM中原子间作用力随显微镜针尖与样品表面之间距离 b 的函数关系

对于针尖和样品之间的短距离 b（$0\leqslant b\leqslant 1$ nm），它们之间存在一个排斥力 F_o，大小约为 10^{-9} N到 10^{-7} N[5]。量子力学原理之一的泡利原理指出，距离很近的两个原子间相互排斥。当两个原子逐渐接近时，它们的电荷分布逐渐重叠。然而，针尖原子的电子不能占据那些已由样品原子的电子填充的最低能级（反之亦然），因为系统中的任意能级（例如原子或分子中的任意能级）只能被一个电子（或其他粒子）占据。这也是泡利原理所指出的。因此，在原子相互接近时，电子必须占据更高的能级。于是，系统内能比原子距离远时的内能高，斥力的方向是使系统处于内能较低状态（熵减小）。

这里只估计了引力和斥力平衡的临界距离 $b_{kr}=1$ nm，因为除其他因素外，临界距离与针尖原子和样品原子的半径有关，且不同元素的原子半径值不同。给定范围（$0\leqslant b\leqslant$ 1 nm）是静态模式AFM显微镜的工作范围，此时为接触式AFM（CAFM）。

引力 F_p 在针尖到样品表面的距离 b 大于约1 nm时起作用。这是对临界距离的粗略估计，因为这个距离与相互作用原子的半径有关。相互吸引作用的力是范德华力，在固体物理学中称为晶格原子间的键合力。显微镜针尖原子和样品表面原子相互诱导偶极矩，相互吸引。两个原子吸引作用的能量与 R^{-6} 成正比，其中 R 是原子之间的距离[6]。

12.3.2　原子力显微镜性能

原子力显微镜（AFM）的方框图如图 12－7 所示。AFM 最重要的组成部分是：悬臂梁、置于悬臂梁上的一个很轻且灵敏的针尖、控制悬臂梁在 $x-y-z$ 三个方向运动的系统（采用压电位置转换器）、测量悬臂梁挠曲的系统，以及安装有控制扫描过程软件和样品表面成像软件的计算机。初始将针尖放置于接近被测样品表面后，由于原子间作用力 F，可以观察到针尖接近表面或向表面挠曲。针尖的上升运动伴随着悬臂梁挠曲 z。

AFM 结构的关键部件是悬臂梁。它应该是由弹性材料（弹性常数约为 1 N/m）构成，因此根据胡克定律，在弹性形变的范围内，作用于悬臂梁上的相互作用力 F 与其挠曲值 z 可以呈线性关系。最常见的悬臂梁是由硅或硅化合物（氧化硅 SiO_2 或氮化硅 Si_3N_4）制成。常见的还有一种一体式结构：悬臂梁上集成有针尖，针尖是经过硅蚀刻而获得。典型的悬臂梁尺寸为：长度 30～500 μm，宽度约 10～100 μm，厚度为 100 nm～10 μm。悬臂梁的一个重要参数是其机械振动的共振频率 ν_0，对于不同尺寸和质量的许多类型的悬臂梁，共振频率范围为 5～100 kHz。

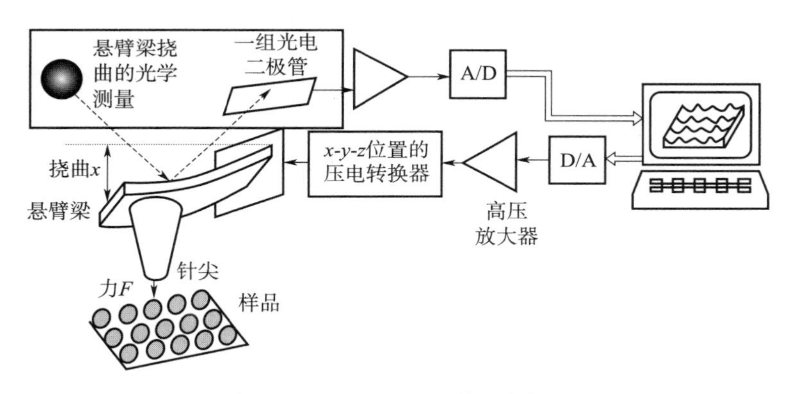

图 12－7　原子力显微镜的方框图

12.3.3　显微镜悬臂梁挠曲的测量

目前悬臂梁挠曲值 z 是用光学或电学方法进行测量。例如，对于长度为 100 μm 的悬臂梁，如果其终端挠曲 100 nm，则表明一个非常小的挠曲角度，3.5 分。目前应用的光学测量方法有两种：使用激光干涉仪和模拟测量反射悬臂梁表面的反射光线。干涉仪测量系统包括信号源（激光二极管）、光纤和光电探测器（见图 12－8）。通过光纤传输的聚焦激光束照亮悬臂梁表面，经悬臂梁表面反射并返回至光纤（悬臂梁的轻微挠曲角度不会造成光束偏离光纤纤芯）。

部分光流在此之前就已从光纤切割端反射至光源。从悬臂梁反射的和从光纤端部反射的两个光束相互干涉。这两个光流干涉而产生的一个光流，其脉动频率与两个光流所经过路径的差（l_1-l_2）再计算 mod（λ）成正比，其中 λ 是激光波长，即 $l_R=(l_1-l_2)$ mod（λ）。例如，对于 $\lambda=650$ nm（红光）的波和差（l_1-l_2）$=2\ 000$ nm，计算出的

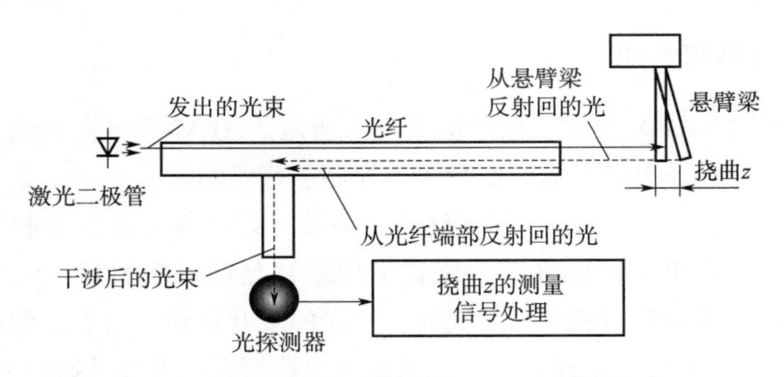

图 12-8　用激光干涉仪测量 ATM 悬臂梁挠曲

差的模（650 nm）等于：$l_R=(l_1-l_2)\bmod(650\ \text{nm})=50\ \text{nm}$。悬臂梁挠曲是由悬臂梁反射光流所经过的部分路线的两倍。脉动光流在光电探测器（光电二极管）中形成电脉冲。调整系统后，光脉冲周期是光路差异和显微镜悬臂梁挠曲的度量。用激光干涉仪测量挠曲的分辨力达到 10^{-11} m。

也经常使用光学模拟测量显微镜悬臂梁挠曲。在这样的系统中，激光落在反射悬臂梁表面并从这里反射出去。在反射镜上散射后，一个圆形光斑照亮光电探测器，光电探测器由 4 个光电二极管组成。在悬臂梁没有发生挠曲时，所有光电二极管的光照强度相同，并且每个光电二极管的电流值相同，如图 12-9 所示。

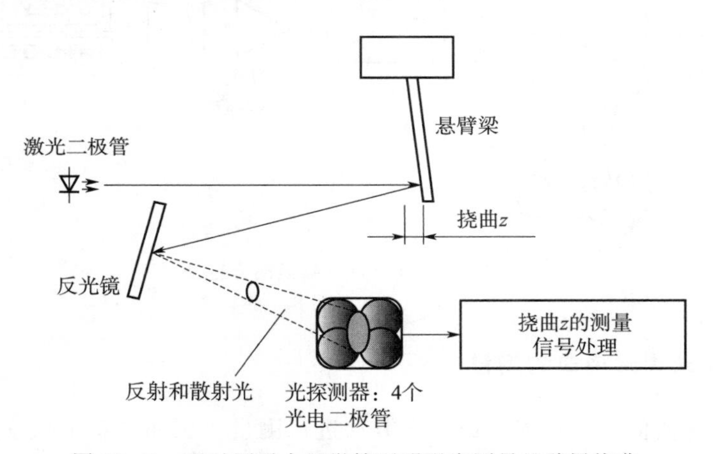

图 12-9　通过原子力显微镜照明强度测量悬臂梁挠曲

当悬臂梁向上或向下挠曲时，光斑在光电探测器上移动，因此光电二极管亮度和电流不同。通过测量光电二极管的电流不仅可以测量悬臂梁在 z 轴上的挠曲，而且可以测量悬臂梁的扭转（在剪切应力下）。通过电气测量间接测量悬臂梁的挠曲。压阻式张力计也被用来测量悬臂梁的机械应力，张力计是置于在悬臂梁上或蚀刻在悬臂梁结构中。如果已知悬臂梁的应力及其弹性常数，就可以计算出悬臂梁的挠曲。

电阻式张力计通常采用惠斯通全桥系统来工作，这意味着电桥系统的每个分支都有一只电阻式张力计工作，如图 12-10 所示。该全桥系统将温度对输出电桥电压的影响进行补偿，而且在每次张力电测量时都必须进行这种补偿。张力计的阻值在几百欧姆到几千欧姆之间。当测量悬臂梁挠曲时，典型的电桥灵敏度为 1～10 μV/1 nm，当测量作用在悬臂梁上的力时，灵敏度为 0.1～0.5 μV/1 nN[5]。

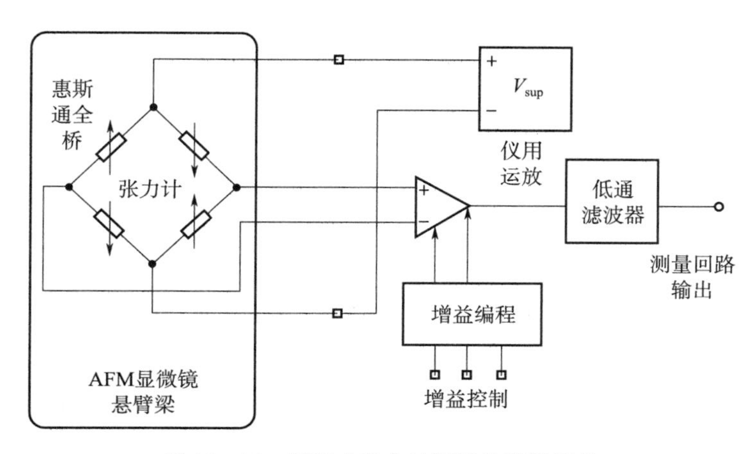

图 12-10　压阻式张力计测量悬臂梁挠曲

12.3.4　测量悬臂梁共振的原子力显微镜

无需详细证明，限制显微镜（AFM 和不同类型的 SPM）结构的机械振荡对于几何分辨力达到约 1 nm 的测量十分重要。结构振荡振幅衰减系数为 $(\nu_k/\nu_o)^2$，其中 ν_k 是机械结构振荡频率。仪器本体振动频率和振幅的典型值分别为：$\nu_k=20$ Hz 和 1 μm。因此，对于共振频率为 $\nu_0=20$ kHz 的悬臂梁，可以将从仪器本体传递到悬臂梁的振荡振幅减小到 1 pm。

为了在 AFM 中测量原子力，也可以对悬臂梁共振的振动（实际上是振幅或频率）进行测量，代替测量悬臂梁挠曲。由于原子力的存在，应力作用下的 AFM 悬臂梁振动的共振频率要比自由（非带载）悬臂梁小，如图 12-11 所示。这种显微镜被称为“短程相互作用共振显微镜”。

显微镜悬臂梁的固有振动（噪声）太弱，不能作为测量信号。在 AFM 系统中，悬臂梁的振动必须是人为施加，以使其振幅足以测量。使用电或热信号（通过压电转换器）引起悬臂梁的振动。受迫振荡的频率 f_p 与悬臂梁的共振频率 f_{r1} 不同。对于特定悬臂梁，其共振特性 $A\sim f$ 和悬臂梁共振振动的频率变化与原子力的函数关系：$f_{r2}\sim F$ 已知，如图 12-11 所示。

可以通过测量振荡幅度（振幅检测）或测量偏移共振频率（频率检测）来测量原子力。为了检测振幅，需要使悬臂梁以频率 f_p 振动。测量信号是带载悬臂梁受迫振动 f_p 的振幅，悬臂梁带载后振幅的变化为 $A_1\sim A_2$。带有频率检测的 AFM 共振系统更复杂。在这样的系统中设置有自激振荡发生器，显微镜悬臂梁是发生器反馈回路中的一个器件。发生器被诱导以悬臂梁共振频率 f_r 来振动。通过测量发生器的振荡频率，可以确定作用在悬臂梁上的原子力。在原子力为吸引和排斥的范围内，都可以应用 AFM 共振。利用 AFM 可以对样品表面进行成像。

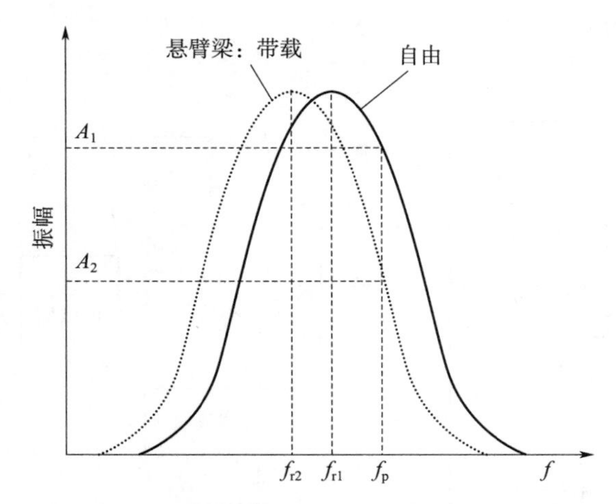

图 12－11 AFM 自由悬臂梁和带载悬臂梁的振幅与频率的函数关系

共振 AFM 除了测量表面形貌外，也在生物学领域应用以测量微粒质量。将被测微粒置于显微镜悬臂梁上会增加其质量并降低共振频率 f。悬臂梁振动频率 f 由式（12－3）确定

$$f=\frac{\lambda^2}{2\pi}\left(\frac{k}{3m}\right)^{1/2} \tag{12-3}$$

式中，λ 为与悬臂梁振动模式数相关的系数；m 为有效悬臂梁质量（包括被测微粒）；k 为悬臂梁弹性常数。

12.4 静电力显微镜

在科研、生产技术和设备运行等领域，静电力显微镜（EFM）是一种有用的测量仪器。它被应用于如制造电子元件和高压技术（电力工程）等彼此差别甚远的领域。EFM 针尖置于样品表面上方高度 $b(b\geqslant 5\ \text{nm})$。针尖尖端电荷 Q_1 与样品表面电荷 Q_2 相互作用。用库仑定律确定尖端电荷的静电相互作用力

$$F_E=\frac{1}{4\pi\varepsilon}\times\frac{Q_1 Q_2}{b^2} \tag{12-4}$$

式中，ε 为介质（如空气）的介电常数；Q_1 和 Q_2 为电荷；b 为电荷间距。

在显微镜针尖和样品之间存在一个电容 C。这个电容的极化电压 V_p 意味着传导电荷 $Q=C_{ip}V_p$ 到“针尖-样品”所构成电容器的两个“极板”。在电容产生“针尖-样品”极化电压后，相反的极化电荷 $+Q$ 和 $-Q$ 相互吸引。空气的电气强度约为 100 kV/mm。对于在空气中工作的 EFM，在针尖距离样品 5 nm 的高度时，电容器最大极化电压为 0.5 V。

控制 EFM 悬臂梁和测量悬臂梁挠曲的方法与 ATM 类似。EFM 系统如图 12－12 所示。

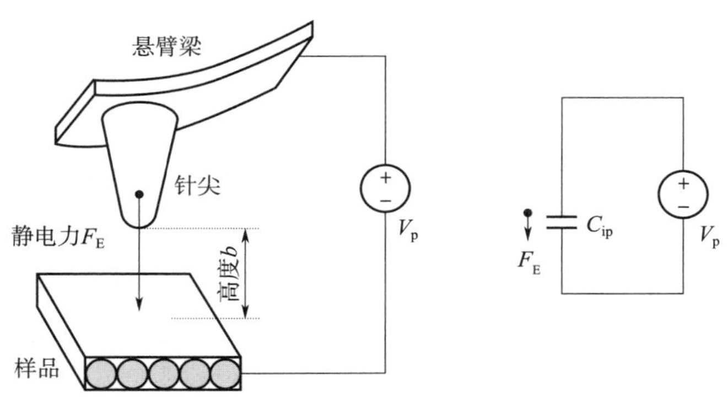

图 12－12　静电力显微镜（EFM）的方框图

12.5　扫描热显微镜

扫描热显微镜（SThM）用于测量样品表面的温度分布，它通过微米或纳米尺寸的原子探针来测量样品的热性能[3]。这些测量对半导体集成电路技术的发展具有重要意义。对集成电路进一步小型化和增加封装电子器件数量的主要限制因素之一是热交换问题。集成电路中包含的单个电子器件和导电线路的最小尺寸目前约为 10 nm（2019 年），但据技术发展预测，未来 15 年这个尺寸将减小到 5 nm 以下（见表 7－2）。越来越多的复杂集成电路利用显微镜测试来开展研究，测试以整体或部分结构的方式进行，扫描样品的区域仍然较小。

在纳米尺寸物体内（或这样大小的物体之间）的热流需要考虑量子效应，包括热导的量子化（见第 7 章）。利用兰道尔传导理论，Středa[10] 从理论上预测了一维系统 1－DEG（如纳米线）中的热导量子化。Schwab[8] 用实验证实了热导量子化效应，他还测量了热导量子 G_{T0}。热导量子的值是温度的线性函数：$G_{T0}=(\pi^2 k_B^2/3h)T=9.5\times10^{-13}T$；对于 $T=300$ K，$G_{T0}=2.8\times10^{-10}$（W/K）。

SThM 的测量信号是样品与显微镜针尖之间的热流。SThM 有两种类型：被动 SThM（静态）和主动 SThM。

在被动扫描热显微镜中，温度敏感器与针尖集成，利用显微镜本身测量被测表面上的温度分布，如图 12－13 所示。

在测量过程中，SThM 针尖接触被测样品表面。SThM 中使用的温度敏感器是热电偶或热敏电阻。由于热电偶的灵敏度与构成热电偶的线径无关，热电偶线可以任意变细，与 SThM 针尖集成的温度敏感器的尺寸也可以非常小。可以通过喷涂薄膜金属电极或蚀刻电极来制作热电偶。

文献［7］介绍的 SThM 敏感器，采用 Au－Ni 热电偶的形式，置于氮化硅 Si_3N_4 制成的悬臂梁上。该热元件的灵敏度为 14 μV/K。SThM 中热电偶测温所达到的分辨力为 5 mK。Shi[9] 给出了测量碳纳米管温度分布的一个例子，其达到了破纪录的几何分辨力。

用热电偶 SThM 测定长 4 μm 和直径 70 nm 碳纳米管的温度分布，测得碳纳米管两端的温差为 20 K。

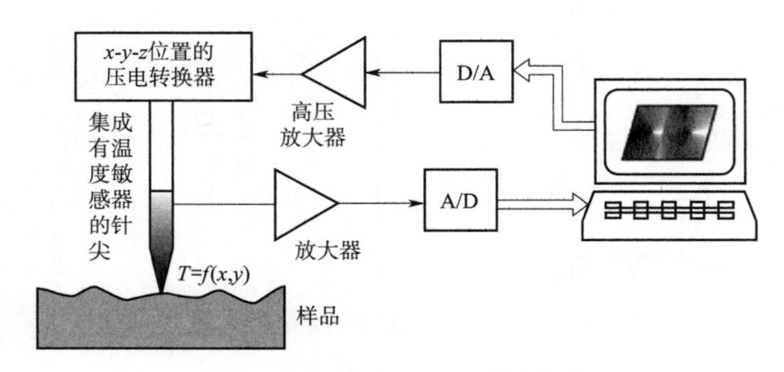

图 12－13　被动型 SThM 的方框图

SThM 的热敏电阻是直径不大于 10 μm 的铂丝，用电子束喷在 SThM 悬臂梁上。另一种热敏电阻是由所谓的渥拉斯顿（Wollaston）线制成，即密闭于银鞘中的铂丝。渥拉斯顿线具有良好的弹性特性（常数约为 5 N/m），由此线制成的 SThM 敏感器是显微镜悬臂梁的一部分，如图 12－14 所示。Gotszalk 报道了电阻式针尖一敏感器的尺寸，它由弗罗茨瓦夫理工大学生产，采用直径为 70 nm 的铂丝制成[5]。针尖呈字母 V 的形状，并附加有顶尖（顶尖由铂丝制成，长 70 nm，宽 2 μm，高 3 μm）。针尖一敏感器放置在铝质悬臂梁上。

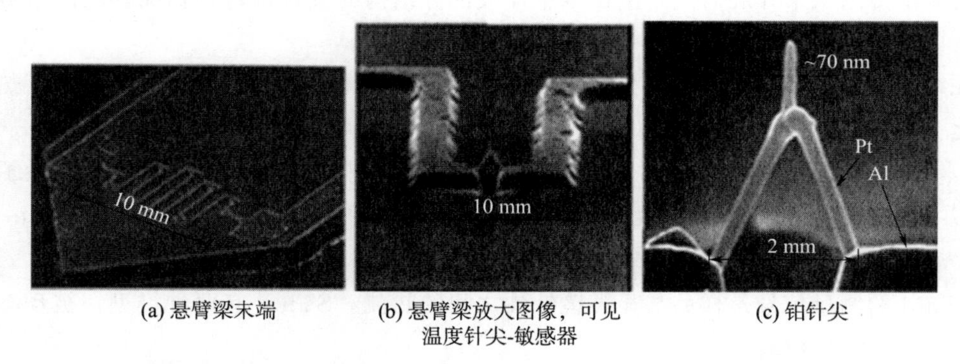

(a) 悬臂梁末端　(b) 悬臂梁放大图像，可见温度针尖-敏感器　(c) 铂针尖

图 12－14　末端为铂质针尖的 SThM 悬臂梁（图片来自文献［5］，出版经 T. Gotszalk 同意）

在主动 SThM（见图 12－15）中，针尖同时既是温度敏感器，也是加热器，给针尖和探针之间的热交换提供能量。主动 SThM 用来描绘样品热导 K_T 的图像。扫描过程中，显微镜针尖保持设定的温度 T_P，此温度高于样品温度。如果针尖是由渥拉斯顿线制成，这个设定的温度甚至可以高达 700 K。如果样品一些扫描点的热导值不同，则从针尖-加热器到样品上这些点的热流需要不同的加热功率。利用测量 $x-y$ 坐标上各点的加热功率，可以建立起被测表面热导的图像。

用 SThM 测试样品的热导 K_T，既可以只考虑样品表面（即其上层），也可以考虑样

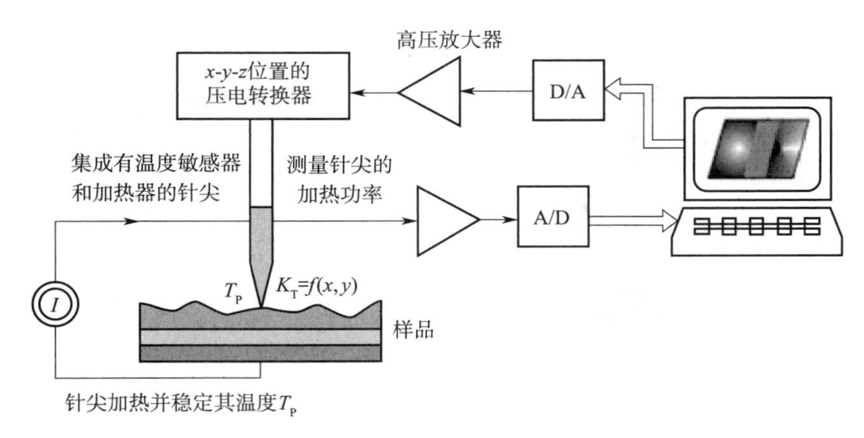

图 12-15　主动型 SThM 的方框图

品某些选定层的热导。对于后一种情况，要用不同频率的电流来加热样品。针尖一加热器所传递加热电磁波的频率如果不同，其样品的穿透深度也不同。SThM 的线性（几何）分辨力和热分辨力与下述因素相关：

• 显微镜针尖尖端的尺寸（尖端越细，分辨力越高）。
• 整个探针（即包括针尖的悬臂梁）的热特性。
• 针尖与被测样品的热接触。
• 电子温度测量系统（包括热敏电阻或热电偶）的测量频率。
• 系统中测量信号放大器的适量噪声。

SThM 的分辨力可达 10 nm（线性分辨力）和 5 mK（热分辨力）。

12.6　扫描近场光学显微镜

扫描近场光学显微镜（SNOM）专用于研究样品光学性质，线性分辨力可以达到约几十纳米。被测性质包括光反射系数或透射系数。这些测量在电子技术（制造光电器件中用到）、化学技术和生物学中具有重要意义。

SNOM 针尖是照射被测样品的光源，或者是从样品发射或反射光线的接收器。针尖位于样品表面以上 100 nm 的位置。注意，针尖和样品之间的距离比激励信号的光波长（380～780 nm）短几倍，这使得 SNOM 的几何（线性）分辨力更好。根据针尖在系统中的作用（光发射器或接收器），显微镜可以工作在透射模式或反射模式（译者注：本书仅介绍透射模式）。

如图 12-16 所示的透射工作模式的 SNOM 中，照射样品的光源置于针尖上。

显微镜悬臂梁的光源可以是一根与悬臂梁相连的细光纤，直径约几十纳米，起到针尖的作用。光纤本身获得的光来自一个激光二极管或一组可以产生不同颜色光的二极管。光纤与针尖集成的一个优点是可以对照射样品的光线进行精确定向。

SNOM 显微镜的激光二极管可以放置在悬臂梁的末端，并采用与悬臂梁集成的形式。

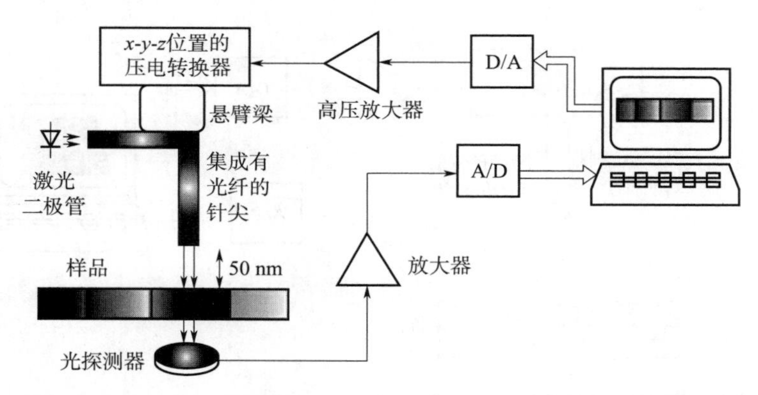

图 12－16　光纤作为针尖和光源的透射工作模式扫描近场光学显微镜 SNOM 方框图

在 SNOM 的另一种透射工作模式（见图 12－17）中，用强度均匀的光流照射被测样品。在光穿透样品后，用安装在显微镜针尖端部的光电探测器（通常是光电二极管）测量在整个表面上的光强。在化学、分子生物学、医学和材料纳米技术中，这种利用 SNOM 透射工作模式开展研究非常有用。

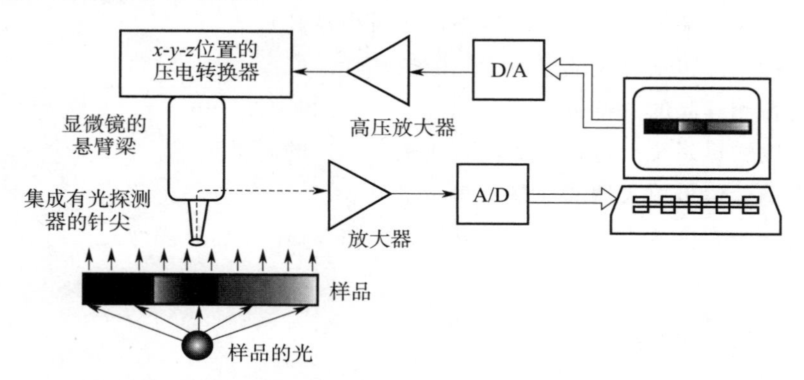

图 12－17　针尖集成光探测器的透射工作模式扫描近场光学显微镜 SNOM 方框图

12.7　扫描探针显微术的发展机遇

目前已经有几种类型的扫描探针显微镜，它们使用不同的短程相互作用。除上述 SPM 类型外，还开发有以下几种探针显微镜：

- 磁力显微镜（MFM）；
- 扫描电容显微镜（SCM）；
- 扫描共焦荧光显微镜（SCFM）；
- 扫描电化学显微镜（SECM）；
- 扫描扩展阻抗显微镜（SSRM）；
- 扫描表面电位显微镜（SSPM）或腐蚀科学中的高分辨力扫描开尔文针力显微镜；

- 扫描阻抗显微镜（SIM），Kalinin 2002；
- 纳米尺度阻抗显微镜（NIM），Shao 2003；
- 压电响应力显微镜（PFM），专用于观察铁电畴的局部变化；
- 扫描门显微镜（SGM），专用于观察低温和强磁场中的量子环等。

参 考 文 献

[1] G. Binnig, C. F. Quate, Ch. Gerber, Atomic force microscope. Phys. Rev. Lett. 56, 930 - 933 (1986).

[2] G. Binnig, H. Röhrer, Scanning Tunneling Microscope—from Birth to Adolescence. Nobel Lectures, vol. 1981 - 1990 (World Scientific, Singapore, 1993), pp. 389 - 408.

[3] D. Cahill, K. Goodson, A. Majumdar, Thermometry and thermal transport in micro/nanoscale solid - state devices and structures. J. Heat Trans. 124, 223 - 241 (2002).

[4] R. D. Deslattes, Optical and x - ray interferometry of a silicon lattice spacing. Appl. Phys. Lett. 15, 386 - 388 (1969).

[5] T. P. Gotszalk, Near - Field Microscopy of Micro - and Nanostructures (in Polish) (Publishing House of Wroclaw University of Technology, Wrocław, 2005).

[6] C. Kittel, Introduction to Solid State Physics (Wiley, New York, 1996).

[7] K. Luo, Z. Shi, J. Lai, A. Majumdar, Nanofabrication of sensors on cantilever protips for scanning multiprobe microscopy. Appl. Phys. Lett. 68, 325 - 327 (1996).

[8] K. Schwab, E. A. Henriksen, J. M. Worlock, M. L. Roukes, Measurement of the quantum of thermal conductance. Nature 404, 974 - 977 (2000).

[9] Z. Shi, S. Plyasunov, A. Bachtold, P. McEuen, A. Majumdar, Scanning thermal microscopy of carbon nanotubes using batch fabricated probes. Appl. Phys. Lett. 77, 4295 - 4297 (2000).

[10] P. Středa, Quantised thermopower of a channel in the ballistic regime. J. Phys. : Condensed Matter 1, 1025 - 1028 (1989).

第 13 章 新质量标准

摘 要 在这一章中，讨论了为了重新定义质量单位千克和开发适合新定义的标准所付出的努力。千克根据普朗克常数重新定义。本章所讨论的旨在通过功率天平测定普朗克常数和通过计算单晶硅^{28}Si 质量标准中原子数测定阿伏加德罗常数（XRCD 法）的工作仍在进行中。对于 2018 年通过采用的新定义，三个不同团队的测量结果的不确定度应优于 5 $\times10^{-8}$，且不同方法获得的测量结果应该一致。除上述两种方法外，还讨论了基于金（^{197}Au）和铋（^{209}Bi）重金属离子积累方法的质量标准的发展。

13.1 简介

国际单位制（SI）中每个物理量的计量准确度受到 SI 基本单位标准复现的不确定度限制。因此可以理解计量领域为追求基本单位标准器准确度和简单性的最大化所付出的努力。为了可以在世界各地的大量校准实验室中传递，要求标准器尽量简单。复杂而昂贵的标准器无法被普遍采用。

1960 年 SI 的有效期一直到 2019 年 5 月 20 日，其中，千克是由保存在塞夫尔国际计量局的国际千克原器（IPK）来定义和复现。质量标准器的稳定性和质量单位复现的不确定度不仅对质量计量很重要，而且对摩尔、安培和坎德拉等其他三个 SI 基本单位的复现也很重要（见 2.2 节）。在摩尔的定义中直接参考千克。安培的定义与力有关，力的单位为牛顿，$N=m\times kg\times s^{-2}$。坎德拉的定义参考功率，功率的单位为瓦特，$W=m^2\times kg\times s^{-3}$。

在 2018 年国际单位制中，复现的千克及其不确定度不仅对质量计量很重要，而且对复现开尔文和坎德拉这两个 SI 基本单位也很重要（见 3.4 节）。开尔文参考玻耳兹曼常数，玻耳兹曼常数的单位为 $J\times K^{-1}$，等于 $kg\times m^2\times s^{-2}\times K^{-1}$。坎德拉的定义参考功率，功率单位为瓦特，$W=m^2\times kg\times s^{-3}$。复现千克的品质除了对开尔文和坎德拉的影响外，对于定义和复现 SI 许多导出单位（包括所有力学量单位）也具有重要意义。表 13-1 中列出了一部分这些量。

25 年来，科学家们一直在研究一个新的千克定义，将之与一个基本物理常数关联，与时间、长度或电压等一些其他单位的新定义相类似。此需求是需要一个基于基本物理常数的千克标准器（或者更普遍的说是一个质量单位的标准器），它要比现行标准器更精确，所提供的准确度可以达到 5×10^{-8}（长期稳定性）。人们做了许多努力，为的是改善千克在国际单位制中的状况，使其与其他 SI 基本单位一样。新标准应确保不论任何地点和任何时间，在配备有适当仪器的实验室并由经验丰富的工作人员来操作，就可以准确复现质量单位。

针对千克的重新定义，曾经考虑过三个物理常数：电子质量 m_e、普朗克常数 h 和阿伏加德罗常数 N_A。詹姆斯·克拉克·麦克斯韦（James Clerk Maxwell）首次提出定义与分子或原子参数相关的标准质量的想法，他说：如果地球发生变化，它还是同一个地球，而如果一个分子发生变化，它就是另一种物质的分子。在此基础上，麦克斯韦得出结论，标准不应该在宏观世界去寻找，而是应该在特征保持不变的微观层面寻找。标准质量可以是选定物质的特定数量分子（或原子）的质量。

根据电子质量来定义千克的想法首先被放弃，因为在制定合适的标准时遇到了巨大的技术困难。2005 年 BIPM 的官方期刊 Metrologia 中提出了重新定义千克的观点，并讨论了许多赞成将质量单位与普朗克常数或阿伏加德罗常数联系起来的论点[9]。文章指出，用目前的人造标准（即国际千克原器），不可能进一步提高质量单位的复现不确定度。根据物理常数定义的秒和米这两个 SI 基本单位的复现不确定度比千克的不确定度高几个数量级。此外，电压和电阻这两个电学量，尽管只是 SI 导出单位，但是它们的复现却比千克的重复性要好且标准偏差也更小。电压和电阻单位的定义与量子现象和基本物理常数相关联。因此类似地，质量单位千克的定义也应该与一个基本物理常数关联。

表 13－1　SI 一贯单位表示为 $kg \times m^p \times s^q$ 形式的一些量[1]

量	p	q
质量密度	−3	0
表面密度	−2	0
压力，应力	−1	−2
动量	1	−1
力	1	−2
角动量	2	−1
能量，功，转矩	2	−2
功率	2	−3

粒子质量可以直接确定，也可以通过测量阿伏加德罗常数 N_A（例如，用单晶硅样品）或者通过离子束（例如，金离子束）累积离子的方法来确定。在基于阿伏加德罗常数的方法中，硅球中原子数量和总质量可以测定，其尺寸可以通过测量来精确确定。离子累积技术是基于测量离子束的电流和累积时间来确定累积离子的质量。

如第 3 章所述，曾经讨论过千克的重新定义，当时所考虑的问题是：质量单位定义是关联普朗克常数还是阿伏加德罗常数。在 2011 年第 24 届 CGPM 中的讨论倾向于关联普朗克常数[14]。

提出的千克新定义有两个版本[10]。其中一个版本参考质量－能量等价：

千克是一个物体的质量，其等效能量等于频率总和精确等于 $[(299\ 792\ 458)^2/66\ 260\ 693] \times 10^{41}$ Hz 的光子的能量。

能量和质量［爱因斯坦公式（13－1）］、能量和电磁波频率［普朗克公式（13－2）］之间的关系都为已知。爱因斯坦公式给出质量和能量的等价性。然而，应该明确强调的是，爱因斯坦公式与千克的新定义无关。对于频率为ν、波长为λ的光子（c表示真空中的光速），有爱因斯坦公式

$$E = mc^2 \tag{13-1}$$

和普朗克公式

$$E = h\nu = hc/\lambda \tag{13-2}$$

在另一个版本中，千克新定义参考质量为1 kg物体的德布罗意一康普顿频率（也称为康普顿频率）：

千克是德布罗意一康普顿频率精确等于$[(299\ 792\ 458)^2/(6.626\ 069\ 3\times10^{-34})]$Hz的物体的质量。

根据该定义，质量为1 kg物体的德布罗意-康普顿频率由以下公式定义

$$\nu_{\mathrm{m}} = \frac{c}{\lambda_{\mathrm{C.m}}} = \frac{mc^2}{h} \tag{13-3}$$

式中，$\lambda_{\mathrm{C.m}} = h/(mc)$是物体的康普顿波长，类似于电子的康普顿波长$\lambda_{\mathrm{C}} = h/(m_e c)$。

以上所考虑的这两种千克都有各自的优点。第一种是基于众所周知的物理学基本关系，能够被广泛的读者所理解。第二种定义的优点是它参考德布罗意一康普顿频率和h/m，在分子物理学中经常测量h/m。举两个对h/m敏感的设备的例子：

• 原子干涉仪，它测量元素分子的h/m（^{A}X），其中^{A}X是特定原子序数的元素的化学符号，例如^{28}Si。

• 功率天平，它测量h/m_s，其中m_s为一个宏观标准的质量，宏观标准通常在100 g～1 kg的范围内。

旨在制定千克新标准的研究从许多方向开展。基于普朗克常数h复现千克的方法和基于阿伏加德罗常数N_A复现千克的方法获得了相同的品质。最终，国际单位制中千克的新定义是基于普朗克常数。在最终提出新的千克定义之前，一些有关普朗克常数h的要求必须得到满足。如3.1节所述，ICPM的质量咨询委员会提出了有关h测量不确定度的三项要求：

• 至少有三个独立结果（既来自于功率天平也来自于XRCD），且相对不确定度$u_r <5\times10^{-8}$。

• 至少有一个结果的相对不确定度$u_r \leqslant 2\times10^{-8}$。

• 各结果一致。

在里德堡常数R的定义中普朗克常数h和阿伏加德罗常数N_A相互关联[14]

$$N_A h = \frac{A_r(e)c\alpha^2}{2R_\infty}M_u \tag{13-4}$$

式中，R_∞是里德堡常数；c是光速；α是精细结构常数；$A_r(e)$是电子的相对原子质量；M_u是摩尔质量常数。

基于式（13－4），由阿伏加德罗常数可计算出普朗克常数。阿伏加德罗常数可以在 XRCD 实验中通过对 ^{28}Si 原子的计数来测量。

在 2017 年，上述要求得以满足。文献［12］列出了由不同研究小组获得的 h 或 N_A 的测量结果，如表 13－2 所示。可以注意到，加拿大 NRC 获得了 h 测量不确定度的最佳结果 $u_r < 10^{-8}$[13]。表 13－2 中的结果已用于准备四个基本物理常数的推荐值（CODATA 2017），用于定义新的国际单位制。

表 13－2　h 或 N_A 的测量结果和相对标准不确定度[12]

机构，完成人，年份	值	相对不确定度
NIST，Schlamminger，2015	$h = 6.626\ 069\ 36(38) \times 10^{-34}$ J·s	5.7×10^{-8}
NRC，Wood，2017	$h = 6.626\ 070\ 133(60) \times 10^{-34}$ J·s	9.1×10^{-9}
NIST，Haddad，2017	$h = 6.626\ 069\ 934(88) \times 10^{-34}$ J·s	1.3×10^{-8}
LNE，Thomas，2017	$h = 6.626\ 070\ 40(38) \times 10^{-34}$ J·s	5.7×10^{-8}
IAC，Azuma，2015	$N_A = 6.022\ 140\ 95(18) \times 10^{23}$ mol^{-1}	3.0×10^{-8}
IAC，Azuma，2015	$N_A = 6.022\ 140\ 70(12) \times 10^{23}$ mol^{-1}	2.0×10^{-8}
IAC，Bartl，2017	$N_A = 6.022\ 140\ 526(70) \times 10^{23}$ mol^{-1}	1.2×10^{-8}
NMIJ，Kuramoto，2017	$N_A = 6.022\ 140\ 78(15) \times 10^{23}$ mol^{-1}	2.4×10^{-8}

注：IAC—国际阿伏加德罗协调组；LNE—法国国家计量研究所；NMIJ—日本国家计量研究所；NIST—美国国家标准与技术研究院；NRC—加拿大国家研究委员会。

CGPM 第 26 次会议通过的千克定义如下[1]。

千克，符号 kg，是 SI 的质量单位。当普朗克常数 h 以单位 J·s，即 kg·m^2·s^{-1} 表示时，将其固定数值取为 $6.626\ 070\ 15 \times 10^{-34}$ 来定义千克，其中米和秒是用 c 和 $\Delta\nu_{Cs}$ 定义的。

上述千克的定义是基于普朗克常数 h 已知且精确等于 $6.626\ 070\ 15 \times 10^{34}$ J·s 的假设。但是，在 20 世纪，普朗克常数的实验测量结果明显变化。表 13－3 列出了普朗克常数从最初的引入（由马克斯·普朗克于 1900 年提出）到 2017 年间所测得的常数值。图 3－3（第 3 章）给出了位于波兰托伦的尼古拉斯哥白尼大学（Nicolaus Copernicus University）的一座建筑上的一个表格，表上有普朗克常数的约化值，$\hbar = h/2\pi$。

在本章中，我们将进一步讨论利用新标准复现千克的实验室装置。

表 13－3　普朗克常数 h 的值

来源	M. Planck	CODATA	CODATA	CODATA
年份	1900	1973	1986	1998
$h \times 10^{-34}$(J·s)	6.55	6.626 176 60	6.626 075 48	6.626 068 76
来源	CODATA	CODATA	CODATA	CODATA
年份	2002	2010	2014	2017
$h \times 10^{-34}$(J·s)	6.626 069 3	6.626 069 57	6.626 070 040	6.626 070 15

13.2　基于普朗克常数的质量标准

13.2.1　功率天平标准

在目前推荐的质量标准发展方向上，根据对千克的重新定义，质量单位通过电能与普朗克常数 h 相关联。目前，正在开发的符合新定义的质量标准的解决方案有三种。在所考虑的标准中：

- 超导体悬浮在线圈中电流产生的磁场中。
- 该超导体的重力由静电计极板的静电引力平衡。
- 带有移动线圈的功率天平测量磁场中电流作用在线圈上的力。所需的磁通作用在线圈上的机械力系数，直接由测量线圈运动时所产生的电压来确定。还需要测量线圈的速度；为此，需要使用干涉仪和秒表。功率天平标准复现质量单位是基于机械功率和电功率的虚拟比较。据悉此标准复现的质量单位可以达到约 1×10^{-8} 的不确定度。

图 13－1 给出了安装在英国国家物理实验室（NPL）的功率天平（以机械能和电能平衡的质量单位标准）的框图[7,14]。功率天平的发明者为基布尔（Kibble），所以称其为基布尔天平。在 NPL 系统中，由一个非常大的永磁体产生一个“水平”感应矢量 $\boldsymbol{B}$ 的磁场。

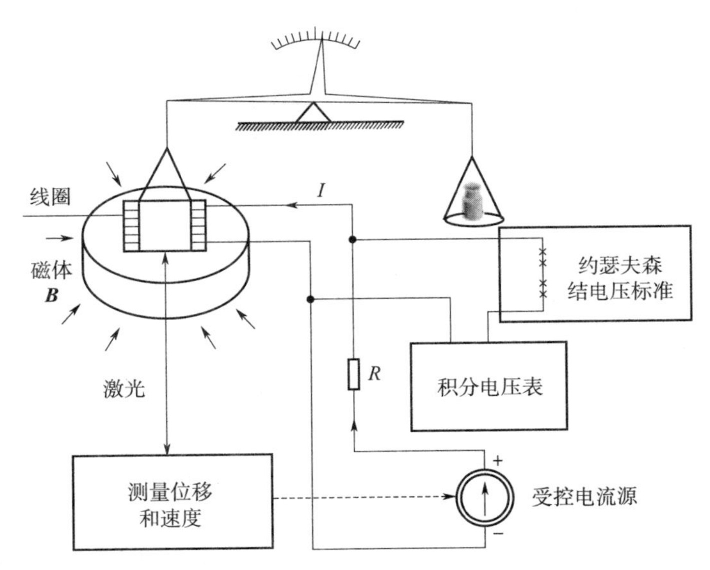

图 13－1　基于机械能和电能平衡的质量单位标准：利用功率天平

磁通量作用于悬挂在天平一个臂上的水平圆形线圈上，如图 13－2 所示。线圈导线长 L，其中的电流 I 产生一个“垂直”力（洛伦兹力），它被由质量 M 产生的重力 $F_{grav}=g\times M$ 所平衡。在称重实验之后，通过旋转平衡臂，将线圈设置为垂直运动（沿着 z 轴），并以速度 v 通过初始位置，因此在线圈中产生电压 V，如图 13－3 所示。电流 I 和磁通量 Φ 之间相互作用的能量 E 为 $I\Phi$，式（13－5）中给出了测得的相互作用力的垂直分量。

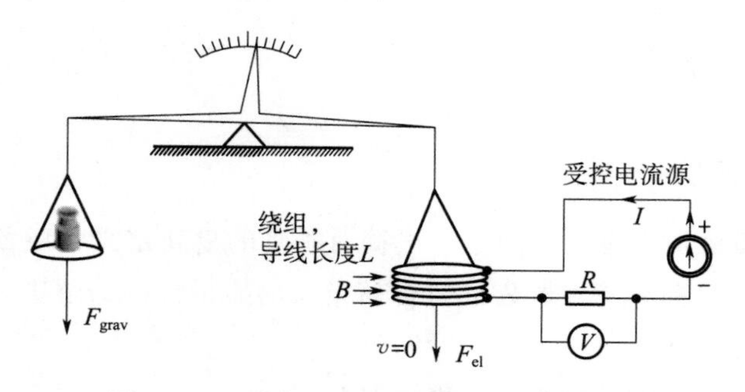

图 13 - 2　功率天平的称重实验（静态相）

$$F_{\text{el}}=F_{\text{grav}}$$

$$\frac{\partial E}{\partial z}=I\ \frac{\partial \Phi}{\partial z}=BIL=M\times g \tag{13-5}$$

式中，g 是质量 M 所承受的重力加速度。

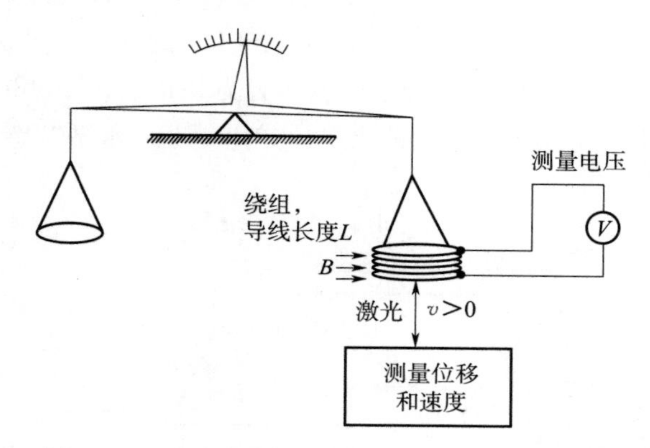

图 13 - 3　功率天平的运动实验（测量位移和速度）

电压 V 与磁通量 Φ 满足关系

$$V=\frac{\partial \Phi}{\partial t}=\frac{\partial \Phi}{\partial z}\ \frac{\mathrm{d}z}{\mathrm{d}t}=\frac{\partial \Phi}{\partial z}v \tag{13-6}$$

消去在称重实验和运动实验中的磁通变化率 $\partial\Phi/\partial z$，得到此标准的基本方程

$$M\times g\times v=I\times V \tag{13-7}$$

磁通梯度变化和线速度及角速度分量的变化必须考虑，或者通过仔细定位线圈（对准线圈的轴线）和装置其他部分相对于垂直轴的位置来减小这些变化，从而使得这些附加因素的影响可以忽略不计。实际上，这意味着单个角度偏差必须小于 10^{-4} rad。

线圈中的电流 I 由欧姆定律 $I=V/R$ 来确定，电压采用基于约瑟夫森效应的量子标准测量，电阻用基于量子霍尔效应的标准测量。高达几伏的恒定电位差 ΔV 的测量不确定度可以达到 1×10^{-9}。约瑟夫森标准复现的电压 V 是约瑟夫森结辐照频率 f、物理常数 e 和 h 以及自然数 n_1 的函数（见第 4 章）

$$V=n_1 f(h/2e) \tag{13-8}$$

电阻的测量不确定度也可以达到 1×10^{-9}，它是量子霍尔电阻 R_H 的函数（见第 6 章）

$$R_H=(h/e^2)/n_2 \tag{13-9}$$

整数 n_2 表示量子霍尔效应样品特性中的平台数，范围为 2～4。如果 $n_2=2$，则$R_H\approx$ 12 906 Ω；使用哈维低温电流比较仪，可以用系数 k 缩放这个值，从而测量在 1 Ω～100 kΩ 范围内的任何电阻。使用约瑟夫森效应标准和量子霍尔效应标准，通过下式可以确定范围从几毫安到几安培的电流 I

$$I=\frac{V}{R}=\frac{n_1 n_2 fe}{2k} \tag{13-10}$$

质量单位标准的等式（13－7）可转换为如下

$$Mgv=\frac{V}{R}V \tag{13-11}$$

$$Mgv=\left(\frac{n_1 h}{2e}f\right)^2\frac{n_2 e^2}{h} \tag{13-12}$$

$$M=k_W\times h \tag{13-13}$$

式中，h 是普朗克常数，系数 k_W 包括 g、v 和 f 等通过测量长度和时间来确定的量，并通过物理常数和整数 n_1 和 n_2 来定义 。

关系式（13－12）表明，在使用这种利用机械能和电能平衡的标准进行测量时，质量 M 的测量值主要由普朗克常数决定，在较小程度上依赖于装置参数。

式（13－7）虚拟比较了电功率和机械功率。在这个方程中没有实际的能量损耗，如由于天平轴承摩擦或线圈电加热产生的损耗。这提供了基础，使得采用式（13－7）达到对计量标准所要求的不确定度。

NPL[7]中使用的测量技术与本节开始介绍的一般概念略有不同。天平用 500 g 的重物偏置。线圈的电流 I 产生的力与此 500 g 质量的重力 $g\times500$ 平衡。然后，将一个参考质量（如 1 kg 的质量）放置在线圈所在的天平臂上，因此线圈中的电流将改变方向以保持平衡。通过调节电流 I 来保持功率天平的平衡，电流 I 的强度由计算机来控制。因此，重力 $g\times M$ 对应于线圈中电流的总变化。这种替代方法消除了许多来自电、磁和机械造成的系统误差。在称重实验中，通过减小天平的偏转，使天平指针滞后的影响（由于其非弹性变形）最小。此外，在每次观察之前，天平臂被设置为振幅衰减的振荡，以减小和随机化由摩擦引起的偏离。

NPL 使用的质量样品是用铜镀金制成，以减少与磁体分散磁通的相互作用。这些样品除了在转移进出真空容器所需的短暂时间外，一直储存在真空中。利用在 NPL 的 BIPM 千克原器复制品，实现样品与 BIPM 千克原器的比对。

通过旋转天平臂，使线圈沿垂直方向移动，从而在线圈上产生电压 V 。这也会导致线圈产生轻微的水平移动，因此，它也会摇晃并在线圈中产生很小的额外电压。通过仔细将线圈与轴线对准，可以将这个额外电压减小到最小，这有助于减小测量误差。在一个振荡周期或更长时间内，将水平摆动产生的电压进行平均来减小此摆动带来的影响。基板振动带来另一个问题，它破坏线圈运动的稳定（引起速度噪声），并引起高达约 0.2%的相关电压。通过将线圈的速度和由此产生的电压进行平均，也会将这些影响降低到一个较低的水平。

永磁体产生的磁通密度随温度变化而变化（系数为 400×10^{-6} K^{-1}），并随环境中的磁场变化而变化。虽然为减小磁通密度的波动而使环境参数稳定，但在称重实验和运动实验所需的时间内，磁通量仍然可能会略有变化。为考虑磁通量变化的影响，我们假设磁通量的变化是连续且缓慢的。恒定的参考质量由称重和运动实验的结果来确定，这也是实验的最终结果。在持续一整夜的单个测试序列中，使用 NPL 系统复现质量单位的预期不确定度低于 1×10^{-8}。NIST 和 METAS（瑞士联邦计量局）也达到了类似的性能。了解此质量单位标准中 B 类不确定度的来源并修正其影响，当然将需要一些时间。

13.2.2 悬浮标准和静电标准

另一个正在开发的质量标准是利用磁悬浮。在此系统中，一个电动势将一超导体悬浮在一个精确测量的高度，这个电动势抵消超导体重力的影响。由于迈斯纳效应（在第 4 章讨论过），在磁场中悬浮超导体需要将超导体冷却到低于临界温度 T_c。质量标准系统对产生磁悬浮所需磁场的电能进行测量。在确定测量不确定度时，必须考虑每一个不希望的能量损失，例如由于悬浮物体变形引起的能量损失。在日本筑波国家计量研究实验室（NRLM）建立的系统中[5,6]，使用质量 $M=170$ g 的 99.9%高纯度铌盘作为参考质量。用液氦将铌盘冷却到 4.2 K 以获得超导相。该系统的其他重要元件，如产生磁场的载流线圈和用于测量铌盘悬浮高度的光学干涉仪，也被置于氦池中。线圈是由非磁性的金属铝制成的。由于磁悬浮，铌盘悬浮在高度为 15 mm 的位置，这个高度与线圈中的电流和所产生的磁感应强度相关。此 NRLM 标准复现参考质量的不确定度约为 10^{-6}[6]。

萨格勒布大学（University of Zagreb）多年来一直在研究静电质量标准，它具有极板可移动的空气/真空电容器[3]，并已经建立起这种标准的许多版本。在最初的版本中，一个 2 g 物体的重力由圆柱形空气电容器极板上所积聚的电荷产生的静电力抵消，电容器两端的电压为 10 kV。电容极板间的距离为 7 mm，通过同轴移动可移动极板来改变电容值。在测量过程中，假设被控电容和电容器的不同电压足以产生静电力。最新版本的标准系统适用于比较 2×500 g 的物体。此版本使用一个容值可调的多极板空气电容器。极化电压提高到 100 kV。作用在电容器极板上的静电力由两个容值的空气电容器的重力抵消。然而，这种方法存在的困难与低静电力有关，需要使用昂贵的组件和苛刻的高电压技术。例如，在这项技术中，对交流电压进行整流和滤波以获得高达 100 kV 的直流电压且允许的脉动幅度为几毫伏是有困难的。用这种方法复现质量的目标不确定度估计为 10^{-8}[3]。

13.3 硅球标准

13.3.1 参考质量与阿伏加德罗常数

根据阿伏加德罗常数复现千克的定义涉及一个数量已知的相同原子或分子的标准，要根据标准的尺寸来确定这一数量（“计数”）。在此研究方向上，计算^{28}Si 单晶硅球原子数的方法是一些实验室多年来的研究成果之一。原子的数量由球体的尺寸决定，球体的尺寸由光学干涉仪测量。在这一策略的另一个版本中（也仍然处于开发阶段），电离的金原子在真空中压缩形成原子束，并由一个收集器累积电离金原子，随后对收集器进行称重。根据离子束流形成的电流和累积时间可以确定收集器累积的离子数量（见 13.4 节）。

多年来，人们一直在研究如何将千克定义为近乎完美晶体中特定数量硅原子的质量[5]。硅标准选择球形的优点是球体直径可以精确测量且其尺寸（即与完美球形的偏差）可控。与质量标准采用圆柱体或立方体形式相比，球形没有边沿，而边沿很容易损坏从而导致质量损失。

利用目前已有的测量技术，不可能直接计算晶体中的所有原子。因此，必须采用间接手段。需要进行两次测量来确定原子的数量：

• 使用 X 射线干涉仪测量硅晶体的 8 原子晶胞的尺寸。首先，精确测定晶格常数 d，即晶格中原子的间距。单晶硅的晶格常数约为 0.235 nm，X 射线波长范围为 10 pm～10 nm。

• 使用光学干涉仪测量硅球的直径和体积。由于硅标准为球形，因此可以精确测量其尺寸（球体的直径）并检查其形状是否规则，如果其形状不规则，代表与设定形状（在此情况，为完美球体）有偏差。

用于构建质量标准的硅必须为单晶硅结构，才能确保硅原子在晶格中均匀而规则分布。天然硅几乎总是多晶硅，即由不同取向的晶粒组成。半导体工业中用的单晶硅是通过晶体生长获得。生长单晶的主要方法是 1916 年由波兰技术专家简·乔克拉斯基（Jan Czochralski）发明。

利用上述两次测量的结果，可以计算出体积已确定的样品（物体）中特定元素的原子数 N_x。再用单个原子质量 m_S 乘以样品中原子总数 N_x 可以计算出参考质量 M

$$M = N_x m_S \tag{13-14}$$

为精确测定 N_x 值，必须有完美的晶体，这就是选择硅的原因，其单晶形式在结构和纯度上都有优势。通过计算 1 mol 硅原子的总数，可以得到所需要的 N_x 值。对于一个硅样品（物体），由以下公式可以得到阿伏加德罗常数 N_A

$$N_A = \frac{M_{mol}}{m_{Si}} = \frac{nM_{mol}v}{V_0 m} \tag{13-15}$$

式中，v 是样品体积；m 是其质量；M_{mol} 是硅的摩尔质量；V_0 是硅晶胞（含 n 个原子）的体积。摩尔质量 M_{mol} 在数值上等于分子质量，但用单位克来表示。

式（13-14）表明阿伏加德罗常数 N_A 定义了宏观量 v 和 m 与原子量 V_0 和 M_{mol} 之间的关系。阿伏加德罗常数是 1 mol 的原子数，代表摩尔体积与单个原子体积的比值。阿伏加德罗常数值的测定涉及以下量的测量[2]：

• 单个硅原子所占的体积。必须知道晶体硅的晶格结构和晶格常数才能确定其原子体积。虽然单晶硅是一种近乎完美的晶体，但测量时也应考虑硅样品中的杂质和缺陷。

• 作为样品材料的晶体的宏观密度。

• 硅样品的同位素组成。硅是三种稳定同位素的混合物：^{28}Si、^{29}Si 和^{30}Si。利用质谱分析对这些同位素相对质量的测量准确度达到 1×10^{-10}，但样品中每种同位素的确切比例与矿床地质条件有关，且难以测量。

许多实验室测量了硅的原子体积和质量密度，包括 NIST、PTB、意大利计量研究所、日本 NRLM 和澳大利亚国家计量实验室。通过精细质谱技术或热中子俘获光谱技术来测量晶体硅的同位素组成。结合这两种方法可以使样品中硅存在不同同位素的不确定度减小到 2×10^{-7}。因为样品中存在杂质和晶格中可能存在的缺陷，会带来额外的不确定度。以这种方式定义和测量，硅样品的质量可与千克原器的铂铱复制品进行比对（采用替代称重法），准确度达到 1×10^{-8}。称重试验在真空中进行，以减小空气浮力对测量结果的影响（基于阿基米德定律）。在这种情况下，样品体积的差异并不重要。位于比利时吉尔的欧洲委员会科学服务的参考物质和测量研究所已获得密度测量的最佳结果。

13.3.2 硅晶胞体积的测量

单个硅原子的体积是根据测量晶格常数 d（即晶格中的原子间距）来确定。利用晶格常数 d，通过几何计算确定单个晶胞的体积。也应检查样品的晶体结构一致性和材料的化学纯度。50 年前对晶格常数进行了最初的测量，那是基于在样品中的 X 射线衍射。根据布拉格定律，测得的衍射角为确定晶格常数提供了基础

$$\lambda = 2d\sin\theta \tag{13-16}$$

式中，λ 是 X 射线的波长；d 是晶格常数；θ 是 X 射线线束方向和衍射平面之间的角度。

在晶格常数和波长相当的情况下，可以使用这种方法。X 射线的波长范围为从 10 pm 到 10 nm。用衍射法测得的结果不准确。

如今，晶格常数是用 X 射线干涉法测量，这是一种更精确的测量技术。晶体硅晶格常数的测量原理如图 13－4 所示[4]。

从同一晶体上切下三块硅板，分别标记为 C1、C2 和 C3，它们的晶面平行排列。仔细设计结构，使得硅板 C1 可以在其他两个硅板构成的平面内沿 y 轴移动。X 射线射入到硅板 C3 上，调整入射角度，使得衍射的 X 射线沿着垂直于板平面的方向穿过硅板。X 射线穿过三块硅板后到达探测器。由于干涉，沿 y 轴轻微移动硅板 C1 就将改变检测到的辐射强度，两个最大值（和最小值）间沿 y 轴的距离等于晶格常数 d 。由 X 射线探测器检测到的这些最大值对应于在光学干涉仪中观察到的条纹。

采用波长精确已知的激光，用激光干涉仪测量硅板 C1 的移动。重复测量沿 y 轴的位移和辐射最大值，获得上千次结果并进行平均后得到晶格常数 d。测量分辨力约为 10^{-15} m。假设晶体硅的晶胞包含 8 个原子，并且具有边长 d 的完美立方体形状。硅晶胞的体积 V_0

$$V_0 = d^3 \tag{13-17}$$

式中，d 是晶体硅的晶格常数。

这种方法中测量的晶胞是来自于单独生长的不同晶体，甚至是来自于同一块晶体的不

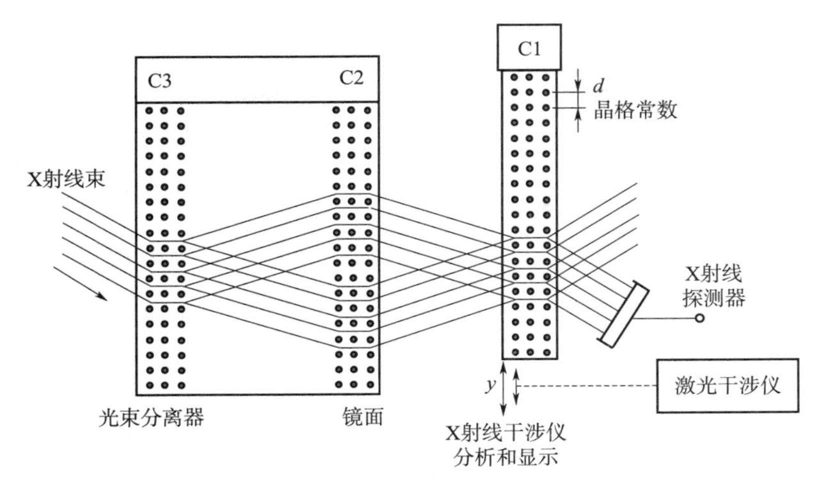

图 13-4 利用 X 射线干涉仪测量晶体硅的晶格常数[4]

同部分切割所得的硅板中，其大小都不相同。对硅晶格参数的测量准确度达到了 $\pm 4\times 10^{-8}$。不同实验室测量结果的一致性达到 1×10^{-7}。已经发现晶体硅的晶胞的平均体积仅仅与同位素组成略微相关[8]。

13.3.3 硅球体积的测量

硅球体积的测量是制作硅球标准的三个同等重要的问题之一（另外两个问题是晶格体积和质量的测量）。所生产的球体形状也很重要，它应该尽可能接近完美球体。不过，测量最重要。可以利用球体直径的测量结果来完善球体形状并最终确定其体积。包括德国 PTB、澳大利亚 NML 和俄罗斯门捷列夫化工大学等多个研究中心的科学家开展制做质量为 1 kg、直径约为 93 mm 的硅球。PTB 制备的硅球如图 13-5 所示。

图 13-5 德国 PTB 的质量为 1 kg、直径为 93 mm 的硅球（后面的是 1 kg 的钛球）

图 13－6 给出了 PTB 用球形菲索（Fizeau）干涉仪测量球体直径的系统方框图[2]。NML 采用传统方法制备硅球，其方法包括研磨和抛光球表面使其达到完美，而其完美程度仅仅受到存在离散粒子（原子）的限制。然而，在尝试将不确定度降低到 1×10^{-8}水平时遇到了重大困难。硅球直径利用激光波长已知的激光干涉仪从多个方向上进行测量。在 PTB，硅球直径测量从 16 000 个方向上进行。再根据这些直径计算球体体积。

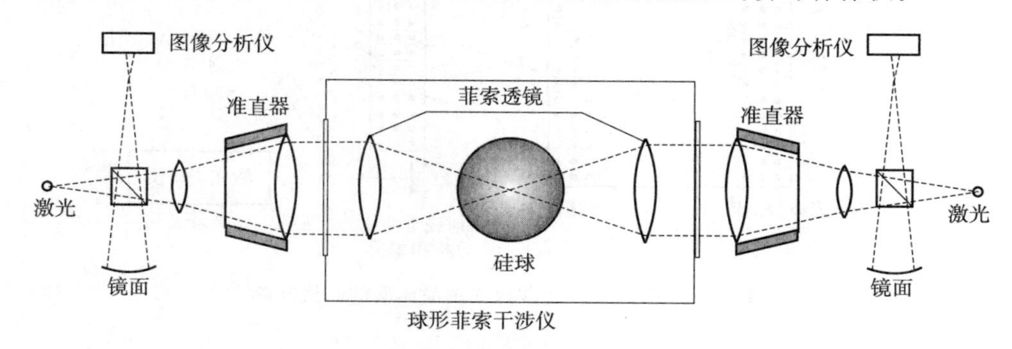

图 13－6　利用菲索干涉仪测量硅球的直径

基于这些测量来计算体积的准确度受限的原因是表面上存在形成的氧化硅薄膜，而不是与球体表面粗糙度有关的缺陷。在计算中必须考虑氧化硅薄膜的影响。表面上的这些薄膜还会改变反射光波的波前相位而影响直径的干涉测量。由于这两种影响，千克定义的不确定度被限制在约 10^{-7}量级[6]。

在参考文献［8］中描述了最接近完美球体的硅球体。该球体直径与理想形状的偏差为 30 nm（直径为 93 mm），表面粗糙度为 0.5 nm。由于椭圆光度法（它可以提供高灵敏度）可以通过测量光波的相移来确定表面薄膜的厚度，因此质量单位定义的不确定度可以降低至 10^{-7}以下。由于氧化硅薄膜的平均密度与硅的密度接近，在体积的测定中可以忽略存在这些薄膜带来的相关误差。

在考虑所有明确的不确定度和大量测量结果的情况下，总不确定度可以达到约 4×10^{-7}。由于所有不确定度分量都已接近在它们测量范围内的最佳结果，因此要想将不确定度降低 40 倍而达到 1×10^{-8}的水平（重新定义千克所需的不确定度）似乎非常困难。稳定的硅球可以作为过渡标准，取代铂铱千克原器。不幸的是，硅球标准与目前的铂铱国际千克原器有着相同的缺点（尽管或许硅球标准的程度较低些）：它们可能被损坏或破坏，它们的质量可能因表面污染、次表面吸收杂质等而发生变化。

旨在制定与阿伏加德罗常数相关的质量单位标准的项目中，当前研究工作倾向于直接测定阿伏加德罗常数 N_A，而不是研究监测质量稳定性的方法。每个实验室在此项目内只能承担一到两项任务。

13.4　离子累积标准

离子是通过电荷 q 和质量 m_a 来表征。离子束是一连串电荷载流子，其电流为 I。利用发射的离子束，通过离子的累积和计数来复现质量单位。离子积聚在收集器上会增加收集器质量。如果电流 I 和累积时间 T 已知，则可以计算离子束在时间 T 上的传输总电荷 Q 。基于此电荷可以确定积聚在收集器上的离子数量及其总质量，总质量代表参考质量。在开发此类标准的研究中使用金（^{197}Au）和铋（^{209}Bi）离子。之所以被选中金和铋，是因为它们的原子序数和质量都很大。在质量标准中采用金的另一个优点是它只有一种同位素^{197}Au。根据迄今为止最精确的测量结果，金的原子质量为 196.966 551，其归一化原子质量单位 m_u（表示碳原子质量的十二分之一）为 $1.660\ 538\ 731\ 3\times10^{-23}$ kg[11]。

利用约瑟夫森效应电压标准和量子霍尔电阻标准可以测量离子束携带的电流 I 。电流由式（13-10）确定（见 13.2 节）

$$I=\frac{V}{R}=\frac{n_1 n_2 fe}{2k}$$

如果每个离子都带有一个单电荷 e ，则传输的离子数量由下式给出

$$N=\left(\int I\mathrm{d}t\right)/e \tag{13-18}$$

其中，积分是在时间 T 内对离子收集器上所累积的电荷或离子（每个质量为 m_a ）进行的积分。总累积质量 M 由以下公式给出

$$M=m_a\frac{n_1 n_2}{2k}\int f\mathrm{d}t \tag{13-19}$$

图 13-7 给出了用此方法确定质量的原理。在使用这项技术时遇到了一些实验困难。为了达到 1×10^{-9} 的准确度，所有计数的离子必须无损失地累积，并且所有离子必须质量相同。这意味着所有其他原子粒子，例如其他元素的离子，必须利用高真空技术通过使用好的质谱仪进行分离。由于金只有一个稳定的同位素，其原子非常大，且在室温时其蒸发压力可以忽略不计，所以被选为制造质量标准。如果一个元素不止有一个同位素，那么应该指定离子束中每个同位素的比例，因为同位素的原子质量总是不同。计量专家希望利用金离子束获得约 10 mA 的电流，在收集器上 6 天可以累积 10 g 的质量。通过在真空中对收集器进行称重，可将该质量与参考质量进行比较，准确度达到 $\pm0.1\ \mu$g（代表 $\pm3\times10^{14}$ 个金原子）。

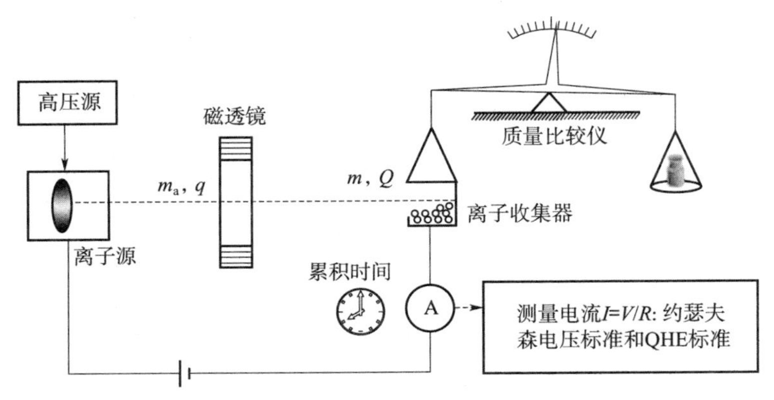

图 13-7　离子累积质量标准

参考文献

[1] 9th Edition of the SI Brochure (Draft) (2019) . https://www. bipm. org/en.

[2] P. Becker, M. Gläser, Avogadro constant and ion accumulation: steps towards a redefinition of the SI unit of mass. Meas. Sci. Technol. 14, 1249 - 1258 (2003).

[3] V. Bego, J. Butorac, D. Ilić, Realisation of the kilogram by measuring at 100 kV with the voltage balance ETF. IEEE Trans. Instrum. Meas. 48, 212 - 215 (1999).

[4] U. Bonse, M. Hart, An X - ray interferometer. Appl. Phys. Lett. 6, 155 - 156 (1965).

[5] Y. Fujii, Y. Miki, F. Shiota, T. Morokuma, Mechanism for levitated superconductor experiment. IEEE Trans. Instrum. Meas. 50, 580 - 582 (2001).

[6] Y. Fujii et al. , Realization of the kilogram by the XRCD method. Metrologia 53, A19 - A45 (2016).

[7] B. P. Kibble, I. A. Robinson, Replacing the kilogram. Meas. Sci. Technol. 14, 1243 - 1248 (2003).

[8] A. J. Leistner, W. J. Giardini, Fabrication and sphericity measurements of single - crystal silicon sphere. Metrologia 31, 231 - 234 (1995).

[9] M. I. Mills, P. J. Mohr, T. J. Quinn, B. N. Taylor, E. R. Williams, Redefinition of the kilogram: a decision whose time has come. Metrologia 42, 71 - 80 (2005).

[10] M. I. Mills, P. J. Mohr, T. J. Quinn, B. N. Taylor, E. R. Williams, Redefinition of the kilogram, ampere, kelvin and mole: a proposed approach to implementing CIPM recommendation 1. Metrologia 43, 227 - 246 (2006).

[11] P. J. Mohr, B. N. Taylor, CODATA recommended values of the fundamental physical constants: 2002. Rev. Mod. Phys. 77, 1 - 106 (2005).

[12] D. B. Newell et al. , The CODATA 2017 values of, h, e, k, and N_A for the revision of the SI. Metrologia 55, L13 - L15 (2018).

[13] C. A. Sanchez, B. M. Wood, R. G. Green, D. Inglis, A determination of Planck's constant using the NRC watt balance. Metrologia 51, S15 - S14 (2014).

[14] M. Stock, The watt balance: determination of the Planck constant and redefinition of the kilogram. Philos. Trans. Roy. Soc. A369, 3936 - 3953 (2011).